奇异摄动丛书　6

控制论中的奇摄动方法

汪志鸣　倪明康　刘　伟
陆海波　武利猛　张伟江　著

科 学 出 版 社

北　京

内 容 简 介

本书以奇摄动控制系统为对象,以 Kokotovic 奇摄动方法为框架,并以输入状态稳定(ISS)概念作为刻画外部干扰的工具,在 Tikhonov 极限定理的基础上,首先讨论了 ISS 分析与控制,包括基于状态观察器的控制器设计;其次对具有内部不确定性和外部干扰输入的奇摄动控制系统,分别研究了相应鲁棒 ISS 稳定与镇定;然后分别讨论了奇摄动系统的鲁棒 H_∞ 分析与控制,并且详细介绍了线性奇摄动系统的动态输出反馈的问题;最后着重介绍了基于边界层函数法的直接展开法,以不同的视角讨论了非标准奇摄动最优控制中具有阶梯型空间对照结构的渐近解. 本书由十二章组成,主要内容是作者在过去 20 年教学科研工作长期积累的基础之上编写而成的,我们的博士生也参与了许多研究、撰写与校对工作.

本书可作为应用数学、物理、系统与控制及其相关学科交叉领域的科研人员、高等院校师生的参考书,也可作为高年级本科生和研究生的教学参考书.

图书在版编目(CIP)数据

控制论中的奇摄动方法/汪志鸣等著. —北京:科学出版社,2024.1
(奇异摄动丛书; 6/张伟江, 张祥主编)
ISBN 978-7-03-078025-6

I. ①控… Ⅱ. ①汪… Ⅲ. ①摄动–研究 Ⅳ. ①O177

中国国家版本馆 CIP 数据核字 (2024) 第 005930 号

责任编辑:王丽平 李 萍 孙翠勤 / 责任校对:彭珍珍
责任印制:张 伟 / 封面设计:陈 敬

科学出版社 出版
北京东黄城根北街 16 号
邮政编码:100717
http://www.sciencep.com

北京九州迅驰传媒文化有限公司印刷
科学出版社发行 各地新华书店经销
*
2024 年 1 月第 一 版 开本:720 × 1000 1/16
2025 年 1 月第二次印刷 印张:14 1/4
字数:220 000
定价:118.00 元
(如有印装质量问题, 我社负责调换)

《奇异摄动丛书》编委会

主　编：张伟江　张　祥

编　委 (按汉语拼音排序)：

《奇异摄动丛书》序言

科学家之所以受到世人的尊敬, 除了因为世人都享受到了科学发明的恩惠之外, 还因为人们为科学家追求真理的执着精神而感动. 而数学家又更为世人所折服, 能在如此深奥、复杂、抽象的数学天地里遨游的人着实难能可贵, 抽象的符号、公式、推理和运算已成了当今所有学科不可缺少的内核了, 人们在享受各种科学成果时, 同样也在享受内在的数学原理与演绎的恩泽. 奇异摄动理论与应用是数学和工程融合的一个奇葩, 它出人意料地涉足许多无法想象的奇观, 处理人们原来常常忽略却又无法预测的奇特. 于是其名字也另有一问, 为 "奇异摄动"(singular perturbation).

20 世纪 40 年代, 科学先驱钱伟长等已对奇异摄动作了许多研究, 并成功地应用于力学等方面. 20 世纪 50 年代后, 中国出现了一大批专攻奇异摄动理论和应用的学者, 如著名的学者郭永怀, 在空间技术方面作出了巨大贡献, 苏煜城教授留苏回国后开创了我国奇异摄动问题的数值计算研究, 美国柯朗研究所、美籍华裔丁汝教授在 1980 年间奔波上海、西安、北京, 讲授奇异摄动理论及应用 ······1979 年, 钱伟长教授发起并组织在上海召开了 "全国第一次奇异摄动讨论会".

可贵的是坚韧. 此后, 虽然起起伏伏, 但是开拓依旧. 2005 年 8 月在上海交通大学、华东师范大学、上海大学组织下, 我们又召开了 "全国奇异摄动学术研讨会", 并且一发而不可止. 此后每年都召开全国性学术会议, 汇集国内各方学者研究讨论. 2010 年 6 月在中国数学会、上海市教委 E-研究院和上海交通大学支持下, 在上海召开了世界上第一次 "奇异摄动理论及其应用国际学术大会". 该领域国际权威人士 Robert O'Malley(华盛顿大学), John J H Miller(爱尔兰 Trinity 学院) 等都临会, 并作学术报告.

更可喜的是经过学者们的努力, 在 2007 年 10 月, 中国数学会批准成立中国数学会奇异摄动专业委员会, 学术研究与合作的旗帜终于在华夏大地飘起.

难得的是慧眼识英雄. 科学出版社王丽平同志敏锐地觉察到了奇异摄动方向的成就和作用, 将出版奇异摄动丛书一事提到了议事日程, 并立刻得到学者们的赞同. 于是, 本丛书中的各卷将陆续呈现于读者面前.

作序除了简要介绍一下来历之外, 更是想表达对近七十年来中国学者们在奇异摄动理论和应用方面所作出巨大贡献的敬意. 中国科技创新与攀登少不了基础理论的支持, 更少不了坚持不懈精神的支撑.

但愿成功!

张伟江博士

中国数学会奇异摄动专业委员会理事长

2011 年 11 月

前　　言

本书《控制论中的奇摄动方法》是 10 年前确定的题目, 当时比较成熟的内容是国际著名控制论学者 Kokotovic 等编著的《控制中的奇摄动方法: 分析与设计》(*Singular Perturbation Methods in Control: Analysis and Design*) 一书, 还有早期许可康教授在现代控制系统理论小丛书中编著的 "控制系统中的奇异摄动", 详细请参考第 1 章的文献 [22] 和 [23]. 他们主要讲述简单反馈所涉及的奇摄动模型, 并不包含鲁棒反馈等内容. 目前这两本书仍然是奇摄动控制文献中为数不多的、最重要的参考书之一.

奇摄动理论与方法深耕于数学物理和工程实践等许多边界层现象的研究之中, 有着十分丰富的内容. Tikhonov 极限理论奠定了奇摄动方法的数学基础. 本书的特点是: 以 Tikhonov 极限定理为理论基础, 阐述了 Kokotovic 奇摄动控制方法的数学原理, 并以此方法为研究框架, 辅以 Sontag 的 ISS 稳定性概念为数学工具来刻画模型中的外部干扰, 以 Tikhonov 形式的不确定奇摄动控制模型为主要研究对象, 较系统地开展了讨论和研究. 本书清晰地阐明了奇摄动控制问题的研究本质上是要证明 Tikhonov 极限定理的隐式表示成立, 而每一个具体的隐式表示则取决于所要研究的控制性质对应的数学刻画. 这相当于证明所研究的奇摄动控制性质成立的同时要保持快慢子系统的解一致有效地分段逼近奇摄动含小参数的精确解.

本书共十二章. 第 1 章绪论大致叙述了奇摄动方法的发展脉络、数学原理、奇摄动控制研究的本质等. 第 2~4 章讨论了奇摄动系统的鲁棒 ISS 分析与镇定的问题, 包括观察器的设计、连续时间的和离散时间的情况. 第 5 章和第 6 章介绍了奇摄动系统的鲁棒 H_∞ 分析与控制, 包括连续与离散的内容. 在第 7~10 章中, 我们也花了不少笔墨讨论了线性奇摄动控制系统动态输出反馈的问题, 包括连续与离散、严真和非严真的情况. 第 11 章以完全不同的新视角去讨论奇摄动最优控制问题, 我们采取了基于边界层函数法的直接展开法来研究奇摄动最优控制问题, 重点讨论了非标准的奇摄动最优控制问题中具有阶梯形空间对照结构的一致有效渐近解. 第 12 章给出了简单的总结和展望. 为了方便读者, 附录中给出了散见在各文献中的一些常用的结果和相关内容, 某些冗长但重要的证明细节也放在附录之中.

由于本书某些内容一直在思考中, 故在当时很难完成这些内容的撰写. 经过

10 年的累积和团队努力, 作者与研究生们一起, 终于在今天完成这本书的撰写任务, 形成了初步的理论体系. 我们希望能尽量反映奇摄动控制过去 20 年最基本的发展成果, 起到抛砖引玉的效果. 本书的内容也可以看成是 Kokotovic 等编著的《控制中的奇摄动方法: 分析与设计》一书内容的延伸和补充.

　　本书由编写者通力合作而成, 其中汪志鸣负责第 1 章; 汪志鸣、刘伟、陆海波负责第 2~6 章; 刘伟、汪志鸣、陈贤峰负责第 7~10 章; 倪明康、武利猛负责第 11 章; 汪志鸣、倪明康负责第 12 章. 所有作者都为附录做出了重要贡献. 最后本书由汪志鸣统稿.

　　衷心感谢中国数学会奇异摄动专业委员会对本书编写和出版的指导和帮助. 衷心感谢科学出版社王丽平编辑对本书的编写和出版的大力支持.

作　者

2021 年 11 月 31 日

目　　录

《奇异摄动丛书》书目

第 1 章 绪 论

1.1 引 言

边界层现象的发现和研究主要起源于近代力学奠基人之一、德国物理学家普朗特 (Prandtl, 1875—1953) 早期对湍流的研究. 该研究促进了现代流体力学和空气动力学的蓬勃发展. 边界层理论在数学上的奠基性工作是苏联数学家吉洪诺夫 (Tikhonov, 1906—1993) 在 1952 年提出的极限理论[1,2]. 它刻画了正则奇摄动 (控制论中亦称为标准奇摄动) 问题不易求解的含小参数精确解与其两个降维的边界层问题和退化问题 (控制论中亦称为快慢子系统) 的解之间当小参数趋于零时一致有效的渐近关系[2]. 因此它可以用退化系统和边界层系统的解所组成的分段形式近似逼近精确解的理论依据, 细节可参考附录 H. 该极限理论是目前研究各类正则奇摄动问题最基本的理论依据. 无论是对封闭 (无输入输出) 的奇摄动系统, 还是对开放 (有输入输出) 的奇摄动系统, 在应用奇摄动方法时都应该遵循这个极限原理. 在 Tikhonov 极限理论的基础上, 数学家瓦西里耶娃 (Vasileva, 1926—2018) 进一步对奇摄动各类初边值问题系统地构造了一致有效且可展开到任意阶的渐近解, 它刻画了渐近解与精确解之间一致有效的近似程度, 发展了边界层函数法[2-4]. 对奇摄动问题解的深入研究与探索也可延伸出许多相关的研究方向, 例如奇异奇摄动问题 (一类非正则的奇摄动问题)、奇摄动转点问题; 奇摄动空间对照结构问题以及奇摄动轨线的分布和小参数对轨线分布影响的问题, 亦称为几何奇摄动. 它形成了动力系统几何理论中一个特别重要的研究方向[9-12].

对于开放动力系统 (即控制系统) 的研究, 随着工业革命的开始与进步而不断地发展着, 早期文献可参考 19 世纪最伟大的物理学家之一, 英国的麦克斯韦 (Maxwell, 1831—1879) 关于管理者的文献[13]. 作为一门独立学科存在而研究的还是在 20 世纪中叶才刚刚开始, 详细可参考控制论学说的创始人维纳 (Wiener, 1894—1964) 的著作[14]. 由于实际问题的复杂性, 许多时候无法根据已知的规律实现精确的数学建模 (称为机理建模), 它往往需要通过系统输入输出数据的反演来建模 (称为系统辨识), 相关内容可参考文献 [15, 16]. 由此建立的数学模型一般为开放动力系统. 通过一定的简化, 除了控制输入和系统输出之外, 数学模型中通常还具有内部不确定性和外部干扰输入等变量. 更重要的是在开放动力系统中, 我们需要通过反馈来克服数学模型中的这些不确定性和干扰输入带来的困难, 同时还需要通过反馈来改变系统的动力学行为, 从而达到预期的控制目标[17,18]. 反馈方法取决于数学模型不同的难易程度, 大致可以分为三类: 传统反馈 (或简单反馈)、鲁棒反馈和自适应反馈, 这些都构成了控制论研究中最基本的要素[18]. 20 世纪 60 年代, 在国际自动控制联合会召开的第一届世界大会上, 贝尔曼[19](Bellman, 1920—1984)、卡尔曼[20](Kalman, 1930—2016) 和庞特里亚金 [21](Pontryagin, 1908—1988) 分别作了动态规划、控制系统的一般理论和最优控制理论的大会报告, 共同奠定了现代控制理论的基础.

奇摄动控制理论与方法的研究始于 20 世纪 70 年代. 对于最简单的线性奇摄动控制系统, 美国著名控制论学者可可托维奇 (Kokotovic) 基于快慢子系统作为出发点[22]. 在 Tikhonov 极限理论的基础上, 通过控制论中最基本的控制性质 "能控性" 来研究整个奇摄动系统的能控性, 为此他提出的奇摄动方法的研究框架. 其特征是基于快慢子系统的能控性, 通过组合方法和李雅普诺夫 (Lyapunov) 方法, 沿着系统的轨线任意路径去求得整个奇摄动系统的能控性. 这样的能控性关于小参数在某个开区间上是一致有效的, 称为强能控. 用我们熟悉的数学术语, 此处所谓的强能控性质是指奇摄动控制系统的能控性质关于小参数在某个包含零作为左端点的开区间内一致有效. 即在能控性的秩条件隐式表示下, Tikhonov 极限定理仍然成立. Kokotovic 等证明的能控性实际上间接隐含地证明了 Tikhonov 极限定理的成立, 它包含了三层含义. 第一, 快慢子系统分别能控. 第二, 存在充分小的参数 $\varepsilon^* > 0$ 使得对于任意给定的 $\varepsilon \in (0, \varepsilon^*]$ 整个奇摄动控制系统是能控的, 即关于小参数是点点能控的. 第三, 极限保持性质成立, 即隐含在秩条件下的奇摄动精确解当 $\varepsilon \to 0^+$ 时沿着状态的任意路径分别趋于隐含在快慢子系统秩条件下的边界层问题解和退化问题解的组合. Kokotovic 提出的奇摄动方法巧妙地包含了上述三层含义, 即 Tikhonov 极限定理的隐式成立. 这就是 Kokotovic 奇摄动方法所证明的能控性是强能控的逻辑基础. 如果证明中少了其中任何一层含义, Tikhonov 极限定理就不能保证成立, 因此所获得的结果也就未必一致有效了.

众所周知, 一致有效是整体性质, 而点点有效只是局部性质. 对于任何奇摄动其他控制性质也可以类似讨论. 因此证明奇摄动某个控制性质成立相当于证明 Tikhonov 极限定理所对应这个控制性质数学刻画的隐式表示关于小参数在包含零作为左端点的某个开区间内要一致有效地成立.

如果在 Kokotovic 奇摄动方法框架内所求的奇摄动控制性质 (若技术上可行的话), 则相当于证明了该控制性质关于小参数在一个包含零为左端点的开区间内是一致有效的, 因此它必定是强的控制性质. 于是用 Kokotovic 奇摄动方法框架内所获得的控制性质在上下文不会被误解的情况下可以省略 "强" 的说法[22]. 但其核心关键是要证明隐含在某个数学表示中的 Tikhonov 极限定理要成立, 此隐式的数学表示是什么完全取决于所讨论的控制性质关于状态和小参数的数学刻画,这些数学刻画许多时候未必是连续可微那么简单,它们可以含有混杂或离散信号,有时非光滑、不连续,甚至阶梯跳跃或脉冲跳跃等,因此隐式的数学表达式有时会非常复杂,难易程度各异. 这些都构成了奇摄动控制丰富多彩的研究内容,也形成了很大的挑战. 本章我们大致地阐述了奇摄动控制问题研究的核心和轮廓[23-26],详细应用过程请参考以后各章的具体内容.

倘若不是在 Kokotovic 提出的奇摄动方法框架内讨论奇摄动控制问题,则必须关注所获得的结论是否一致有效性的问题,这点对奇摄动问题至关重要. 即在标准奇摄动 (孤立根存在) 的条件下,无论如何要保证 Tikhonov 极限定理的某个隐式表示要成立,否则就相当于在不保证 Tikhonov 极限定理成立的情况下讨论奇摄动控制问题,所得结果不能保证一致有效,且会疏忽边界层的影响. 因为仅仅关于小参数在包含零为左端点的开区间内任意点上的有效性未必是在相同开区间内的一致有效性[1,2],即小参数点点有效未必一致有效. 还应该证明一致有效才行,否则容易引起谬误.

在 20 世纪的八九十年代,奇摄动控制理论和方法的研究如火如荼,但基本上多局限于传统反馈内的研究,研究对象是简化的奇摄动模型[22,23],很少处理系统的内部不确定性和外部干扰输入等因素的鲁棒反馈控制[26]. 随着研究的深入和实际应用的需要,21 世纪才逐渐开始更多地关注奇摄动控制的鲁棒反馈研究的问题[27].

另外,为了有效地刻画控制系统中输入变量对解的状态稳定性的影响,美国著名控制论学者、数学家桑塔格 (Sontag) 提出了输入状态稳定 (Input to State Stability, ISS) 的概念,他直接把 Lyapunov 稳定性概念推广到控制系统上去[28]. ISS 概念的提出及其相关的理论有力地推动了控制系统鲁棒反馈问题的深入研究[29]. 同时,美国的悌尔 (Teel) 教授和澳大利亚的奈塞克 (Nesic) 教授等进一步把奇摄动方法推广到了 ISS 概念上去,给出了一个比 Kokotovic 奇摄动方法更一般的框架[30],但仍局限于传统反馈层面.

上述提及的奇摄动控制的研究都是在连续时间域上的,关于离散时间域上的奇摄动控制的研究更富有内涵,情况也较为复杂. 美国的奈度 (Naidu) 教授在这个领域做了大量开拓的工作[31,32]. 离散时间域上奇摄动控制的研究工作起始于21 世纪 80 年代,几乎与连续情况同步进行,研究进展稍微滞后. 离散时间线性奇摄动控制系统的一般形式最终可以有快慢两种采样的模型[33]. 目前,由于快采样奇摄动控制系统比较合适刻画边界层里的动力学行为和控制,因此,绝大部分研究工作集中在快采样模型上,本书也不例外. 同样,离散时间域上奇摄动控制系统在 20 世纪的研究也是局限于传统反馈的范围内[33,34]. 而对于相应的鲁棒反馈研究在 21 世纪开始后才取得一些实质性的进展[35,36].

最优控制问题的关键是如何寻找最优控制和最优解[21]. 对于奇摄动最优控制

问题, 由于奇摄动小参数的存在, 不仅最优解, 包括最优控制都难以求得. 而且解的存在性条件, 由于含小参数, 也难以验证. 因此寻求奇摄动最优控制问题的渐近解 (即最优控制问题的次优解) 成为研究的热点. 求渐近解通常有两个路径, 一是先求解最优控制问题而获得最优条件, 然后再求其一致有效的渐近解, 以此来获得奇摄动最优控制问题的次优解及其相应的组合控制[37-40]. 对于一般非线性奇摄动最优控制, 用第一种方法求解最优问题时有时会碰到很大的困难, 且相当复杂. 而另一种方法是首先基于边界层函数法的直接展开法来构造最优控制问题的渐近解. 其思想是先简化奇摄动最优控制问题, 将性能指标、状态方程和边界条件按快慢尺度进行分离, 然后依小参数渐近展开而得到一系列极小化控制序列, 每一个极小化控制序列都简化了原最优控制问题的性能指标. 求解各阶次的极小化控制序列, 并证明这样的渐近展开关于小参数在一个包含零的开区间内是一致有效的, 包括在非正则 (即非标准) 的情况下, 即要满足类似于 Tikhonov 极限理论的极限定理[41]. 本章将向读者介绍用直接展开法来解决非线性奇摄动的最优控制一些重要的特殊情况, 以及如何寻求一致有效的渐近解的问题, 特别是在非正则情况下的具有空间对照结构的渐近解.

众所周知, 奇摄动控制理论和方法已经广泛地应用到航空航天[42,43]、通信网络[44,45]、机器人[46-51]、化学反应器[52-55]、电力系统[56,57]、现代生物[58-61] 和机械电子[62] 等诸多应用领域里[63-68], 并取得了巨大的进步. 对奇摄动问题的更深入研究, 势必会带动和拓宽更多的应用.

1.2 主 要 内 容

本书以奇摄动控制系统为研究对象, 主要考虑具有内部不确定性和外部干扰输入的鲁棒反馈问题. 以 ISS 稳定性概念作为主线来刻画外部干扰输入, 同时用线性矩阵不等式 (Linear Matrix Inequality, LMI)、两时标分解技巧、不动点原理和 Lyapunov 方法等数学工具来处理具有一般非线性结构的不确定性. 本书仍然设定在 Kokotovic 奇摄动方法的框架内进行讨论. 主要总结 2000 年以来某些奇摄动鲁棒反馈研究的相关工作. 针对连续时间和对应快采样的离散时间奇摄动系统, 研究状态反馈、也包括动态输出反馈、基于状态观察器的反馈等, 还有奇摄动 H_∞ 控制和最优控制等相关领域的最新研究. 本书主要集中在 Kokotovic 奇摄动方法能够适用的各类常见的奇摄动鲁棒反馈问题, 包括连续的和相应离散的情况. 有些方面的研究, 由于其复杂性或零星的研究结果等其他原因, 没有包含在本书内. 实际上也无法包罗万象, 更主要的还是作者的学识能力和研究兴趣范围所限.

另外, 由于本书仅考虑奇摄动控制系统, 在上下文不会被误解的情况下, 可省

略 "控制" 两字. 用奇摄动系统 (方法) 或奇摄动等缩略语来表示. 同样, 对用 Kokotovic 奇摄动方法框架内研究所得到的控制性质, 那一定是强的. 由于只在奇摄动控制系统范畴内讨论才不会被误解, 亦可省略 "强" 字, 不必每次都强调所考虑的控制性质是强的说法.

全书结构安排如下.

第 1 章简单扼要地介绍了本书研究内容的背景, 阐述了奇摄动控制方法的理论基础和 Kokotovic 奇摄动方法框架的理论依据、来龙去脉及其特征等大致轮廓, 并给出了相关的重要参考文献. 同时也给出了本书的主要内容和符号约定.

第 2 章在奇摄动方法的框架内, 讨论了具有外部干扰输入的线性奇摄动系统 ISS 稳定性分析及其相应的镇定问题. 当解的状态不可测时, 可建立基于组合观察器的输出反馈控制器的设计. 相应的鲁棒反馈以及离散时间的内容暂时没有涉及, 这是因为这部分内容分别是第 3 章和第 4 章主要结果的特例, 故在第 2 章不再赘述.

第 3 章讨论既有内部不确定性, 又有外部干扰输入的奇摄动系统鲁棒 ISS 稳定性及其相应的镇定问题. 由于不确定性的存在, 首要的问题是构建起 Kokotovic 奇摄动方法适用的框架. 因此, 寻求在不确定因素影响下仍具有两时标快慢结构的条件是开始讨论问题的关键, 即孤立根存在的前提条件. 注意到此时降维的快慢子系统也是具有内部不确定性, 并有外部干扰输入的控制系统, 其次还要求保证快慢子系统分别是鲁棒 ISS 稳定性的条件, 并与孤立根存在的条件综合在一起构成可验证的预设条件才是成功地搭建了奇摄动方法框架平台的要素. 然后以此为基础, 利用组合控制和 Lyapunov 方法等证明整个奇摄动系统也是鲁棒 ISS 稳定. 这就是 Kokotovic 奇摄动方法的核心内容, 这也相当于证明了 Tikhonov 极限定理隐式表示在鲁棒情况下仍然成立. 所获得的结果关于小参数在包含零点作为左端点的某个开区间上必定是一致有效的. 倘若预设的条件不满足, 则设计鲁棒反馈控制器使得相应闭环系统满足预设条件. 倘若状态不可测, 则需要设计状态观察器. 第 3 章的方法为之后其他奇摄动控制问题的研究提供了具体的技术路线.

第 4 章讨论了既有内部不确定性, 又有外部干扰输入的离散时间奇摄动系统的 ISS 稳定性分析及其相应的镇定问题. 除了快慢子系统是个混杂系统, 以及推导过程的技术细节相对要复杂点之外, 奇摄动方法的框架和思路不变, 所获得的结果与第 3 章的连续时间情况也几乎平行.

第 5 章研究了具有内部不确定性, 且有外部干扰输入的连续时间强鲁棒 H_∞ 分析与控制问题. 首先提出了均一致 H_∞ 性能指标的概念. 然后在获得快慢子系统鲁棒 H_∞ 稳定条件的基础上, 证明了整个奇摄动系统为鲁棒 H_∞ 稳定, 既满足鲁棒内部稳定, 又满足给定的均一致 H_∞ 性能指标. 并且证明所得结果是一致有效的, 即 Tikhonov 极限定理隐式地成立. 进一步, 我们还研究了奇摄动系统的鲁棒 H_∞ 镇定问题, 并给出了相应的状态反馈控制律的设计.

第 6 章讨论了与第 5 章相应的离散时间奇摄动系统鲁棒 H_∞ 分析和控制的问题. 在离散的情况下, 技术上要相对复杂些, 但仍有平行的结果.

第 7 章是第 2 章内容的延伸, 研究了线性奇摄动系统动态输出反馈的控制问题. 利用 LMI 方法, 分别对快慢子系统的严真动态输出反馈控制器进行了设计, 组合得到了整个奇摄动系统严真动态输出反馈控制的结果. 分析表明, 在组合动态输出反馈的作用下, 当小参数充分小时, 整个奇摄动系统是强可镇定. 如果快子系统本身是赫尔维茨 (Hurwitz) 稳定, 则基于慢子系统设计的严真动态输出反馈控制器对整个奇摄动系统具有鲁棒性.

第 8 章讨论了与第 7 章对应的离散时间奇摄动系统的严真动态输出反馈控制的情况.

第 9 章在第 7 章的基础上, 进一步讨论非严真动态输出反馈控制问题. 通过建立慢子系统辅助系统的方法, 将慢子系统的非严真动态输出反馈控制问题转化为与其等价的辅助系统严真的动态输出反馈. 同时, 对快子系统设计静态输出反馈控制使其为 Hurwitz 稳定. 结果表明, 所提出的设计方法能够保证整个奇摄动系统的强可镇定. 因此, 避免了第 7 章对动态输出反馈严真性要求的限制.

第 10 章讨论了与第 9 章相应的离散时间部分非严真的内容.

第 11 章介绍了一般非线性奇摄动最优控制问题关于基于边界层函数法之上的直接展开法. 需要指出的是, 直接展开法不仅容易找到渐近解, 而且也很好地刻画了奇摄动最优控制问题的本质. 本章提供的直接展开法可以处理许多传统奇摄动最优控制方法无法处理的, 包括求具有阶梯状空间对照结构 (内部层) 的次优解问题. 同样, 直接展开法也可应用于最优控制计算的算法程序等[69-71].

第 12 章给出了简单的总结与展望.

1.3   符 号 约 定

$R, R^k, R^{m \times n}$	实数集, k 维实向量, $m \times n$ 维实矩阵空间;
I_m	m 维单位矩阵;
$\in$	属于;
$\|x\|$	x 的欧氏范数, 即 $\|x\| = \sqrt{x^{\mathrm{T}} x}$;
M^{T}	矩阵 M 的转置;
M^{-1}	矩阵 M 的逆;

$M \geqslant 0$	矩阵 M 对称半正定;
$M > 0$	矩阵 M 对称正定;
$M > N$	矩阵 M 和 N 对称且 $M - N > 0$;
$M^{1/2}$	对于 $M > 0$, 存在唯一的 $Z = Z^{\mathrm{T}}$ 使得 $Z > 0, Z^2 = M$;
$\lambda_{\max}(M)$	矩阵 $M = M^{\mathrm{T}}$ 的最大特征值;
$\lambda_{\min}(M)$	矩阵 $M = M^{\mathrm{T}}$ 的最小特征值;
$\|M\|$	矩阵 M 的谱范数, 即 $\|M\| = \sqrt{\lambda_{\max}(M^{\mathrm{T}}M)}$;
$\mathrm{diag}(\cdots)$	分块对角矩阵.

参 考 文 献

[1] Tikhonov A N. Systems of differential equations containing a small parameters in the derivatives. (Russian) Mathematics Sbornik, 1952, 31 (73): 575-586.

[2] Vasileva A B, Butuzov V F. Asymptotic Expansions of Solutions of Singularly Perturbed Equations. (Russian) Moscow: Nauka, 1973.

[3] Esipova V A. Asymptotic behavior of the solution of general boundary value problem for singularly perturbed systems of ordinary differential equations of conditionally stable type. (Russian) Differential'nye Uravnenija, Equations, 1975, (11): 1956-1966, 2107.

[4] Wang Z M, Lin W Z, Wang G X. Differentiability and its asymptotic analysis for nonlinear singularly perturbed boundary value problem. Nonlinear Analysis, 2008, 69: 2236-2250.

[5] O'Malley R E, Jr. On singular singularly-perturbed initial value problems. Applicable Analysis, 1978, 8: 71-81.

[6] O'Malley R E, Jr. Introduction to Singular Perturbation. New York: Academic Press, 1974.

[7] Wang Z M, Lin W Z. The Dirichlet problem for a quasilinear singularly perturbed second order systems. J. Math. Anal. Appl., 1996, 201: 897-910.

[8] 钱伟长. 奇异摄动理论及其在力学中的应用. 北京: 科学出版社, 1981.

[9] Fenichel N. Geometric singular perturbation theory for ordinary differential equations. Journal of Differential Equations, 1979, 31: 53-98.

[10] Jones C K R T. Geometric singular perturbation theory in Dynamic Systems. Lecture Notes in Math. 1609, New York: Springer, 1995: 44-120.

[11] Krupa M, Szmolyan P. Extending geometric singular perturbation theory to nonhyperbolic points-fold and canard points in two dimensions. SIAM Journal Math. Anal., 2001, 33: 286-314.

[12] de Maesschalck P, Dumortier F. Canard solutions at non-generic turning points. Trans. Amer. Math. Soc., 2006, 358: 2291-2334.

[13] Maxwell J C. On governors. Proc. Royal Soc. London, 1868, 16: 270-283.

[14] Wiener N. Cybernetics or Control and Communication in the Animal and the Machine. Cambridge: MIT Press, 1948.

[15] Åström K J, Wittenmark B. Adaptive Control. 2nd ed. Reading: Addison-Wesley, 1995.

[16] 袁震东. 自适应控制理论及其应用, 上海: 华东师范大学出版社, 1988.

[17] Tsien H S. Engineering Cybernetics. 上海: 上海交通大学出版社, 2015.

[18] Xie L L, Guo L. How much uncertainty can be dealt with by feedback? IEEE Trans. on Automatic Control, 2000, 45 (12): 2203-2217.

[19] Bellman R. Dynamic Programming. Princeton: Princeton University Press, 1957.

[20] Kalman R E. Contributions to the theory of optimal control. Bol. Soc. Mat. Mexicana. 1960, 5: 102-119.

[21] Pontryagin L S, Boltyansky V G, Gamkrelidze R V, Mishchenko E F. The Mathematical Theory of Optimal Processes. New York: Wiley, 1962.

[22] Kokotovic P V, Khalil H K, O'Reilly J. Singular Perturbation Methods in Control: Analysis and Design. London: Academic Press, 1986.

[23] 许可康. 控制系统中的奇异摄动. 北京: 科学出版社, 1986.

[24] Chow J H. Preservation of controllability in linear time-invariant perturbed systems. International Joural of Control, 1977, 25 (5): 697-704.

[25] Khalil H K. Nonlinear Systems. 3rd ed. Upper Saddle River: Prentice Hall, 2002.

[26] Kokotovic P V. Recent trends in feedback design-an overview. Automatica, 1985, 21: 225-236.

[27] Shi P, Shue S P, Agarwal R K. Robust disturbance attenuation with stability for a class of uncertain singularly perturbed systems. International Journal of Control, 1998, 70 (6): 873-891.

[28] Sontag E D. Smooth stabilization implies coprime factorization. IEEE Trans. Automatic Control, 1989, 34: 435-443.

[29] Sontag E D. The ISS philosophy as a unifying framework for stability-like behavior. Lecture Notes in Control and Information. New York: Springer, 2000.

[30] Teel A R, Moreau L, Nesic D. A unified framework for input-to-state stability in systems with two time scales. IEEE Trans. Automatic Control, 2003, 48: 1526-1544.

[31] Naidu D S, Rao A K. Singular Perturbation Analysis of Discrete Control Systems. New York: Springer, 1985.

[32] Naidu D S, Price D B, Hibey J L. Singular perturbations and time scales in discrete control systems: an overview. Proceedings of the 26th IEEE Conference on Decision and Control, Los Angeles CA, 1987: 2096-2103.

[33] Naidu D S. Singular perturbations and time scales in control theory and applications: an overview. Dynamics of Continuous, Discrete and Impulsive Systems, 2002, 9(2): 233-278.

[34] Litkouhi B, Khalil H K. Multirate and composite control of two-time-scale discrete–time systems. IEEE Trans. on Automatic Control, 1985, 30 (7): 645-651.

[35] Naz M, Liu W, Wang Z M. Robust ISS of uncertain discrete-time singularly perturbed systems with disturbances. International Journal of System Science, 2019, 50 (6): 1136-1148.

[36] Li J H, Li T H S. On the composite and reduced observer-based control of discrete two-time-scale systems. Journal of the Franklin Institute, 1995, 332 (1): 47-66.

[37] Kokotovic P V. Applications of singular perturbation techniques to control problems. SIAM Review, 1984, 26: 501-550.

[38] Kecman V, Bingulac S, Gajic Z. Eigenvector approach for order reduction of singularly perturbed linear-quadratic optimal control problems. Automatica, 1999, 35: 151-158.

[39] Wang Y Y, Frank P M. Complete decomposition of sub-optimal regulators for singularly perturbed systems. International Journal of Control, 1992, 55: 49-56.

[40] Subbatina N N. Asymptotic properties of minimax solutions of Isaacs-Bellman equations in differential games with fast and slow motions. Journal of Applied Mathematics and Mechanics, 1996, 60: 883-890.

[41] Belokopytov S V, Dmitriev M G. Direct scheme in optimal control problems with fast and slow motions. Systems and Control Letters, 1986, 8(2): 129-135.

[42] Dmitriev M G, Ni M K. Contrast structures in the simplest vector vibrational problem and their asymptotes. Automat. i Telemekh., 1998, 5: 41-52.

[43] Shim K H, Sawan M E. Approximate controller design for singularly perturbed aircraft systems. Aircraft Engineering and Aerospace Technology: An Intern. Journal, 2005, 77 (4): 311-316.

[44] Biyik E, Arcak M. Area aggregation and time-scale modeling for sparse nonlinear networks. Systems and Control Letters, 2008, 57: 142-149.

[45] Nguyen H M, Naidu D S. Singular perturbation analysis and synthesis of wind energy conversion systems under stochastic environments. Advances in Systems Theory, Signal Processing and Computational Science, 2012: 283-288.

[46] Cheong J, Youm Y, Chung W K. Joint tracking controller for multilink flexible robot using disturbance observer and parameter adaptation scheme. Journal of Robotic Systems, 2002, 19 (8): 401-417.

[47] Chevallereau C. Time-scaling control for an under actuated biped robot. IEEE Trans. on Robotics and Automation, 2003, 19 (2): 362-368.

[48] Park N C, Yang H S, Park H W, Park Y P. Position/vibration control of two-degree-of-freedom arms having one flexible link with artificial pneumatic muscle actuators. Robotics and Autonomous Systems, 2002, 40(4): 239-253.

[49] Naidu D. S. Analysis of non-dimensional forms of singular perturbation structures for hypersonic vehicles. Acta Astronautica, 2010, 66: 577-586.

[50] Siciliano B, Villani L. A singular perturbation approach to control of flexible arms in compliant motion//Laura Menini, Luca Zaccarian, and C. T. Abdallah, ed, Current Trends in Nonlinear Systems and Control, Systems and Control: Foundations and Applications. Boston: Birkhäuser, 2006: 253-269.

[51] Wang L, Book W J, Huggins J D. Application of singular perturbation theory to hydraulic pump controlled systems. IEEE/ASME Trans. on Mechatronics, 2012, 17 (2): 251-259.

[52] Carrere Carreke M N, Sotiropoulos V, Kaznessis Y N, Daoutidis P. Model reduction of multi-scale chemical langevin equations. Systems and Control Letters, 2011, 60: 75-86.

[53] Galli M, Groppi M, Riganti R, Spiga G. Singular perturbation techniques in the study of a diatomic gas with reactions of dissociation and recombination. Applied Mathematics and Computation, 2003, 146 (2): 509-531.

[54] Kaper H G, Kaper T J. Asymptotic analysis of two reduction methods for systems of chemical reactions. Physica D: Nonlinear Phenomena, 2002, 165: 66-93.

[55] Yablonsky G S, Mareels I M Y, Lazman M. The principle of critical simplification in chemical kinetics. Chemical Engineering Science, 2003, 58 (21): 4833-4842.

[56] Xin H, Gan D, Huang M, Wang K. Estimating the stability region of singular perturbation power systems with saturation nonlinearities: A linear matrix inequality based method. IET Control Theory and Applications, 2010, 4 (3): 351-361.

[57] Chakrabortty A, Scholtz E. Time-scale separation designs for performance recovery of power systems with unknown parameters and faults. IEEE Trans. on Control Systems Technology, 2011, 19 (2): 382-390.

[58] Jayanthi S, Vecchio D D. Retroactivity attenuation in bio-molecular systems based on timescale separation. IEEE Trans. on Automatic Control, 2011, 56 (4): 748-761.

[59] Meyer-Baese A, Pilyugin S S, Chen Y. Global exponential stability of competitive neural networks with different time scales. IEEE Trans. on Neural Networks, 2003, 14:716-719.

[60] Monfared S M, Krishnamurthy V, Cornell B. Reconfigurable ion-channel based biosensor: input excitation design and analytic classification. Joint 48th IEEE Conference on Decision and Control and 28th Chinese Control Conference, Shanghai, China, 2009: 7698-7703.

[61] Wang L M, Sontag E D. A remark on singular perturbations of strongly monotone systems. Proceedings of the 45th IEEE Conference on Decision and Control, San Diego, CA, 2006: 989-994.

[62] Pekarek S D, Lemanski M T, Walters E A. On the use of singular perturbations to neglect the dynamic saliency of synchronous machines. IEEE Trans. on Energy Conversion, 2002, 17: 385-391.

[63] Galli M, Groppi M, Riganti R, Spiga G. Singular perturbation techniques in the study of a diatomic gas with reactions of dissociation and recombination. Applied Mathematics and Computation, 2003, 146: 509-531.

[64] Keesman K J, Peters D, Lukasse L J S. Optimal climate control of a storage facility using local weather forecasts. Control Engineering Practice, 2003, 11: 505-516.

[65] Kokotovic P V. Applications of singular perturbation techniques to control problems. SIAM Review, 1984, 26: 501-550. (Review article with about 250 references)

[66] Naidu D S. Singular perturbations and time scales in aerospace systems: an overview

// Sivasundaram S, ed. Nonlinear Problems in Aviation and Aerospace. UK: Gordon and Breach Science Publishers, 2000: 251-263. (Review article with 84 references)

[67] Naidu D S, Calise A J. Singular perturbations and time scales in guidance and control of aerospace systems: survey. Journal of Guidance, Control and Dynamics, November-December 2001, 24 (6): 1057-1078. (Survey paper with 412 references)

[68] Zhang Y, Naidu D S, Cai C X, Zou Y. Singular perturbations and time scales in control theory and applications: an overview 2002-2012. International Journal of Information and Systems Sciences, 2014, 9 (1): 1-36.

[69] Jiang Z P, Wang Y. Input-to-state stability for discrete-time nonlinear systems. Automatica, 2001, 37 (6): 857-869.

[70] Vasileva A B, Dmitriev M G, Ni M K. On a steplike contrast structure for a problem of the calculus of the variations. Comput. Math. Math. Phys., 2004, 44(7): 1203-1212.

[71] Boskovic J D, Mehra R K. A decentralized fault-tolerant control system for accommodation of failures in higher-order flight control actuators. IEEE Trans. on Control Systems Technology, 2010, 18 (5): 1103-1115.

第 2 章　线性奇摄动系统的 ISS 分析与镇定

本章讨论线性奇摄动系统的 ISS 分析和镇定问题, 详细地阐述怎样运用 Kokotovic 奇摄动方法, 并具体地应用到线性奇摄动系统的 ISS 分析与控制的全过程[1,2]. 由于本章所考虑的是线性奇摄动控制系统的简化模型, 没有系统不确定性因素的影响, 所以两时标的存在条件非常简单. 本章首先利用两时标分解技巧, 给出保证快慢子系统 ISS 性质的 LMI 条件和相应证明. 其次基于 Kokotovic 奇摄动方法, 根据快慢子系统的 ISS 稳定性, 通过组合方法和 Lyapunov 方法等, 证明了整个线性奇摄动系统的 ISS 稳定性. 由此获得的结果关于小参数在包含零作为左端点的某个开区间上是一致有效的, 即强 ISS 稳定. 然后通过求解凸优化问题给出了计算奇摄动稳定界的路径. 当预设的条件不满足时, 可通过状态反馈 (状态可测) 或者基于状态观测器的反馈控制 (状态不可测) 来克服所产生的困难. 主要思想是利用快慢子系统的控制律来构造整个奇摄动系统的组合反馈控制律或者基于状态观测器的组合反馈控制律. 本章最后给出应用例子, 验证了本章的方法和结果.

2.1　问题描述

考虑如下具有外部干扰输入的线性奇摄动系统, 其一般形式为

$$\dot{x}_1(t) = A_{11}x_1(t) + A_{12}x_2(t) + B_{11}u(t) + B_{12}w(t), \quad x_1(0) = x_{10}; \tag{2.1}$$

$$\varepsilon\dot{x}_2(t) = A_{21}x_1(t) + A_{22}x_2(t) + B_{21}u(t) + B_{22}w(t), \quad x_2(0) = x_{20}; \tag{2.2}$$

$$y(t) = C_1x_1(t) + C_2x_2(t) + D_{11}u(t), \tag{2.3}$$

其中 $x = (x_1^{\mathrm{T}}, x_2^{\mathrm{T}})^{\mathrm{T}}$ 为系统的状态向量, $x_1 \in R^{n_1}$ 表示慢状态, $x_2 \in R^{n_2}$ 表示快状态 $(n_1 + n_2 = n)$; $u \in R^q$ 为控制输入; $w \in R^m$ 为干扰输入; $y \in R^r$ 为系统输出; $\varepsilon > 0$ 为奇摄动小参数, 用来表示快状态的响应时间; (2.1)–(2.3) 中的所有矩阵均为适维常数矩阵.

记

$$x = \begin{pmatrix} x_1 \\ x_2 \end{pmatrix}, \quad A_{\varepsilon} = \begin{pmatrix} A_{11} & A_{12} \\ \dfrac{A_{21}}{\varepsilon} & \dfrac{A_{22}}{\varepsilon} \end{pmatrix}, \quad B_{1\varepsilon} = \begin{pmatrix} B_{11} \\ \dfrac{B_{21}}{\varepsilon} \end{pmatrix},$$

$$B_{2\varepsilon} = \begin{pmatrix} B_{12} \\ \dfrac{B_{22}}{\varepsilon} \end{pmatrix}, \quad C = \begin{pmatrix} C_1 & C_2 \end{pmatrix},$$

则奇摄动系统 (2.1)–(2.3) 也可写成如下简约形式

$$\dot{x}(t) = A_\varepsilon x(t) + B_{u\varepsilon}u(t) + B_{w\varepsilon}w(t), \quad x(0) = \begin{pmatrix} x_{10}^{\mathrm{T}}, & x_{20}^{\mathrm{T}} \end{pmatrix}^{\mathrm{T}}; \tag{2.4}$$

$$y(t) = Cx(t) + D_{11}u(t). \tag{2.5}$$

对于奇摄动系统 (2.1)–(2.3), 给出如下基本假设条件[2,3].

条件 2.1 A_{22} 为非奇异矩阵.

根据条件 2.1, 则奇摄动系统 (2.1)–(2.3) 为标准奇摄动, 于是利用奇摄动的两时标性质, 快慢子系统可分解如下. 令 $\varepsilon = 0$, 求解方程 (2.2) 可得

$$\bar{x}_2 = -A_{22}^{-1}(A_{21}x_1 + B_{21}u + B_{22}w). \tag{2.6}$$

将 (2.6) 式分别代入 (2.1) 和 (2.3), 可得如下慢子系统

$$\dot{x}_s(t) = A_0 x_s(t) + B_{10}u_s(t) + B_{20}w_s(t), \quad x_s(0) = x_{10}; \tag{2.7}$$

$$y_s(t) = C_0 x_s(t) + D_{10}u_s(t) + D_{20}w_s(t), \tag{2.8}$$

其中向量 x_s, u_s, y_s 和 w_s 为原系统 (2.1)–(2.3) 的状态 x_1, u, y 和 w 的慢部分,

$$A_0 = A_{11} - A_{12}A_{22}^{-1}A_{21}, \quad B_{10} = B_{11} - A_{12}A_{22}^{-1}B_{21}, \quad B_{20} = B_{12} - A_{12}A_{22}^{-1}B_{22};$$

$$C_0 = C_1 - C_2A_{22}^{-1}A_{21}, \quad D_{10} = D_{11} - C_2A_{22}^{-1}B_{21}, \quad D_{20} = -C_2A_{22}^{-1}B_{22}.$$

另外, 令 $x_f = x_2 - \bar{x}_2$, $u_f = u - u_s$, $w_f = w - w_s$. 通过 $\varepsilon\dot{\bar{x}}_2 = 0$, 可得如下的快子系统

$$\dot{x}_f(\tau) = A_{22}x_f(\tau) + B_{21}u_f(\tau) + B_{22}w_f(\tau), \quad x_f(0) = x_{20} + A_{22}^{-1}A_{21}x_{10}; \tag{2.9}$$

$$y_f(\tau) = C_2x_f(\tau) + D_{11}u_f(\tau), \tag{2.10}$$

其中 $\tau = \dfrac{t}{\varepsilon}$, 而 $0 < t \ll 1$ 为任意固定值.

下面的矩阵分解引理对简化矩阵运算十分有用[4].

引理 2.1 对于任给的适维矩阵 A, B, C 和 D, 若其中 A, C 和 $A + BCD$ 都是非奇异矩阵, 则成立如下的矩阵等式

$$(A + BCD)^{-1} = A^{-1} - A^{-1}B(DA^{-1}B + C^{-1})^{-1}DA^{-1}.$$

2.2　主　要　结　果

2.2.1　ISS 分析

为了简化描述与讨论, 不妨假设控制输入 $u(t) \equiv 0$. 对于快慢子系统, 容易获得相应 ISS 的充要条件. 根据 Kokotovic 奇摄动方法的研究框架, 基于快慢子系统的 ISS 稳定性, 设法证明整个奇摄动系统的 ISS 稳定是其中的关键步骤. 从可计算的角度看, 需要给出小参数稳定上界的估计方法. 对于慢子系统 (2.7), 有如下引理.

引理 2.2　慢子系统 (2.7) 关于干扰输入 w_s 是 ISS 稳定当且仅当存在正定对称矩阵 $P_s > 0$ 使得矩阵 A_0 满足下面的 LMI 条件

$$P_s^{\mathrm{T}} A_0 + A_0^{\mathrm{T}} P_s < 0. \tag{2.11}$$

证明　(充分性) 为了证明慢子系统 (2.7) 的 ISS 稳定性, 根据 (2.11), 选择如下 Lyapunov 函数

$$V_s(x_s) = x_s^{\mathrm{T}} P_s x_s, \tag{2.12}$$

则 $V_s(x_s)$ 沿着慢子系统 (2.7) 解的全导数为

$$
\begin{aligned}
\dot{V}_s(x_s) &= \dot{x}_s^{\mathrm{T}} P_s x_s + x_s^{\mathrm{T}} P_s \dot{x}_s \\
&= (A_0 x_s + B_{20} w_s)^{\mathrm{T}} P_s x_s + x_s^{\mathrm{T}} P_s (A_0 x_s + B_{20} w_s) \\
&= x_s^{\mathrm{T}} (A_0^{\mathrm{T}} P_s + P_s A_0) x_s + 2 x_s^{\mathrm{T}} P_s B_{20} w_s.
\end{aligned}
$$

从而有

$$\dot{V}_s \leqslant -\alpha_1 V_s + 2\sqrt{V_s}\sqrt{\lambda_{\max}(P_s)}||B_{20}|| \cdot ||w_s||,$$

其中 $\alpha_1 = \dfrac{\lambda_{\min}(-A_0^{\mathrm{T}} P_s - P_s A_0)}{\lambda_{\max}(P_s)} > 0$. 通过比较原理[5] 可知

$$
\begin{aligned}
||x_s|| &\leqslant \sqrt{\frac{\lambda_{\max}(P_s)}{\lambda_{\min}(P_s)}} \exp\left(-\frac{\alpha_1}{2}t\right) ||x_{10}|| \\
&\quad + 2\sqrt{\frac{\lambda_{\max}(P_s)}{\lambda_{\min}(P_s)}} \frac{1 - \exp\left(-\dfrac{\alpha_1}{2}t\right)}{\alpha_1} ||B_{20}|| \sup_{0 \leqslant \tau \leqslant t} ||w_s(\tau)|| \\
&\leqslant \beta(|x_0|, t) + \gamma\left(\sup_{0 \leqslant \tau \leqslant t} |w_s(\tau)|\right), \tag{2.13}
\end{aligned}
$$

其中 $\beta(r,s) = \sqrt{\dfrac{\lambda_{\max}(P_s)}{\lambda_{\min}(P_s)}} \exp\left(-\dfrac{\alpha_1}{2}s\right)r$, $\gamma(s) = \dfrac{2}{\alpha_1}\sqrt{\dfrac{\lambda_{\max}(P_s)}{\lambda_{\min}(P_s)}}\|B_{20}\|s$. 根据 ISS 的定义 (参见附录 C 或者文献 [6]), 慢子系统 (2.7) 关于干扰输入 $w_s(t)$ 是 ISS 稳定.

(必要性) 若慢子系统 (2.7) 关于干扰输入 $w_s(t)$ 是 ISS 稳定, 由 (2.13) 可知慢子系统 (2.7) 在 $w_s(t) \equiv 0$ 的情况下具有渐近稳定性. 从而可知 A_0 是 Hurwitz 矩阵, 因此存在正定对称矩阵 $P_s > 0$ 满足不等式 (2.11). 证毕.

对于快子系统 (2.9), 亦有如下引理.

引理 2.3 快子系统 (2.9) 关于干扰输入 w_f 是 ISS 稳定当且仅当存在正定对称矩阵 $P_f > 0$ 使得矩阵 A_{22} 满足如下 LMI 条件

$$P_f^{\mathrm{T}} A_{22} + A_{22}^{\mathrm{T}} P_f < 0. \tag{2.14}$$

证明 选取如下 Lyapunov 函数

$$V_f(x_f) = x_f^{\mathrm{T}} P_f x_f. \tag{2.15}$$

类似于引理 2.2 的证明可得快子系统是 ISS 稳定的结果. 证毕.

根据引理 2.2 和引理 2.3, 可以证明整个奇摄动系统的 ISS 稳定性.

定理 2.1 如果慢子系统 (2.7) 和快子系统 (2.9) 都是 ISS 稳定, 则存在 $\varepsilon^* > 0$ 使得对于任给的 $\varepsilon \in (0, \varepsilon^*]$, 奇摄动系统 (2.1)–(2.2) 关于干扰输入 $w(t)$ 是强 ISS 稳定.

证明 对于奇摄动系统的简约形式 (2.4), 作如下非奇异变换

$$T_0 = \begin{pmatrix} I_{n_1} & \varepsilon H_0 \\ -L_0 & I_{n_2} - \varepsilon L_0 H_0 \end{pmatrix}, \quad T_0^{-1} = \begin{pmatrix} I_{n_1} - \varepsilon H_0 L_0 & -\varepsilon H_0 \\ L_0 & I_{n_2} \end{pmatrix},$$

可得

$$v(t) = \begin{pmatrix} \xi(t) \\ \eta(t) \end{pmatrix} = T_0^{-1} \begin{pmatrix} x_1(t) \\ x_2(t) \end{pmatrix}.$$

从而奇摄动系统 (2.4) 在 $u \equiv 0$ 的情况下能够变换成如下形式

$$\begin{pmatrix} \dot{\xi}(t) \\ \varepsilon\dot{\eta}(t) \end{pmatrix} = \Phi_\varepsilon \begin{pmatrix} \xi(t) \\ \eta(t) \end{pmatrix} + \Lambda_\varepsilon w(t), \quad v(t_0) = T_0^{-1} \begin{pmatrix} x_{10}^{\mathrm{T}} & x_{20}^{\mathrm{T}} \end{pmatrix}^{\mathrm{T}}, \tag{2.16}$$

其中

$$\Phi_\varepsilon = \Phi_0 + \varepsilon\Phi_1 + \varepsilon^2\Phi_2,$$

$$\Phi_0 = \begin{pmatrix} A_0 & O \\ O & A_{22} \end{pmatrix}, \quad \Phi_1 = \begin{pmatrix} -H_0 L_0 A_0 & A_0 H_0 - H_0 L_0 A_{12} \\ L_0 A_0 & L_0 A_{12} \end{pmatrix},$$

$$\Phi_2 = \begin{pmatrix} O & -H_0 L_0 A_0 H_0 \\ O & L_0 A_0 H_0 \end{pmatrix}, \quad \Lambda_\varepsilon = \begin{pmatrix} B_{12} - \varepsilon H_0 \left(L_0 B_{12} + B_{22} \right) \\ B_{22} + \varepsilon L_0 B_{12} \end{pmatrix},$$

$$L_0 = A_{22}^{-1} A_{21}, \quad H_0 = A_{12} A_{22}^{-1}.$$

在定理 2.1 的条件下, 可知 A_0 和 A_{22} 均为 Hurwitz 矩阵, 从而 Φ_0 是 Hurwitz 矩阵.

选取如下的组合 Lyapunov 函数

$$V(\xi(t), \eta(t)) = \xi^{\mathrm{T}}(t) P_s \xi(t) + \varepsilon \eta^{\mathrm{T}}(t) P_f \eta(t),$$

其中矩阵 P_s 和 P_f 分别取自引理 2.2 和引理 2.3, 则 $V(v(t))$ 沿着系统 (2.16) 解的全导数为

$$\dot{V}(\xi(t), \eta(t)) = \dot{\xi}^{\mathrm{T}}(t) P_s \xi(t) + \xi^{\mathrm{T}}(t) P_s \dot{\xi}(t) + \varepsilon \dot{\eta}^{\mathrm{T}}(t) P_f \eta(t) + \varepsilon \eta^{\mathrm{T}}(t) P_f \dot{\eta}(t)$$

$$= v^{\mathrm{T}}(t) \Omega_\varepsilon v(t) + 2 v^{\mathrm{T}}(t) P_0 \Lambda_\varepsilon w(t),$$

其中

$$\Omega_\varepsilon = \Omega_0 + \varepsilon \Omega_1 + \varepsilon^2 \Omega_2;$$

$$\Omega_0 = \begin{pmatrix} A_0^{\mathrm{T}} P_s + P_s^{\mathrm{T}} A_0 & O \\ O & A_{22}^{\mathrm{T}} P_f + P_f^{\mathrm{T}} A_{22} \end{pmatrix};$$

$$\Omega_1 = \begin{pmatrix} -(H_0 L_0 A_0)^{\mathrm{T}} P_s - P_s^{\mathrm{T}} H_0 L_0 A_0 & (L_0 A_0)^{\mathrm{T}} P_f + P_s \left(A_0 H_0 - H_0 L_0 A_{12} \right) \\ P_f^{\mathrm{T}} L_0 A_0 + (A_0 H_0 - H_0 L_0 A_{12})^{\mathrm{T}} P_s^{\mathrm{T}} & (L_0 A_{12})^{\mathrm{T}} P_f + P_f^{\mathrm{T}} L_0 A_{12} \end{pmatrix};$$

$$\Omega_2 = \begin{pmatrix} O & -P_s H_0 L_0 A_0 H_0 \\ -(H_0 L_0 A_0 H_0)^{\mathrm{T}} P_s & (L_0 A_0 H_0)^{\mathrm{T}} P_f + P_f L_0 A_0 H_0 \end{pmatrix}; \quad P_0 = \begin{pmatrix} P_s & O \\ O & P_f \end{pmatrix}.$$

通过引理 2.2 和引理 2.3 以及上面的分析, 可知 $\Omega_0 < 0$. 从而存在 $\varepsilon^* > 0$ 使得对于任给的 $\varepsilon \in (0, \varepsilon^*]$, 成立

$$\Omega_0 + \varepsilon \Omega_1 + \varepsilon^2 \Omega_2 < 0.$$

记 $\alpha = \min\limits_{\varepsilon \in (0,\varepsilon^*]} \left(-\Omega_\varepsilon \right)$, $\delta = \max\limits_{\varepsilon \in (0,\varepsilon^*]} ||P_0 \Lambda_\varepsilon||$, 则对任给的 $\varepsilon \in (0, \varepsilon^*]$, 必有 $\alpha > 0$ 以及成立如下不等式

$$\dot{V}(v(t)) \leqslant -\alpha ||v(t)||^2 + \delta ||v(t)|| ||w(t)||$$

$$\leqslant -\alpha(1-\theta)\|v(t)\|^2, \quad \forall \|v(t)\| \geqslant \frac{\delta}{\alpha\theta}\|w(t)\|,$$

其中 $0 < \theta < 1$. 因此奇摄动系统 (2.16) 关于干扰输入 w 是强 ISS 稳定[6]. 证毕.

本章在 Kokotovic 奇摄动方法的框架内讨论. 容易看出, 当 $\varepsilon \to 0$ 时, 奇摄动系统 (2.16) 的 Tikhonov 极限定理隐式地成立. 因此获得的结果是强 ISS 稳定. 当没有干扰输入影响时, 即 $w(t) \equiv 0$, 立刻获得强渐近稳定的经典结果[1,2]. 为了叙述方便, 在不引起误解的情况下, 可以省略 "强" 的说法, 以后也不再一一说明.

如果 $\lim\limits_{t\to\infty} w(t) = 0$, 则有如下推论.

推论 2.1 在定理 2.1 的条件下, 如果 $\lim\limits_{t\to\infty} w(t) = 0$, 则对任给的 $\varepsilon \in (0, \varepsilon^*]$, 奇摄动系统 (2.1)–(2.2) 具有强渐近稳定性.

证明 在定理 2.1 的条件下, 因为结果在区间 $(0, \varepsilon^*]$ 上的一致有效性, 所以处理奇摄动系统可以像普通系统那样. 由 ISS 的定义可知, 存在 $\mathcal{KL}$ 类函数 β 和 $\mathcal{K}_\infty$ 类函数 γ, 使得对于任何初始状态 $x(0)$ 和有界输入 $w(t)$, 状态解 $x(t)$ 对于所有 $t \geqslant 0$ 都存在, 且满足

$$\|x(t)\| \leqslant \beta(\|x(0)\|, t) + \gamma\left(\sup_{0\leqslant\tau\leqslant t}\|w(\tau)\|\right).$$

首先证明稳定性. 注意到 $\mathcal{KL}$ 类函数 β 关于时间的单调减性质以及 $\beta(\|x(0)\|, 0)$ 和 γ 关于状态范数的 $\mathcal{K}_\infty$ 性质可知, 对任给的 $\rho > 0$, 以及任何初值 $x(0)$, 可选足够大的 $c(\rho) > 0$ 使得当 $\|x(0)\| \leqslant c(\rho)$ 时, 都可推出 $\beta(c, 0) < \frac{\rho}{2}$ 和 $\gamma(\sigma) < \frac{\rho}{2}$. 由于 $\lim\limits_{t\to+\infty} w(t) = 0$, $T_1 > 0$ 使得对任意的 $t \geqslant T_1$, $\|w(t)\| \leqslant \sigma$. 取 $\tilde{\gamma} = \max\{\beta(\bar{c}, 0), \gamma(\bar{c})\} \in \mathcal{K}_\infty$, $\bar{c} = \max\{c, \sigma\}$, 则 $\|x(t)\| \leqslant 2\tilde{\gamma}(\bar{c}) \leqslant \rho$. 故稳定性得证.

关于渐近性, 对任意的 $t \geqslant 0$, 由 ISS 稳定的定义可知

$$\|x(t)\| \leqslant \beta(\|x(0)\|, t) + \gamma(\sigma) \leqslant \beta(c, t) + \rho/2,$$

其中 $c > 0$. 因为当 $t \to \infty$ 时, $\beta(c, t) \to 0$, 所以存在一个标量 $T_2 > 0$ 使得对任意 $t \geqslant T_2$, 有 $\beta(c, t) \leqslant \rho/2$. 从而有下式成立

$$\|x(t)\| \leqslant \rho, \quad \forall t \geqslant T = \max\{T_1, T_2\}.$$

这意味着 $\lim\limits_{t\to\infty} x(t) = 0$. 综上所述, 奇摄动系统 (2.1)–(2.2) 是强渐近稳定. 证毕.

当上述奇摄动系统中外部输入 $w(t)$ 恒为零时, 由推论 2.1 立刻可得经典奇摄动稳定性的结果[1,2].

从定理 2.1 的证明中可知, 我们并没有像传统做法那样对系数矩阵进行精确的对角矩阵分解, 而是用 L_0 和 H_0 分别近似替代 $L(\varepsilon)$ 和 $H(\varepsilon)$. 当 $\varepsilon \to 0$ 时它们会趋于精确对角形式, 其中当 $\varepsilon \to 0$ 时其非对角项会趋于零. 值得注意的是, 这种方法的好处是会给出一个不那么保守的求解稳定界 $\varepsilon^* > 0$ 的方法.

对于奇摄动系统来讲, 其稳定界 $\varepsilon^* > 0$ 的估计在实际问题应用中有意义. 计算稳定界的话题也引起了广泛兴趣, 并给出了许多不同的计算方法. 在众多方法中, 由于求解广义特征值问题 (GEVP)(参见附录 D) 的方法具有较小的保守性, 从而被大量采纳. 为此首先给出判别奇摄动系统 ISS 稳定性的另一个结果. 该结果会导出计算稳定界 $\varepsilon^* > 0$ 的办法.

引理 2.4   对于任给的 $\varepsilon^* > 0$, 倘若成立如下不等式

1) $a < 0$; 2) $a + b\varepsilon^* < 0$; 3) $a + b\varepsilon^* + c(\varepsilon^*)^2 < 0$,

其中 a, b 和 c 均为常数, 则成立

$$a + b\varepsilon + c\varepsilon^2 < 0, \quad \varepsilon \in (0, \varepsilon^*]. \tag{2.17}$$

证明   根据条件 1) 和 2), 显然对任给的 $\varepsilon \in (0, \varepsilon^*]$, $a + b\varepsilon < 0$ 成立. 考虑两种情况

(1) 若 $c > 0$. 考虑如下有关 ε 的二次函数

$$\varphi(\varepsilon) = c\varepsilon^2 + b\varepsilon + a, \tag{2.18}$$

则 $\varphi(\varepsilon)$ 为凸函数. 又由条件 1) 和 3) 可知: $\varphi(\varepsilon^*) < 0$ 和 $\varphi(0) < 0$, 这表明对任给的 $\varepsilon \in (0, \varepsilon^*]$, 有 $\varphi(\varepsilon) < 0$. 从而 (2.17) 成立.

(2) 若 $c < 0$. 假定存在 $\varepsilon_1^* < \varepsilon^*$ 满足

$$a + b\varepsilon_1^* + c(\varepsilon_1^*)^2 \geqslant 0,$$

则有 $a + b\varepsilon_1^* > 0$, 这与任给的 $\varepsilon \in (0, \varepsilon^*]$, $a + b\varepsilon < 0$ 产生矛盾. 证毕.

基于引理 2.4 和定理 2.1 的证明, 容易获得如下估计稳定界 $\varepsilon^* > 0$ 的结果.

定理 2.2   对于任给的 $\varepsilon^* > 0$, 若存在矩阵 $P_s > 0$ 和 $P_f > 0$, 使得下面系列线性矩阵不等式成立:

$$\Omega_0 < 0, \tag{2.19}$$

$$\Omega_0 + \varepsilon^* \Omega_1 < 0, \tag{2.20}$$

$$\Omega_0 + \varepsilon^* \Omega_1 + (\varepsilon^*)^2 \Omega_2 < 0, \tag{2.21}$$

其中 Ω_0, Ω_1 和 Ω_2 由公式 (2.16) 所定义. 则当 $\varepsilon \in (0, \varepsilon^*]$ 时, 奇摄动系统 (2.1)–(2.2) 是强 ISS 稳定的.

证明 对任意的 $x \neq 0$, 对 (2.19)–(2.21) 分别左乘 x^{T} 和右乘其转置, 则有

$$x^{\mathrm{T}}\Omega_0 x < 0, \tag{2.22}$$

$$x^{\mathrm{T}}\Omega_0 x + \varepsilon^* x^{\mathrm{T}}\Omega_1 x < 0, \tag{2.23}$$

$$x^{\mathrm{T}}\Omega_0 x + \varepsilon^* x^{\mathrm{T}}\Omega_1 x + (\varepsilon^*)^2 x^{\mathrm{T}}\Omega_2 x < 0. \tag{2.24}$$

记 $a = x^{\mathrm{T}}\Omega_0 x$, $b = x^{\mathrm{T}}\Omega_1 x$ 和 $c = x^{\mathrm{T}}\Omega_2 x$, 利用引理 2.4, 对任给的 $\varepsilon \in (0, \varepsilon^*]$, 有 $a + b\varepsilon + c\varepsilon^2 < 0$, 即

$$x^{\mathrm{T}}\Omega_0 x + \varepsilon^* x^{\mathrm{T}}\Omega_1 x + (\varepsilon^*)^2 x^{\mathrm{T}}\Omega_2 x < 0, \quad \varepsilon \in (0, \varepsilon^*].$$

这表明对于任给的 $\varepsilon \in (0, \varepsilon^*]$, 成立 $\Omega_0 + \varepsilon\Omega_1 + \varepsilon^2\Omega_2 < 0$. 因此, 从定理 2.1 的证明过程可知, 对于任给的 $\varepsilon \in (0, \varepsilon^*]$, 奇摄动系统 (2.1)–(2.2) 是强 ISS 稳定. 证毕.

下面给出如下计算参数稳定界 $\varepsilon^* > 0$ 的方法.

根据定理 2.2, 稳定界 ε^* 可通过求解如下优化问题得到

$$\varepsilon^* = \max_{P_s, P_f} \quad \varepsilon \quad \text{s.t.} \quad (2.19)\text{–}(2.21).$$

此优化问题可通过 LMI 工具箱进行有效的求解[7].

定理 2.1 给出了奇摄动系统稳定界存在的条件. 进一步地, 定理 2.2 给出了稳定界求解的具体方法. 它弥补了基于频域方法求解所带来的某些不足.

2.2.2 状态反馈控制器

本节考虑奇摄动系统 (2.1)–(2.2) 的状态反馈控制问题. 设计如下形式的状态反馈控制器[1]

$$u(t) = Kx(t), \tag{2.25}$$

可得如下奇摄动闭环系统

$$\dot{x}(t) = (A_\varepsilon + B_{1\varepsilon}K)\, x(t) + B_{2\varepsilon}w(t). \tag{2.26}$$

给出如下假设条件.

条件 2.2 慢子系统 (2.7) 和快子系统 (2.9) 均为可镇定.

根据条件 2.2, 存在矩阵 K_0, K_2 和矩阵 $\bar{P}_s > 0$, $\bar{P}_f > 0$ 使得 $A_0 + B_{10}K_0 > 0$, $A_{22} + B_{21}K_2 > 0$ 都是 Hurwitz 矩阵, 并且满足如下 LMI 条件

$$\bar{P}_s^{\mathrm{T}}(A_0 + B_{10}K_0) + (A_0 + B_{10}K_0)^{\mathrm{T}}\bar{P}_s < 0, \tag{2.27}$$

$$\bar{P}_f^{\mathrm{T}}(A_{22} + B_{21}K_2) + (A_{22} + B_{21}K_2)^{\mathrm{T}}\bar{P}_f < 0. \tag{2.28}$$

引理 2.5　慢闭子系统

$$\dot{x}_s(t) = (A_0 + B_{10}K_0) \, x_s(t) + B_{20}w_s(t) \tag{2.29}$$

是 ISS 稳定当且仅当存在矩阵 $X_s > 0$ 和矩阵 Y_s 满足如下 LMI 条件

$$A_0 X_s + X_s^{\mathrm{T}} A_0^{\mathrm{T}} + B_{10}Y_s + Y_s^{\mathrm{T}} B_{10}^{\mathrm{T}} < 0, \tag{2.30}$$

控制器增益可由下式表示

$$K_0 = Y_s X_s^{-1}.$$

证明　对于不等式 (2.30), 分别对其左乘 $X_s^{-\mathrm{T}}$ 和右乘 X_s^{-1}, 并记 $X_s = \bar{P}_s^{-1}$, $Y_s = K_0 \bar{P}_s^{-1}$, 则公式 (2.30) 等价于公式 (2.27). 由引理 2.2 即可得证. 证毕.

根据条件 2.2 和公式 (2.28), 类似于引理 2.3 和引理 2.5 的证明, 容易获得如下结果.

引理 2.6　快闭子系统

$$\dot{x}_f(t) = (A_{22} + B_{21}K_2) \, x_f(t) + B_{22}w_f(t) \tag{2.31}$$

是 ISS 稳定当且仅当存在矩阵 $X_f > 0$ 和矩阵 Y_f 满足如下 LMI 条件

$$A_{22}X_f + X_f^{\mathrm{T}} A_{22}^{\mathrm{T}} + B_{21}Y_f + Y_f^{\mathrm{T}} B_{21}^{\mathrm{T}} < 0. \tag{2.32}$$

控制器增益可由下式获得

$$K_2 = Y_f X_f^{-1}, \quad X_f^{-1} = \bar{P}_f.$$

基于上述分析, 对于奇摄动闭环系统 (2.26), 可得如下反馈控制的主要结论.

定理 2.3　如果条件 2.2 成立, 则存在充分小的 $\varepsilon^* > 0$, 对于任给的 $\varepsilon \in (0, \varepsilon^*]$, 整个奇摄动闭环系统 (2.26) 是强 ISS 稳定的. 即奇摄动系统 (2.1)–(2.2) 是强 ISS 可镇定的, 其中组合状态反馈控制器可设计为

$$K = (\ K_1, \ \ K_2\ ), \quad K_1 = (I + K_2 A_{22}^{-1} B_{21})K_0 + K_2 A_{22}^{-1} A_{21}. \tag{2.33}$$

证明　对于奇摄动闭环系统 (2.26), 作如下非奇异变换

$$\bar{T}_0 = \begin{pmatrix} I_{n_1} & \varepsilon \bar{H}_0 \\ -\bar{L}_0 & I_{n_2} - \varepsilon \bar{L}_0 \bar{H}_0 \end{pmatrix}, \quad \bar{T}_0^{-1} = \begin{pmatrix} I_{n_1} - \varepsilon \bar{H}_0 \bar{L}_0 & -\varepsilon \bar{H}_0 \\ \bar{L}_0 & I_{n_2} \end{pmatrix},$$

并记

$$\bar{v}(t) = \begin{pmatrix} \bar{\xi}(t) \\ \bar{\eta}(t) \end{pmatrix} = \bar{T}_0^{-1} \begin{pmatrix} x_1(t) \\ x_2(t) \end{pmatrix},$$

则有如下形式

$$\begin{pmatrix} \dot{\bar{\xi}}(t) \\ \varepsilon\dot{\bar{\eta}}(t) \end{pmatrix} = \bar{\Phi}_\varepsilon \begin{pmatrix} \bar{\xi}(t) \\ \bar{\eta}(t) \end{pmatrix} + \bar{\Lambda}_\varepsilon w(t), \quad \bar{v}(0) = \bar{T}_0^{-1} \begin{pmatrix} x_{10}^{\mathrm{T}} & x_{20}^{\mathrm{T}} \end{pmatrix}^{\mathrm{T}}, \quad (2.34)$$

其中

$$\bar{\Phi}_\varepsilon = \bar{\Phi}_0 + \varepsilon\bar{\Phi}_1 + \varepsilon^2\bar{\Phi}_2,$$

$$\bar{\Phi}_0 = \begin{pmatrix} \bar{A}_0 & O \\ O & \bar{A}_{22} \end{pmatrix}, \quad \bar{\Phi}_1 = \begin{pmatrix} -\bar{H}_0\bar{L}_0\bar{A}_0 & \bar{A}_0\bar{H}_0 - \bar{H}_0\bar{L}_0\bar{A}_{12} \\ \bar{L}_0\bar{A}_0 & \bar{L}_0\bar{A}_{12} \end{pmatrix},$$

$$\bar{\Phi}_2 = \begin{pmatrix} O & -\bar{H}_0\bar{L}_0\bar{A}_0\bar{H}_0 \\ O & \bar{L}_0\bar{A}_0\bar{H}_0 \end{pmatrix}, \quad \bar{\Lambda}_\varepsilon = \begin{pmatrix} B_{12} - \varepsilon\bar{H}_0\left(\bar{L}_0 B_{12} + B_{22}\right) \\ B_{22} + \varepsilon\bar{L}_0 B_{12} \end{pmatrix},$$

$$\bar{L}_0 = \bar{A}_{22}^{-1}\bar{A}_{21}, \quad \bar{H}_0 = \bar{A}_{12}\bar{A}_{22}^{-1}, \quad \bar{A}_0 = \bar{A}_{11} - \bar{A}_{12}\bar{A}_{22}^{-1}\bar{A}_{21},$$

$$\bar{A}_{11} = A_{11} + B_{11}K_1, \quad \bar{A}_{12} = A_{12} + B_{12}K_2,$$

$$\bar{A}_{21} = A_{21} + B_{21}K_1, \quad \bar{A}_{22} = A_{22} + B_{22}K_2.$$

根据引理 2.6, 可知 $\bar{A}_{22}$ 为 Hurwitz 矩阵. 对于矩阵 $\bar{A}_0$, 有

$$\bar{A}_0 = \bar{A}_{11} - \bar{A}_{12}\bar{A}_{22}^{-1}\bar{A}_{21} = A_0 + B_{10}K_0. \quad (2.35)$$

上式的细节不再赘述, 可参见书后附录 A 的详细推导. 由此可得 $\bar{\Phi}_0$ 也是 Hurwitz 矩阵.

选取如下 Lyapunov 函数

$$\bar{V}(\bar{\xi}(t), \bar{\eta}(t)) = \bar{\xi}^{\mathrm{T}}(t)\bar{P}_s\bar{\xi}(t) + \varepsilon\bar{\eta}^{\mathrm{T}}(t)\bar{P}_f\bar{\eta}(t),$$

其中矩阵 $\bar{P}_s$ 和 $\bar{P}_f$ 分别取自引理 2.5 和引理 2.6. 于是有

$$\dot{\bar{V}}(\bar{\xi}(t), \bar{\eta}(t)) = \dot{\bar{\xi}}^{\mathrm{T}}(t)P_s\bar{\xi}(t) + \bar{\xi}^{\mathrm{T}}(t)P_s\dot{\bar{\xi}}(t) + \varepsilon\dot{\bar{\eta}}^{\mathrm{T}}(t)P_f\bar{\eta}(t) + \varepsilon\bar{\eta}^{\mathrm{T}}(t)P_f\dot{\bar{\eta}}(t)$$

$$= \bar{v}^{\mathrm{T}}(t)(\bar{\Omega}_0 + \varepsilon\bar{\Omega}_1 + \varepsilon^2\bar{\Omega}_2)\bar{v}(t) + 2\bar{v}^{\mathrm{T}}(t)\bar{P}_0\bar{\Lambda}_\varepsilon w(t),$$

其中

$$\bar{\Omega}_0 = \begin{pmatrix} \bar{A}_0^{\mathrm{T}}\bar{P}_s + \bar{P}_s^{\mathrm{T}}\bar{A}_0 & O \\ O & \bar{A}_{22}^{\mathrm{T}}\bar{P}_f + \bar{P}_f^{\mathrm{T}}\bar{A}_{22} \end{pmatrix}, \quad \bar{P}_0 = \begin{pmatrix} \bar{P}_s & O \\ O & \bar{P}_f \end{pmatrix},$$

$$\bar{\Omega}_1 = \begin{pmatrix} -\left(\bar{H}_0\bar{L}_0\bar{A}_0\right)^{\mathrm{T}}\bar{P}_s - \bar{P}_s^{\mathrm{T}}\bar{H}_0\bar{L}_0\bar{A}_0 & \left(\bar{L}_0\bar{A}_0\right)^{\mathrm{T}}\bar{P}_f + \bar{P}_s\left(\bar{A}_0\bar{H}_0 - \bar{H}_0\bar{L}_0\bar{A}_{12}\right) \\ \bar{P}_f^{\mathrm{T}}\bar{L}_0\bar{A}_0 + \left(\bar{A}_0\bar{H}_0 - \bar{H}_0\bar{L}_0\bar{A}_{12}\right)^{\mathrm{T}}\bar{P}_s^{\mathrm{T}} & \left(\bar{L}_0\bar{A}_{12}\right)^{\mathrm{T}}\bar{P}_f + \bar{P}_f^{\mathrm{T}}\bar{L}_0\bar{A}_{12} \end{pmatrix},$$

$$\bar{\Omega}_2 = \begin{pmatrix} O & -\bar{P}_s \bar{H}_0 \bar{L}_0 \bar{A}_0 \bar{H}_0 \\ -\left(\bar{H}_0 \bar{L}_0 \bar{A}_0 \bar{H}_0\right)^{\mathrm{T}} \bar{P}_s & \left(\bar{L}_0 \bar{A}_0 \bar{H}_0\right)^{\mathrm{T}} \bar{P}_f + \bar{P}_f \bar{L}_0 \bar{A}_0 \bar{H}_0 \end{pmatrix}.$$

根据引理 2.6 和引理 2.7 以及上述分析, 可知 $\bar{\Omega}_0 < 0$. 从而存在 $\varepsilon^* > 0$ 使得对于任给的 $\varepsilon \in (0, \varepsilon^*]$, 成立

$$\bar{\Omega}_0 + \varepsilon \bar{\Omega}_1 + \varepsilon^2 \bar{\Omega}_2 < 0.$$

类似于推论 2.1 的证明, 存在一个 $\mathcal{KL}$ 类函数 $\bar{\beta}$ 和一个 $\mathcal{K}$ 类函数 $\bar{\gamma}$ 使得对于任意的 $t \geqslant 0$ 以及任意的初始状态 $x(0)$, 系统的解 $x(t)$ 在 $t \geqslant 0$ 上存在并满足

$$\|x(t)\| \leqslant \bar{\beta}(\|x(0)\|, t) + \bar{\gamma}\left(\sup_{0 \leqslant \tau \leqslant t} \|w(\tau)\|\right).$$

于是, 对于任给的 $\varepsilon \in (0, \varepsilon^*]$, 整个奇摄动闭环系统 (2.26) 是强 ISS 稳定, 即强 ISS 可镇定. 证毕.

推论 2.2 如果条件 2.2 成立, 并且当 $\lim\limits_{t \to +\infty} w(t) = 0$ 时, 则对任给的 $\varepsilon \in (0, \varepsilon^*]$, 奇摄动系统 (2.1)–(2.2) 是强可镇定, 其中控制器由 (2.33) 表示.

由于定理 2.3 的证明也是在 Kokotovic 奇摄动方法的框架内进行, 基于快慢子系统的 ISS 可镇定, 来证明整个奇摄动系统的 ISS 可镇定, 因此所得到的 ISS 镇定一定是强的, 即 ISS 可镇定的结果是一致有效的.

在推论 2.2 中, 当 $w(t) \equiv 0$ 时, 奇摄动系统 (2.1)–(2.2) 仍为强可镇定的, 其中控制器设计为 (2.33). 此为经典结果.

同样, 对于奇摄动闭环系统 (2.26), 当控制增益 K_0 和 K_2 由矩阵不等式 (2.30) 和 (2.32) 确定之后, 相对于定理 2.2, 可有如下结果.

定理 2.4 如果存在 $\varepsilon^* > 0$, 以及正定对称矩阵 $\bar{P}_s > 0$ 和 $\bar{P}_f > 0$ 使得下面的 LMI 条件成立

$$\bar{\Omega}_0 < 0, \tag{2.36}$$

$$\bar{\Omega}_0 + \varepsilon^* \bar{\Omega}_1 < 0, \tag{2.37}$$

$$\bar{\Omega}_0 + \varepsilon^* \bar{\Omega}_1 + (\varepsilon^*)^2 \bar{\Omega}_2 < 0, \tag{2.38}$$

则当 $\varepsilon \in (0, \varepsilon^*]$ 时, 奇摄动闭环系统 (2.26) 关于干扰输入 w 仍然是 ISS 稳定. 即奇摄动系统 (2.1)–(2.2) 关于干扰输入 w 是强 ISS 可镇定.

另外, 对于上述奇摄动闭环系统, 其稳定上界 $\varepsilon^* > 0$, 同样可通过求解以下的优化问题得到,

$$\varepsilon^* = \max_{P_s, P_f} \varepsilon \quad \text{s.t.} \quad (2.36)\text{–}(2.38).$$

2.2.3 基于观测器的反馈控制器

本节考虑系统状态不可直接量测, 输出和控制输入可以利用的情况下, 基于状态观测器的反馈控制问题. 类似于条件 2.1, 给出如下假设条件.

条件 2.3 慢子系统 (2.7)–(2.8) 和快子系统 (2.9)–(2.10) 均可镇定和可检测.

对于慢子系统 (2.7)–(2.8), 定义如下观测器

$$\dot{\hat{x}}_s(t) = A_0\hat{x}_s(t) + B_{10}u_s(t) - L_0\left(y_s(t) - \hat{y}_s(t)\right), \tag{2.39}$$

$$\hat{y}_s(t) = C_0\hat{x}_s(t) + D_{10}u_s(t), \tag{2.40}$$

其中 L_0 为待定的观测器增益矩阵. 相应的控制律为

$$u_s(t) = G_0\hat{x}_s(t). \tag{2.41}$$

令 $e_s(t) = x_s(t) - \hat{x}_s(t)$, 则基于观测器 (2.39)–(2.40) 之上的慢闭子系统为

$$\begin{pmatrix} \dot{x}_s(t) \\ \dot{e}_s(t) \end{pmatrix} = \begin{pmatrix} A_0 + B_{10}G_0 & -B_{10}G_0 \\ O & A_0 + L_0C_0 \end{pmatrix} \begin{pmatrix} x_s(t) \\ e_s(t) \end{pmatrix} + \begin{pmatrix} B_{20} \\ L_0D_{20} + B_{20} \end{pmatrix} w_s(t). \tag{2.42}$$

类似地, 快子系统 (2.9)–(2.10) 的观测器定义为

$$\dot{\hat{x}}_f(\tau) = A_{22}\hat{x}_f(\tau) + B_{21}u_f(\tau) - L_2\left(y_f(\tau) - \hat{y}_f(\tau)\right), \tag{2.43}$$

$$\hat{y}_f(\tau) = C_2\hat{x}_f(\tau) + D_{11}u_f(\tau). \tag{2.44}$$

选取的控制律为

$$u_f(\tau) = G_2\hat{x}_f(\tau). \tag{2.45}$$

令 $e_f(\tau) = x_f(\tau) - \hat{x}_f(\tau)$, 则基于观测器 (2.43)–(2.44) 之上的快闭子系统为

$$\begin{pmatrix} \dot{x}_f(\tau) \\ \dot{e}_f(\tau) \end{pmatrix} = \begin{pmatrix} A_{22} + B_{21}G_2 & -B_{21}G_2 \\ O & A_{22} + L_2C_2 \end{pmatrix} \begin{pmatrix} x_f(\tau) \\ e_f(\tau) \end{pmatrix} + \begin{pmatrix} B_{22} \\ B_{22} \end{pmatrix} w_f(\tau). \tag{2.46}$$

在条件 2.3 的条件下, 存在矩阵 G_0, L_0, G_2 和 L_2 使得

$$A_0 + B_{12}G_0, \quad A_0 + L_0C_0, \quad A_{22} + B_{21}G_2 \quad \text{和} \quad A_{22} + L_2C_2$$

均为 Hurwitz 矩阵. 进一步地, 利用引理 2.5 和引理 2.6, 可对 G_0 和 G_2 进行求解. 而对于 L_0 和 L_2, 可通过先求解如下不等式

$$A_0^{\mathrm{T}}Q_s + Q_s^{\mathrm{T}}A_0 + \Theta_sC_0 + C_0^{\mathrm{T}}\Theta_s^{\mathrm{T}} < 0, \tag{2.47}$$

$$A_{22}^{\mathrm{T}}Q_f + Q_f^{\mathrm{T}}A_{22} + \Theta_f C_2 + C_2^{\mathrm{T}}\Theta_f^{\mathrm{T}} < 0, \tag{2.48}$$

其中 $Q_s > 0$ 和 $Q_f > 0$, Θ_s 和 Θ_f 均为适维矩阵. 然后 L_0 和 L_2 可选取如下

$$L_0 = Q_s^{-1}\Theta_s, \quad L_2 = Q_f^{-1}\Theta_f.$$

　　然后定义如下组合观测器

$$\begin{pmatrix} \dot{\hat{x}}_1(t) \\ \varepsilon\dot{\hat{x}}_2(t) \end{pmatrix} = \begin{pmatrix} A_{11} & A_{12} \\ A_{21} & A_{22} \end{pmatrix} \begin{pmatrix} \hat{x}_1(t) \\ \hat{x}_2(t) \end{pmatrix} + \begin{pmatrix} B_{11} \\ B_{21} \end{pmatrix} u(t) - L(y(t) - \hat{y}(t)), \tag{2.49}$$

$$\hat{y}(t) = C_1\hat{x}_1(t) + C_2\hat{x}_2(t) + D_{11}u(t), \tag{2.50}$$

其中

$$L = \begin{pmatrix} L_1 \\ L_2 \end{pmatrix}, \quad L_1 = L_0(I + C_2 A_{22}^{-1} L_2) + A_{12} A_{22}^{-1} L_2. \tag{2.51}$$

则相应的组合控制器为

$$u(t) = (G_1, G_2) \begin{pmatrix} \hat{x}_1(t) \\ \hat{x}_2(t) \end{pmatrix}, \tag{2.52}$$

其中 $G_1 = (I + G_2 A_{22}^{-1} B_{21})G_0 + G_2 A_{22}^{-1} A_{21}$. 令

$$e_1(t) = x_1(t) - \hat{x}_1(t), \quad e_2(t) = x_2(t) - \hat{x}_2(t).$$

$$X^{\mathrm{T}}(t) = (X_1^{\mathrm{T}}(t), X_2^{\mathrm{T}}(t)), \quad X_1^{\mathrm{T}}(t) = (x_1^{\mathrm{T}}(t), e_1^{\mathrm{T}}(t)), \quad X_2^{\mathrm{T}}(t) = (x_2^{\mathrm{T}}(t), e_2^{\mathrm{T}}(t)),$$

可得如下的奇摄动闭环系统

$$\begin{pmatrix} \dot{X}_1(t) \\ \varepsilon\dot{X}_2(t) \end{pmatrix} = \begin{pmatrix} \tilde{A}_{11} & \tilde{A}_{12} \\ \tilde{A}_{21} & \tilde{A}_{22} \end{pmatrix} \begin{pmatrix} X_1(t) \\ X_2(t) \end{pmatrix} + \begin{pmatrix} \tilde{B}_{12} \\ \tilde{B}_{22} \end{pmatrix} w(t), \tag{2.53}$$

其中

$$\tilde{A}_{11} = \begin{pmatrix} A_{11} + B_{11}G_1 & -B_{11}G_1 \\ O & A_{11} + L_1C_1 \end{pmatrix},$$

$$\tilde{A}_{12} = \begin{pmatrix} A_{12} + B_{11}G_2 & -B_{11}G_2 \\ O & A_{12} + L_1C_2 \end{pmatrix},$$

$$\tilde{A}_{21} = \begin{pmatrix} A_{21} + B_{21}G_1 & -B_{21}G_1 \\ O & A_{21} + L_2C_1 \end{pmatrix},$$

$$\tilde{A}_{22} = \begin{pmatrix} A_{22} + B_{21}G_2 & -B_{21}G_2 \\ O & A_{22} + L_2C_2 \end{pmatrix},$$

$$\tilde{B}_{12} = \begin{pmatrix} B_{12} \\ B_{12} \end{pmatrix}, \quad \tilde{B}_{22} = \begin{pmatrix} B_{22} \\ B_{22} \end{pmatrix}.$$

当增益矩阵 G_0, L_0, G_2 和 L_2 获取之后, 可有如下结果.

定理 2.5 如果条件 2.3 成立, 则存在充分小的 $\varepsilon^* > 0$, 当 $\varepsilon \in (0, \varepsilon^*]$ 时, 使得奇摄动闭环系统 (2.53) 是强 ISS 稳定. 即基于组合观测器 (2.49)–(2.50) 之上的奇摄动系统 (2.1)–(2.3) 是强 ISS 可镇定.

证明 将下面的非奇异变换作用到奇摄动闭环系统 (2.53) 上

$$\tilde{T}_0 = \begin{pmatrix} I_{n_1} & \varepsilon\tilde{H}_0 \\ -\tilde{L}_0 & I_{n_2} - \varepsilon\tilde{L}_0\tilde{H}_0 \end{pmatrix}, \quad \tilde{T}_0^{-1} = \begin{pmatrix} I_{n_1} - \varepsilon\tilde{H}_0\tilde{L}_0 & -\varepsilon\tilde{H}_0 \\ \tilde{L}_0 & I_{n_2} \end{pmatrix},$$

其中 $\tilde{L}_0 = \tilde{A}_{22}^{-1}\tilde{A}_{21}$, $\tilde{H}_0 = \tilde{A}_{12}\tilde{A}_{22}^{-1}$, 并记

$$\tilde{v}(t) = \begin{pmatrix} \tilde{\xi}(t) \\ \tilde{\eta}(t) \end{pmatrix} = \tilde{T}_0^{-1} \begin{pmatrix} X_1(t) \\ X_2(t) \end{pmatrix},$$

则有

$$\begin{pmatrix} \dot{\tilde{\xi}}(t) \\ \varepsilon\dot{\tilde{\eta}}(t) \end{pmatrix} = \tilde{\Phi}_\varepsilon \begin{pmatrix} \tilde{\xi}(t) \\ \tilde{\eta}(t) \end{pmatrix} + \tilde{\Lambda}_\varepsilon w(t), \tag{2.54}$$

其中

$$\tilde{\Phi}_\varepsilon = \tilde{\Phi}_0 + \varepsilon\tilde{\Phi}_1 + \varepsilon^2\tilde{\Phi}_2, \quad \tilde{\Lambda}_\varepsilon = \begin{pmatrix} \tilde{B}_{12} - \varepsilon\tilde{H}_0\left(\tilde{L}_0\tilde{B}_{12} + \tilde{B}_{22}\right) \\ \tilde{B}_{22} + \varepsilon\tilde{L}_0\tilde{B}_{12} \end{pmatrix},$$

$$\tilde{\Phi}_0 = \begin{pmatrix} \tilde{A}_0 & O \\ O & \tilde{A}_{22} \end{pmatrix}, \quad \tilde{\Phi}_1 = \begin{pmatrix} -\tilde{H}_0\tilde{L}_0\tilde{A}_0 & \tilde{A}_0\tilde{H}_0 - \tilde{H}_0\tilde{L}_0\tilde{A}_{12} \\ \tilde{L}_0\tilde{A}_0 & \tilde{L}_0\tilde{A}_{12} \end{pmatrix},$$

$$\tilde{\Phi}_2 = \begin{pmatrix} O & -\tilde{H}_0\tilde{L}_0\tilde{A}_0\tilde{H}_0 \\ O & \tilde{L}_0\tilde{A}_0\tilde{H}_0 \end{pmatrix}, \quad \tilde{A}_0 = \tilde{A}_{11} - \tilde{A}_{12}\tilde{A}_{22}^{-1}\tilde{A}_{21} = \begin{pmatrix} \Sigma & \Pi \\ O & \Xi \end{pmatrix}; \tag{2.55}$$

而

$$\Sigma = (A_{11} + B_{11}G_1) - (A_{12} + B_{11}G_2)(A_{22} + B_{21}G_2)^{-1}(A_{21} + B_{21}G_1) = A_0 + B_{10}G_0,$$

$$\Xi = (A_{11} + L_1 C_1) - (A_{12} + L_1 C_2)(A_{22} + L_2 C_2)^{-1}(A_{21} + L_2 C_1) = A_0 + L_0 C_0,$$

$$\Pi = -B_{10}\tilde{G}_0, \quad \tilde{G}_0 = G_0 - (I + G_2 A_{22}^{-1} B_{21})^{-1} G_2 A_{22}^{-1} L_2 (I + C_2 A_{22}^{-1} L_2)^{-1} C_0.$$

在定理 2.5 的条件下, Σ 和 Ξ 均为 Hurwitz 矩阵, 因此 $\tilde{A}_0$ 也是 Hurwitz 矩阵. 从而存在矩阵 $\tilde{P}_s > 0$ 满足

$$\tilde{A}_0^{\mathrm{T}} \tilde{P}_s + \tilde{P}_s^{\mathrm{T}} \tilde{A}_0 < 0. \tag{2.56}$$

注意到 $\tilde{A}_{22}$ 是 Hurwitz 矩阵, 所以存在矩阵 $\tilde{P}_f > 0$ 使得

$$\tilde{A}_{22}^{\mathrm{T}} \tilde{P}_f + \tilde{P}_f^{\mathrm{T}} \tilde{A}_{22} < 0. \tag{2.57}$$

对于奇摄动闭环系统 (2.54), 选取如下 Lyapunov 函数

$$\tilde{V}(\tilde{\xi}(t), \tilde{\eta}(t)) = \tilde{\xi}^{\mathrm{T}}(t) \tilde{P}_s \tilde{\xi}(t) + \varepsilon \tilde{\eta}^{\mathrm{T}}(t) \tilde{P}_f \tilde{\eta}(t),$$

则有

$$\dot{\tilde{V}}(\tilde{\xi}(t), \tilde{\eta}(t)) = \dot{\tilde{\xi}}^{\mathrm{T}}(t) P_s \tilde{\xi}(t) + \tilde{\xi}^{\mathrm{T}}(t) P_s \dot{\tilde{\xi}}(t) + \varepsilon \dot{\tilde{\eta}}^{T}(t) P_f \tilde{\eta}(t) + \varepsilon \tilde{\eta}^{T}(t) P_f \dot{\tilde{\eta}}(t)$$

$$= \tilde{v}^{\mathrm{T}}(t)(\tilde{\Omega}_0 + \varepsilon \tilde{\Omega}_1 + \varepsilon^2 \tilde{\Omega}_2)\tilde{v}(t) + 2\tilde{v}^{\mathrm{T}}(t)\tilde{P}_0 \tilde{\Lambda}_\varepsilon w(t),$$

其中

$$\tilde{P}_0 = \begin{pmatrix} \tilde{P}_s & O \\ O & \tilde{P}_f \end{pmatrix}, \quad \tilde{\Omega}_0 = \begin{pmatrix} \tilde{A}_0^{\mathrm{T}} \tilde{P}_s + \tilde{P}_s^{\mathrm{T}} \tilde{A}_0 & O \\ O & \tilde{A}_{22}^{\mathrm{T}} \tilde{P}_f + \tilde{P}_f^{\mathrm{T}} \tilde{A}_{22} \end{pmatrix},$$

$$\tilde{\Omega}_1 = \begin{pmatrix} -\left(\tilde{H}_0 \tilde{L}_0 \tilde{A}_0\right)^{\mathrm{T}} \tilde{P}_s - \tilde{P}_s^{\mathrm{T}} \tilde{H}_0 \tilde{L}_0 \tilde{A}_0 & \left(\tilde{L}_0 \tilde{A}_0\right)^{\mathrm{T}} \tilde{P}_f + \tilde{P}_s \left(\tilde{A}_0 \tilde{H}_0 - \tilde{H}_0 \tilde{L}_0 \tilde{A}_{12}\right) \\ \tilde{P}_f^{\mathrm{T}} \tilde{L}_0 \tilde{A}_0 + \left(\bar{A}_0 \tilde{H}_0 - \tilde{H}_0 \tilde{L}_0 \tilde{A}_{12}\right)^{\mathrm{T}} \tilde{P}_s^{\mathrm{T}} & \left(\tilde{L}_0 \tilde{A}_{12}\right)^{\mathrm{T}} \tilde{P}_f + \tilde{P}_f^{\mathrm{T}} \tilde{L}_0 \tilde{A}_{12} \end{pmatrix},$$

$$\tilde{\Omega}_2 = \begin{pmatrix} O & -\tilde{P}_s \tilde{H}_0 \tilde{L}_0 \tilde{A}_0 \tilde{H}_0 \\ -\left(\tilde{H}_0 \tilde{L}_0 \tilde{A}_0 \tilde{H}_0\right)^{\mathrm{T}} \tilde{P}_s & \left(\tilde{L}_0 \tilde{A}_0 \tilde{H}_0\right)^{\mathrm{T}} \tilde{P}_f + \tilde{P}_f^{\mathrm{T}} \tilde{L}_0 \tilde{A}_0 \tilde{H}_0 \end{pmatrix}.$$

注意到 $\tilde{\Omega}_0 < 0$, 从而存在 $\varepsilon^* > 0$ 使得对于任给的 $\varepsilon \in (0, \varepsilon^*]$, 下式成立

$$\tilde{\Omega}_0 + \varepsilon \tilde{\Omega}_1 + \varepsilon^2 \tilde{\Omega}_2 < 0. \tag{2.58}$$

接下来部分的证明类似于定理 2.1, 故省略. 证毕.

进一步地, 若记

$$\tilde{\Omega}_0 < 0, \quad \tilde{\Omega}_0 + \varepsilon_3 \tilde{\Omega}_1 < 0, \quad \tilde{\Omega}_0 + \varepsilon_3 \tilde{\Omega}_1 + \varepsilon_3^2 \tilde{\Omega}_2 < 0, \tag{2.59}$$

则相应的稳定上界 $\varepsilon^* > 0$ 可通过求解如下凸优化问题获得

$$\varepsilon^* = \max_{\tilde{P}_s, \tilde{P}_f} \varepsilon \quad \text{s.t.} \quad (2.59).$$

2.3 应 用 例 子

本节将给出两个应用例子.

例 2.1 考虑如下无控制输入的奇摄动系统

$$A_{11} = \begin{pmatrix} -3 & 4 \\ 0 & 2 \end{pmatrix}, \quad A_{12} = \begin{pmatrix} 3 & 4 \\ -1 & -2 \end{pmatrix},$$

$$A_{21} = \begin{pmatrix} 1 & 2 \\ 0 & 2 \end{pmatrix}, \quad A_{22} = \begin{pmatrix} -2 & -3 \\ 0 & -3 \end{pmatrix}. \tag{2.60}$$

通过求解优化问题 (2.19)–(2.21), 可得稳定界 $\varepsilon^* = 0.8618$ 和如下参数

$$P_s = \begin{pmatrix} 0.2777 & -0.4527 \\ -0.4527 & 0.8133 \end{pmatrix}, \quad P_f = \begin{pmatrix} 0.9822 & -1.1538 \\ -1.1538 & 6.8235 \end{pmatrix}.$$

由推论 2.1 和定理 2.2 推知, 当 $0 < \varepsilon \leqslant \varepsilon^* = 0.8618$ 时, 上述奇摄动系统是强渐近稳定的.

例 2.2 考虑如图 2.1 所示, 由简单机械系统所描述的奇摄动系统为[8]

$$m_1 \ddot{r}_1 = k(r_2 - r_1) + u,$$

$$m_2 \ddot{r}_2 = -k(r_2 - r_1) + w,$$

其中 m_1 和 m_2 表示由一个无质量、长度为 l_0 和刚性系数为 $k > 0$ 的杆连接起来的两个有质量的物体; O_1 和 O_2 之间的距离为 l_0; u 和 w 分别为控制输入和干扰输入.

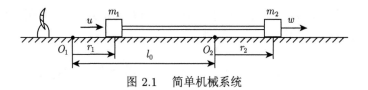

图 2.1 简单机械系统

选取 $\varepsilon \triangleq k^{-1/2}$, 令

$$\begin{pmatrix} x_1 \\ x_2 \end{pmatrix} = \begin{pmatrix} r_2 \\ \dot{r}_2 \end{pmatrix}, \quad \begin{pmatrix} x_3 \\ x_4 \end{pmatrix} = \begin{pmatrix} k(r_2 - r_1) \\ k^{1/2}(\dot{r}_2 - \dot{r}_1) \end{pmatrix},$$

则

$$
\begin{pmatrix} \dot{x}_1 \\ \dot{x}_2 \\ \varepsilon\dot{x}_3 \\ \varepsilon\dot{x}_4 \end{pmatrix} = \begin{pmatrix} 0 & 1 & 0 & 0 \\ 0 & 0 & -1/m_2 & 0 \\ 0 & 0 & 0 & 1 \\ 0 & 0 & -1/m_p & 0 \end{pmatrix} \begin{pmatrix} x_1 \\ x_2 \\ x_3 \\ x_4 \end{pmatrix} + \begin{pmatrix} 0 \\ 0 \\ 0 \\ -1/m_1 \end{pmatrix} u + \begin{pmatrix} 0 \\ 1/m_2 \\ 0 \\ 1/m_2 \end{pmatrix} w,
$$

$$(2.61)$$

其中 $1/m_p = 1/m_1 + 1/m_2$.

通过两时标分解技巧, 可获得慢子系统为

$$
\dot{x}_s = \begin{pmatrix} 0 & 1 \\ 0 & 0 \end{pmatrix} x_s + \begin{pmatrix} 0 \\ 1/m_t \end{pmatrix} u_s + \begin{pmatrix} 0 \\ 1/m_t \end{pmatrix} w_s,
$$

其中 $m_t = m_1 + m_2$. 快子系统为

$$
\dot{x}_f = \begin{pmatrix} 0 & 1 \\ -1/M_p & 0 \end{pmatrix} x_f + \begin{pmatrix} 0 \\ -1/m_1 \end{pmatrix} u_f + \begin{pmatrix} 0 \\ -1/m_2 \end{pmatrix} w_f.
$$

容易看出, 快慢子系统都可镇定, 求解线性矩阵不等式 (2.30) 和 (2.32), 可获得如下控制器的增益矩阵

$$
K_0 = (-3.9375 \quad -2.8125), \quad K_2 = (-0.1875 \quad 0.9375).
$$

从而定理 2.3 的所有条件均满足. 由定理 2.3 可知, 存在 $\varepsilon^* > 0$, 对于任给的 $\varepsilon \in (0, \varepsilon^*]$, 对于奇摄动闭环系统 (2.61) 关于干扰输入 $w(t)$ 是 ISS 稳定. 进一步地, 通过求解优化问题 (2.36)–(2.38), 可获得稳定上界 $\varepsilon^* = 0.4343$.

为了验证奇摄动反馈控制的效果, 完美的做法是求解验证. 但在绝大多数情况下求解有相当难度. 甚至不可行, 因此通常利用仿真验证取而代之.

取 $m_1 = 1$ kg, $m_2 = 2$ kg, $w(t) = 5\cos\{(0.5t)N\}$, 其中 N 是某个自然数. 选择如下初始条件

$$
r_1(0) = r_2(0) = 5m, \quad \dot{r}_1(0) = \dot{r}_2(0) = 0m \text{ arcsec } t,
$$

则相应奇摄动闭环系统的响应曲线如图 2.2~ 图 2.4 所示. 仿真结果表明, 当干扰是一致有界时, 则强 ISS 稳定表现为: 当 $0 < \varepsilon \leqslant \varepsilon^* = 0.4343$ 时, 关于一致有界干扰, 它是一致终极有界的, 并且当 $\varepsilon \to 0^+$ 时, 此类的一致终极有界最终退化为快慢子系统的一致终极有界. 因此, 所设计的控制器的确保证了原系统的强 ISS 可镇定性质.

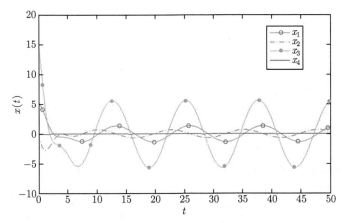

图 2.2 奇摄动闭环系统的状态响应 ($\varepsilon = 0.01$)

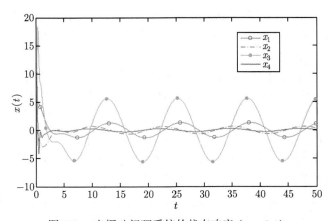

图 2.3 奇摄动闭环系统的状态响应 ($\varepsilon = 0.1$)

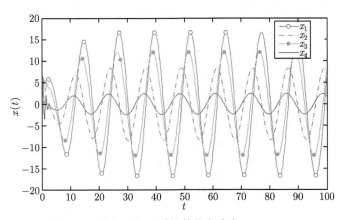

图 2.4 奇摄动闭环系统的状态响应 ($\varepsilon = 0.4$)

2.4　小结与评注

本章讨论了具有外部干扰输入的线性奇摄动系统 ISS 分析和镇定的问题. 在没有不确定性影响的情况下, 很容易获得标准奇摄动的条件. 利用两时标的分解技巧, 可给出保证降维的快慢子系统 ISS 稳定的条件和相应证明, 并由此给出了整个奇摄动系统 ISS 稳定性的条件和证明. 由于求解过程是在 Kokotovic 奇摄动方法的框架内, 所得结果关于小参数在包含零为左端点的某个开区间上必定是一致有效的. 同时对于系统在状态可量测和不可量测的两种情况下, 对 ISS 可镇定的反馈控制问题进行了讨论. 并给出了相应的控制增益矩阵, 它与小参数无关. 这里介绍的方法对于讨论其他奇摄动系统的控制问题亦有参考价值.

对于线性奇摄动系统, 一个需要讨论的问题是它的鲁棒问题, 读者可以作为练习自行讨论. 因为在第 3 章中满足拟利普希茨 (Lipschitz) 条件的一般不确定非线性结构函数, 它是以不确定性线性奇摄动系的鲁棒 ISS 分析与控制作为特殊情况. 因此, 本章不再赘述.

当状态不可量测时, 除了设计状态观测器的方法之外, 还可以研究动态输出反馈的方法. 该内容比较丰富, 为了线性情况的完整性. 放在第 7 章后予以详细讨论.

对于相应的离散部分, 内容最相近的应该是快采样的离散时间线性奇摄动系统的 ISS 分析与镇定. 作为第 4 章的特例, 被包含其中, 因此我们也不专门撰写, 相关内容可以参考第 4 章, 读者亦可自行研讨.

对于线性奇摄动系统, 无论是连续时间, 还是离散时间, 在反馈的传输环节中引进通信网络是个热门的研究话题. 由于快慢子系统的精确形式无法有效获得, 边界层的影响会比较复杂, 传统的奇摄动方法是否仍然适用, 在技术上是有困难的, 值得深入仔细研究[9,10].

参 考 文 献

[1] Kokotovic P V, Khalil H K, O'Reilly J. Singular Perturbation Methods in Control : Analysis and Design. London: Academic Press, 1986.

[2] 许可康. 控制系统中的奇异摄动. 北京: 科学出版社, 1986.

[3] Khalil H K. Feedback control of nonstandard singularly perturbed systems. IEEE Trans. on Automatic Control, 1989, AC-34: 1052-1060.

[4] Lin K J, Li T H S. Stabilization of uncertain singularly perturbed systems with pole-placement constraints. IEEE Trans. Circuits Syst. II, Exp. Briefs, 2006, 53 (9): 916-920.

[5] Hsieh P F, Sibuya Y. Basic Theory of Ordinary Differential Equations. New York: Springer-Verlag, 1999.

[6] Khalil H K. Nonlinear Systems. 3rd ed. Upper Saddle River: Prentice Hall, 2002.

[7] Chen Y H, Chen J S. Robust composite control for singularly perturbed systems with time-varying uncertainties. J. Syst. Measure. Control, 1995, 117 (4)：445-452.

[8] Lu R, Zou H, Su H, Chu J, Xue A. Robust D-stability for a class of complex singularly perturbed systems. IEEE Trans. Circuits and Systems II: Express Briefs, 2008, 55 (12): 1294-1298.

[9] Wang Z M, Liu W, Dai H H, Naidu D S. Robust stabilization of model-based uncertain singularly perturbed systems with networked time-delay. Proceedings of the 48th IEEE Conference on Decision and Control, 2009 held jointly with the 28th Chinese Control Conference, Shanghai, 2009: 7917-7922.

[10] 陈金香, 于立业. 模糊奇异摄动控制理论及其应用. 北京: 清华大学出版社, 2014.

第 3 章 连续时间奇摄动系统的鲁棒 ISS 分析与镇定

在解决实际工程问题中的数学模型往往无法精确建模, 因此数学建模中不可避免地会受到不确定性因素的影响. 本章讨论不确定性对奇摄动系统 ISS 稳定与镇定的影响, 也就是说不确定性对奇摄动方法的应用会带来怎样的复杂性. 一般假设此类不确定性不改变奇摄动模型的结构[1-4]. 不确定性的数学描述通常有两种: 参数化 (类似于正则摄动, 但奇摄动参数要复杂太多) 和非参数化 (即未知的摄动函数或未建模动态). 本书考虑非参数化的不确定性具有一般的非线性结构, 满足拟 Lipschitz 条件. 该不确定性结构包含了线性奇摄动系统中的许多特殊情况[5-13]. 同时, 本章的模型本身还具有奇摄动参数. 因此本书考虑的控制模型具有一定的复杂性. 本章的目标是在不确定性影响的条件下, 探索 Kokotovic 奇摄动方法对 ISS 稳定与镇定仍然可适用的路径, 并给出可验证的条件.

本章内容包括两个部分, 奇摄动 ISS 鲁棒分析和鲁棒控制. 在可验证的线性矩阵不等式条件下, 在不确定性影响下, 仍可保证奇摄动系统存在一个孤立根, 同时又能保证相应不确定快慢子系统分别是鲁棒 ISS 稳定. 然后在此基础上, 通过组合方法和 Lyapunov 方法来证明整个不确定奇摄动系统的强鲁棒 ISS 稳定. 当预设条件不满足时, 我们讨论相应的强鲁棒 ISS 可镇定问题. 本章所获得的结果包含了线性奇摄动控制系统的强鲁棒 ISS 稳定和相应可镇定的特殊情况.

3.1 问 题 描 述

考虑如下具有非线性不确定性结构的奇摄动系统

$$\dot{x}_1 = A_{11}x_1 + A_{12}x_2 + B_{u1}u + H_1f_1(t,x_1,x_2,u) + B_{w1}w, \quad x_1(t_0) = x_{10}; \quad (3.1)$$

$$\varepsilon\dot{x}_2 = A_{21}x_1 + A_{22}x_2 + B_{u2}u + H_2f_2(t,x_1,x_2,u) + B_{w2}w, \quad x_2(t_0) = x_{20}, \quad (3.2)$$

其中 $x = (x_1^{\mathrm{T}}, x_2^{\mathrm{T}})^{\mathrm{T}}$ 为系统状态, $x_2 \in R^{n_2}$ 和 $x_1 \in R^{n_1}$ $(n_1 + n_2 = n)$ 分别表示系统的快慢状态; $u \in R^q$ 为控制输入; $w \in R^m$ 为干扰输入. $\varepsilon > 0$ 为奇摄动小参数, 它用来表示快状态的响应时间. 方程中的所有矩阵均为适维常数矩阵; $f_i(t,x_1,x_2,u)(i=1,2)$ 为非线性时变向量值函数. 它为系统未建模动态所满足某

种结构条件的不确定性, 并对任意的 $t \geqslant t_0 \geqslant 0$, $f_i(t, 0, 0, 0) = 0(i = 1, 2)$, 且满足如下形式的拟 Lipschitz 条件

$$\|f_i(t, x_1, x_2, u) - f_i(t, \tilde{x}_1, \tilde{x}_2, \tilde{u})\|$$

$$\leqslant \alpha \|E_{i1}(x_1 - \tilde{x}_1) + E_{i2}(x_2 - \tilde{x}_2) + G_i(u - \tilde{u})\|, \quad i = 1, 2, \tag{3.3}$$

其中 (t, x_1, x_2, u), $(t, \tilde{x}_1, \tilde{x}_2, \tilde{u}) \in R \times R^{n_1} \times R^{n_2} \times R^q$, $\alpha > 0$ 为常数; $E_{ij}, G_j(i, j = 1, 2)$ 均为已知的适维矩阵. 记

$$x = \begin{pmatrix} x_1 \\ x_2 \end{pmatrix}, \quad E_\varepsilon = \begin{pmatrix} I & O \\ O & \varepsilon I \end{pmatrix}, \quad A = \begin{pmatrix} A_{11} & A_{12} \\ A_{21} & A_{22} \end{pmatrix},$$

$$B_u = \begin{pmatrix} B_{u1} \\ B_{u2} \end{pmatrix}, \quad B_w = \begin{pmatrix} B_{w1} \\ B_{w2} \end{pmatrix},$$

$$H = \begin{pmatrix} H_1 & O \\ O & H_2 \end{pmatrix}, \quad f(t, x, u) = \begin{pmatrix} f_1(t, x_1, x_2, u) \\ f_2(t, x_1, x_2, u) \end{pmatrix},$$

$$E = \begin{pmatrix} E_{11} & E_{12} \\ E_{21} & E_{22} \end{pmatrix}, \quad G = \begin{pmatrix} G_1 \\ G_2 \end{pmatrix}.$$

则不确定奇摄动系统 (3.1)–(3.2) 可以写成如下的简洁形式

$$E_\varepsilon \dot{x} = Ax + B_u u + Hf(t, x, 0) + B_w w, \quad x(t_0) = x_0 = (x_{10}^{\mathrm{T}}, x_{20}^{\mathrm{T}})^{\mathrm{T}}. \tag{3.4}$$

同时, 非线性项 $f(t, x, u)$ 满足如下条件

$$\|f(t, x, u)\| \leqslant \alpha \|Ex + Gu\|. \tag{3.5}$$

此处必须强调的是 (3.4) 仍是奇摄动系统, 不是奇异系统.

需要注意的是, 当 $\varepsilon = 0$ 时, 系统 (3.1)–(3.2) 成为一个不适定的微分代数控制系统, 它不符合正则无脉冲等基本要求[14]. 因为快变量那部分初值 x_{20} 是预先给定的, 本质上需要边界层的存在才能校正, 使得满足给定的初值 x_{20}. 它并不多余, 这就是为什么说 (3.4) 仍然是奇摄动系统.

另外, 如下非常重要的一类不确定线性结构的奇摄动系统为

$$\begin{cases} \dot{x}_1 = (A_{11} + \Delta A_{11}(t)) x_1 + (A_{12} + \Delta A_{12}(t)) x_2 + (B_{u1} + \Delta B_{u1}(t)) u + B_{w1}w, \\ \varepsilon \dot{x}_2 = (A_{21} + \Delta A_{21}(t)) x_1 + (A_{22} + \Delta A_{22}(t)) x_2 + (B_{u2} + \Delta B_{u2}(t)) u + B_{w2}w, \end{cases}$$
$$\tag{3.6}$$

其中不确定项 $\Delta A_{11}(t)$, $\Delta A_{12}(t)$, $\Delta A_{21}(t)$, $\Delta A_{22}(t)$, $\Delta B_{u1}(t)$, $\Delta B_{u2}(t)$ 满足

$$\begin{pmatrix} \Delta A_{11}(t) & \Delta A_{12}(t) & \Delta B_{u1}(t) \\ \Delta A_{21}(t) & \Delta A_{22}(t) & \Delta B_{u2}(t) \end{pmatrix} = \begin{pmatrix} H_1 & O \\ O & H_2 \end{pmatrix} F(t) \begin{pmatrix} E_{11} & E_{12} & G_1 \\ E_{21} & E_{22} & G_2 \end{pmatrix},$$
(3.7)

且矩阵 $F(t)$ 表示具有适维时变不确定实矩阵, 满足如下的一致有界条件

$$F^{\mathrm{T}}(t)F(t) \leqslant \alpha^2 I. \tag{3.8}$$

这种形式的不确定性在许多文献中有广泛研究, 例如文献 [9, 10] 及其相关的文献.

若令

$$f_1(t, x_1, x_2, u) = \alpha F(t)(E_{11}x_1 + E_{12}x_2 + G_1 u);$$

$$f_2(t, x_1, x_2, u) = \alpha F(t)(E_{21}x_1 + E_{22}x_2 + G_2 u).$$

容易看出 $f_1(t, x_1, x_2, u)$ 和 $f_2(t, x_1, x_2, u)$ 均满足相应拟 Lipschitz 条件 (3.3), 这表明线性不确定奇摄动系统 (3.6) 是本章所考虑问题的一个特例. 而这个特例又是第 2 章的线性奇摄动控制系统的鲁棒 ISS 稳定与相应镇定的最一般形式.

由条件 (3.7) 容易推出如下条件: 存在对角块矩阵 $H = (H_1, H_2)$. 适维矩阵 E 和 G 使得

$$\Delta A(t) = HF(t)E, \quad \Delta B_u(t) = HF(t)G, \tag{3.9}$$

其中矩阵 $F(t)$ 满足 $(3.8)^{[9,10]}$.

在继续讨论之前, 先介绍如下标准奇摄动 (即正则奇摄动) 的概念.

定义 3.1　对于无控制输入的不确定奇摄动系统 (3.1)–(3.2), 如果对任给的 $w \in R^m$, 代数方程

$$0 = A_{21}x_1 + A_{22}x_2 + H_2 f_2(t, x_1, x_2, 0) + B_{w2}w$$

在 (x_1, x_2) 的某个邻域内 (亦可在全空间 R^n) 存在孤立根 $x_2 = \varphi(t, x_1, w)$, 则称奇摄动系统 (3.1)–(3.2) 为标准奇摄动.

从定义 3.1 中可以看出, 在不确定性影响的情况下. 倘若孤立根存在, 仍可保证奇摄动系统 (3.1)–(3.2) 具有两时标架构. 这对于奇摄动方法的可行性来讲通常是最基本的要求之一[1-3].

3.2　鲁棒 ISS 分析

3.2.1　标准奇摄动

在本节中, 首先寻找奇摄动系统 (3.1)–(3.2) 孤立根存在的条件. 先举例说明对于非线性奇摄动系统, 其孤立根是否存在并不是显而易见的.

对于如下线性奇摄动输入系统

$$\dot{x}_1 = A_{11}x_1 + A_{12}x_2 + B_{w1}w,$$

$$\varepsilon\dot{x}_2 = A_{21}x_1 + A_{22}x_2 + B_{w2}w.$$

众所周知, 只要 A_{22} 非奇异, 即可知上述系统是标准奇摄动. 然而对于有不确定性影响下的奇摄动系统 (3.1)–(3.2) 却没有那么简单了. 下面的例子将说明仅仅通过 A_{22} 的非奇异性并不能保证孤立根的存在性[10].

例 3.1 考虑如下奇摄动系统

$$\begin{pmatrix} 1 & 0 & 0 \\ 0 & 1 & 0 \\ 0 & 0 & \varepsilon \end{pmatrix} \begin{pmatrix} \dot{x}_1 \\ \dot{x}_2 \\ \dot{x}_3 \end{pmatrix} = \begin{pmatrix} 0 & 0 & 1 \\ -1 & 0 & 0 \\ 1 & 0 & 0 \end{pmatrix} \begin{pmatrix} x_1 \\ x_2 \\ x_3 \end{pmatrix} + \begin{pmatrix} 0 \\ 0 \\ 1 \end{pmatrix} |2x_3 - x_2|, \quad (3.10)$$

容易验证 A_{22} 非奇异, 并且 $|2x_3 - x_2|$ 亦满足拟 Lipschitz 条件. 对于给定在 $t = 0$ 时的初始条件 $\begin{pmatrix} -1, & 0, & -1 \end{pmatrix}^{\mathrm{T}}$ 下, 令 $\varepsilon = 0$, 从 (3.10) 可解得 $x_1(t) = -\cos t$, $x_2(t) = \sin t$. 但是对于 $t > 0$, 却不能从相应代数方程中获得任何解. 这表明即使 A_{22} 非奇异, 系统 (3.10) 相应的代数方程孤立根也并不是对所有的 $t > 0$ 都存在. 其次不确定性项的存在会影响孤立根的存在性.

在不确定性影响的情况下, 为了保证孤立根的存在性, 我们给出如下引理.

引理 3.1 如果存在实数 $\mu > 0$, 对称矩阵 P_{11} 和 P_{22}, 以及适维矩阵 P_{21} 使得以下 LMI 条件成立

$$\Phi_0 = \begin{pmatrix} A^{\mathrm{T}}P + P^{\mathrm{T}}A + \mu\alpha^2 E^{\mathrm{T}}E & P^{\mathrm{T}}H \\ * & -\mu I \end{pmatrix} < 0, \quad (3.11)$$

其中 $P = \begin{pmatrix} P_{11} & 0 \\ P_{21} & P_{22} \end{pmatrix}$. 则不确定奇摄动系统 (3.1)–(3.2) 是标准奇摄动.

证明 令 $\varepsilon = 0$, 由奇摄动系统 (3.4) 可得如下降维的微分代数系统

$$E_0\dot{x} = Ax + B_u u + Hf(t, x, 0) + B_w w, \quad x(t_0) = x_0 = \begin{pmatrix} x_{10} \\ x_{20} \end{pmatrix},$$

其中 $E_0 = \mathrm{diag}\{I_{n_1}, O\}$, 由条件 (3.11) 可知

$$A^{\mathrm{T}}P + P^{\mathrm{T}}A + \mu\alpha^2 E^{\mathrm{T}}E < 0.$$

注意 $\mu\alpha^2 E^{\mathrm{T}} E$ 非负定, 因此有

$$A^{\mathrm{T}} P + P^{\mathrm{T}} A < 0. \tag{3.12}$$

对 (3.12) 进行矩阵分解, 可得 $A_{22}^{\mathrm{T}} P_{22} + P_{22}^{\mathrm{T}} A_{22} < 0$. 因此 $A_{22}^{\mathrm{T}} P_{22}$ 为非奇异. 从而 A_{22} 可逆. 根据文献 [14], 可知存在非奇异矩阵 $M_1 \in R^{n_1 \times n}$, $M_2 \in R^{n_2 \times n}$, $N_1 \in R^{n \times n_1}$, $N_2 \in R^{n \times n_2}$ 使得 $M = (M_1^{\mathrm{T}}, M_2^{\mathrm{T}})^{\mathrm{T}}$ 和 $N = (N_1, N_2)$ 分别为非奇异的上三角和下三角矩阵, 并且成立下面的等式

$$ME_0 N = \mathrm{diag}(I_{n_1}, 0), \quad MAN = \mathrm{diag}(A_1, I_{n_2}),$$

其中 $A_1 \in R^{n_1 \times n_1}$.

　　由于 $M_2 H H^{\mathrm{T}} M_2^{\mathrm{T}}$ 为半正定矩阵, 则对任给的 $\xi > 0$, $Q_\xi = (M_2 H H^{\mathrm{T}} M_2^{\mathrm{T}} + \xi I)^{-\frac{1}{2}}$ 是正定矩阵. 令 $T_0 = \mathrm{diag}(I_{n_1}, Q_\xi)$, $\bar{M} = T_0 M$, $\bar{N} = N T_0^{-1}$, 于是成立

$$ME_0 N = \mathrm{diag}(I_{n_1}, 0), \quad MAN = \mathrm{diag}(A_1, I_{n_2}),$$

以及

$$\begin{aligned}
Q_\xi M_2 H H^{\mathrm{T}} M_2^{\mathrm{T}} Q_\xi^{\mathrm{T}} &= (M_2 H H^{\mathrm{T}} M_2^{\mathrm{T}} + \xi I)^{-\frac{1}{2}} (M_2 H H^{\mathrm{T}} M_2^{\mathrm{T}})(M_2 H H^{\mathrm{T}} M_2^{\mathrm{T}} + \xi I)^{-\frac{1}{2}} \\
&< (M_2 H H^{\mathrm{T}} M_2^{\mathrm{T}} + \xi I)^{-\frac{1}{2}} (M_2 H H^{\mathrm{T}} M_2^{\mathrm{T}} + \xi I) \\
&\quad \times (M_2 H H^{\mathrm{T}} M_2^{\mathrm{T}} + \xi I)^{-\frac{1}{2}} \\
&= I.
\end{aligned}$$

上式表明 $\|Q_\xi M_2 H\| < 1$. 由舒尔 (Schur) 补引理以及条件 (3.11) 可知

$$A^{\mathrm{T}} P + P^{\mathrm{T}} A + \mu\alpha^2 E^{\mathrm{T}} E + \mu^{-1} P^{\mathrm{T}} H H^{\mathrm{T}} P < 0. \tag{3.13}$$

用 $\bar{N}^{T}$ 和 $\bar{N}$ 分别左乘和右乘 (3.13) 可得

$$\begin{aligned}
(\bar{M} A \bar{N})^{\mathrm{T}} \bar{M}^{-\mathrm{T}} P \bar{N} &+ (\bar{M}^{-\mathrm{T}} P \bar{N})^{\mathrm{T}} \bar{M} A \bar{N} + \mu\alpha^2 \bar{N}^{\mathrm{T}} E^{\mathrm{T}} E \bar{N} \\
&+ \mu^{-1} (\bar{M}^{-\mathrm{T}} P \bar{N})^{\mathrm{T}} \bar{M} H H^{\mathrm{T}} \bar{M}^{\mathrm{T}} \bar{M}^{-\mathrm{T}} P \bar{N} < 0. \tag{3.14}
\end{aligned}$$

记

$$\bar{M}^{-\mathrm{T}} P \bar{N} = \begin{pmatrix} P_1 & P_2 \\ P_3 & P_4 \end{pmatrix},$$

则由 $\bar{M}^{-\mathrm{T}}$, P 以及 $\bar{N}$ 的结构易知 $P_2 = O$. 通过对 (3.14) 进行矩阵分解和进一步计算, 可知 (3.14) 左边第二行第二列位置的分块矩阵为负定的, 也就是说

$$P_4^{\mathrm{T}} + P_4 + \mu\alpha^2 Q_\xi^{-\mathrm{T}} N_2^{\mathrm{T}} E^{\mathrm{T}} E N_2 Q_\xi^{-1} + \mu^{-1} P_4^{\mathrm{T}} Q_\xi M_2 H H^{\mathrm{T}} M_2^{\mathrm{T}} Q_\xi^{\mathrm{T}} P_4 < 0.$$

上述不等式表明, 存在一个充分小的 $\xi > 0$ 满足下面的不等式

$$P_4^{\mathrm{T}} + P_4 + \mu\alpha^2 Q_\xi^{-\mathrm{T}} N_2^{\mathrm{T}} E^{\mathrm{T}} E N_2 Q_\xi^{-1} + \mu^{-1} P_4^{\mathrm{T}} Q_\xi (M_2 H H^{\mathrm{T}} M_2^{\mathrm{T}} + \xi I) Q_\xi^{\mathrm{T}} P_4 < 0,$$

即

$$P_4^{\mathrm{T}} + P_4 + \mu\alpha^2 Q_\xi^{-\mathrm{T}} N_2^{\mathrm{T}} E^{\mathrm{T}} E N_2 Q_\xi^{-1} + \mu^{-1} P_4^{\mathrm{T}} P_4 < 0.$$

它等价于

$$\mu^{-1}(P_4 + \mu I)^{\mathrm{T}}(P_4 + \mu I) - \mu I + \mu\alpha^2 Q_\xi^{-\mathrm{T}} N_2^{\mathrm{T}} E^{\mathrm{T}} E N_2 Q_\xi^{-1} < 0.$$

这说明 $\alpha^2 Q_\xi^{-\mathrm{T}} N_2^{\mathrm{T}} E^{\mathrm{T}} E N_2 Q_\xi^{-1} < I$. 因此存在一个充分小的 $\eta > 0$ 使得下式成立

$$||E N_2 Q_\xi^{-1}|| < \frac{1}{\alpha\sqrt{1+\eta}}.$$

为了说明孤立根的存在性, 引入坐标变换 $\bar{N}^{-1} x = (\theta_1^{\mathrm{T}}, \theta_2^{\mathrm{T}})^{\mathrm{T}}$, $\theta_1 \in R^{n_1}$, $\theta_2 \in R^{n_2}$. 则降维的微分代数系统等价于

$$\dot{\theta}_1(t) = A_1\theta_1 + M_1 H f(t, N_1\theta_1 + N_2 Q_\xi^{-1}\theta_2, 0) + M_1 B_w w; \qquad (3.15)$$

$$0 = \theta_2 + Q_\xi M_2 H f(t, N_1\theta_1 + N_2 Q_\xi^{-1}\theta_2, 0) + Q_\xi M_2 B_w w. \qquad (3.16)$$

考虑其中的代数约束方程 (3.16). 对任给的 θ_2, $\bar{\theta}_2 \in R^{n_2}$, 成立

$$||Q_\xi M_2 H f(t, N_1\theta_1 + N_2 Q_\xi^{-1}\theta_2, 0) - Q_\xi M_2 H f(t, N_1\theta_1 + N_2 Q_\xi^{-1}\bar{\theta}_2, 0)||$$

$$\leqslant ||Q_\xi M_2 H|| ||f(t, N_1\theta_1 + N_2 Q_\xi^{-1}\theta_2, 0) - f(t, N_1\theta_1 + N_2 Q_\xi^{-1}\bar{\theta}_2, 0)||$$

$$\leqslant \alpha ||E N_2 Q_\xi^{-1}(\theta_2 - \bar{\theta}_2)|| \leqslant \alpha ||E N_2 Q_\xi^{-1}|| ||\theta_2 - \bar{\theta}_2||$$

$$\leqslant (\sqrt{1+\eta})^{-1} ||\theta_2 - \bar{\theta}_2||, \qquad (3.17)$$

根据不动点定理 (参见附录 E), 对任给的 $w \in R^m$, 不等式 (3.17) 保证了代数约束方程 (3.16) 存在唯一解 $\theta_2 = \tilde{\varphi}(t, \theta_1, w)$. 由可逆坐标变换, 即可知在原坐标下的微分代数系统存在孤立根 $x_2 = \varphi(t, x_1, w)$. 于是根据定义 3.1, 不确定系统 (3.1)–(3.2) 是标准奇摄动. 证毕.

另外, 容易证明存在的孤立根 $x_2 = \varphi(t, x_1, w)$ 关于 (x_1, w) 满足 Lipschitz 条件, 即存在两个标量 $\alpha_1 > 0$ 和 $\alpha_2 > 0$, 满足下面的不等式

$$||\varphi(t, x_1, w)|| \leqslant \alpha_1 ||x_1|| + \alpha_2 ||w||. \tag{3.18}$$

其推导方法类似于 (3.17), 故省略.

根据引理 3.1 和奇摄动方法的时标性质, 令 $\varepsilon = 0$ 可得到不确定奇摄动系统 (3.1)–(3.2) 的慢子系统为

$$\dot{x}_s = A_{11} x_s + A_{12} \bar{x}_2 + H_1 f_1(t, x_s, \bar{x}_2, 0) + B_{w1} w_s, \quad x_s(t_0) = x_{10}; \tag{3.19}$$

$$0 = A_{21} x_s + A_{22} \bar{x}_2 + H_2 f_2(t, x_s, \bar{x}_2, 0) + B_{w2} w_s, \tag{3.20}$$

其中 $\bar{x}_2 = \varphi(t, x_s, w_s)$ 是孤立根, 可看成复合函数的一个中间变量, 这将有助于对慢子系统 (3.19)–(3.20) 的 ISS 分析.

记 $\bar{x} = (x_s^{\mathrm{T}}, \bar{x}_2^{\mathrm{T}})^{\mathrm{T}}$, 则慢子系统 (3.19)–(3.20) 可改写为如下简洁形式

$$E_0 \bar{x} = A\bar{x} + Hf(t, \bar{x}, 0) + B_w w_s, \quad x_s(t_0) = x_{10}. \tag{3.21}$$

另外, 通过对不确定奇摄动系统 (3.1)–(3.2) 进行时标变换 $\tau = \dfrac{t - t_0}{\varepsilon}$ 以及变量替换 $x_f = x_2 - \varphi$, $w_f = w - w_s$, 亦可得到如下的快子系统

$$\frac{dx_f}{d\tau} = A_2 x_f + H_2 \Delta f + B_{w2} w_f, \quad x_f(0) = x_{20} - \varphi(0), \tag{3.22}$$

其中

$$\Delta f = f_2(t, x_1, x_f + \varphi) - f_2(t, x_1, \varphi) - f_2(t, x_1, \varphi, 0).$$

3.2.2　鲁棒 ISS 稳定

在快慢子系统 ISS 分析的基础上, 本节给出整个不确定奇摄动系统 ISS 稳定的条件, 并给予证明. 为此首先考虑在何条件下不确定快慢子系统是鲁棒 ISS 稳定.

定理 3.1　如果条件 (3.11) 成立, 其中 $P_{11} > 0$, 则不确定慢子系统 (3.21) 关于干扰输入 w_s 是鲁棒 ISS 稳定.

证明　为了证明不确定慢子系统 (3.21) 是鲁棒 ISS 稳定的, 选取如下 Lyapunov 函数

$$S_0(x_s) = x_s^{\mathrm{T}} P_{11} x_s. \tag{3.23}$$

显然, 对任意的 $x_2 \neq 0$ 有 $S_0(x_2) > 0$. 注意到 $S_0(x_s) = x_s^{\mathrm{T}} P_{11} x_s = \bar{x}^{\mathrm{T}} E_0^{\mathrm{T}} P\bar{x}$, 从而 $S_0(x_s)$ 沿着慢子系统 (3.21) 轨道的全导数为

$$\dot{S}_0(x_s) = (A\bar{x} + Hf + B_w w_s)^{\mathrm{T}} P\bar{x} + \bar{x}^{\mathrm{T}} P^{\mathrm{T}} (A\bar{x} + Hf + B_w w_s).$$

对于任意的 $\mu > 0$, 利用拟 Lipschitz 条件 (3.5), 于是有

$$\dot{S}_0(x_s) = (A\bar{x} + Hf + B_w w_s)^{\mathrm{T}} P\bar{x} + \bar{x}^{\mathrm{T}} P^{\mathrm{T}}(A\bar{x} + Hf + B_w w_s)$$
$$+ \mu(\alpha^2 \bar{x}^{\mathrm{T}} E^{\mathrm{T}} E\bar{x} - f^{\mathrm{T}} f)$$
$$= (\bar{x}^{\mathrm{T}}, f^{\mathrm{T}})\Phi_0(\bar{x}^{\mathrm{T}}, f^{\mathrm{T}})^{\mathrm{T}} + 2\bar{x}^{\mathrm{T}} P^{\mathrm{T}} B_w w_s.$$

记 $a = \lambda_{\min}(-\Phi_0)$, 由条件 (3.11) 可知 $a > 0$. 从而有

$$\dot{S}_0(x_s) \leqslant -a||x_s||^2 + 2\bar{x}^{\mathrm{T}} P^{\mathrm{T}} B_w w_s.$$

注意到条件 (3.18), 进一步可得

$$\dot{S}_0(x_s) \leqslant -a||x_s||^2 + 2||P^{\mathrm{T}} B_w||(||x_s|| + ||\varphi||)||P^{\mathrm{T}} B_w||||w_s||$$
$$\leqslant -a||x_s||^2 + b||x_s||||w_s|| + c||w_s||^2$$
$$\leqslant -a(1-\theta)||x_s||^2, \quad \forall ||x_s|| \geqslant \frac{-b + \sqrt{b^2 + 4ca\theta}}{2a\theta}||w_s||,$$

其中 $0 < \theta < 1$, $b = 2(1+\alpha_1)||P^{\mathrm{T}} B_w||$ 以及 $c = 2a_2||P^{\mathrm{T}} B_w||$. 由附录 C 中的定理 1 可知, 不确定慢子系统 (3.21) 关于干扰输入 w_s 是鲁棒 ISS 稳定. 证毕.

相应地, 对于不确定快子系统 (3.22), 亦有如下的结果.

定理 3.2 如果条件 (3.11) 成立, 其中 $P_{22} > 0$, 则不确定快子系统 (3.23) 关于干扰输入 w_f 是鲁棒 ISS 稳定.

证明 为了证明不确定快子系统 (3.23) 是鲁棒 ISS 稳定的, 对 LMI 条件 (3.11) 进行如下分解

$$\begin{pmatrix} (1,1) & (1,2) & P_{11}^{\mathrm{T}} H_1 & P_{11}^{\mathrm{T}} H_2 \\ * & (2,2) & O & P_{22}^{\mathrm{T}} H_2 \\ * & * & -\mu I & O \\ * & * & O & -\mu I \end{pmatrix} < 0, \tag{3.24}$$

其中

$$(1,1) = A_{11}^{\mathrm{T}} P_{11} + P_{11}^{\mathrm{T}} A_{11} + A_{21}^{\mathrm{T}} P_{21} + P_{21}^{\mathrm{T}} A_{21} + \mu\alpha^2 E_{11}^{\mathrm{T}} E_{11} + \mu\alpha^2 E_{21}^{\mathrm{T}} E_{21},$$
$$(1,2) = A_{21}^{\mathrm{T}} P_{22} + P_{11}^{\mathrm{T}} A_{12} + P_{21}^{\mathrm{T}} A_{22} + \mu\alpha^2 F_{11}^{\mathrm{T}} F_{12} + \mu\alpha^2 F_{21}^{\mathrm{T}} F_{22},$$
$$(2,2) = A_{22}^{\mathrm{T}} P_{22} + P_{22}^{\mathrm{T}} A_{22} + \mu\alpha^2(E_{12}^{\mathrm{T}} E_{12} + E_{22}^{\mathrm{T}} E_{22}).$$

上式表明

$$\Phi_1 = \begin{pmatrix} A_{22}^{\mathrm{T}}P_{22} + P_{22}^{\mathrm{T}}A_{22} + \mu\alpha^2 E_{22}^{\mathrm{T}}E_{22} & P_{22}^{\mathrm{T}}H_2 \\ * & -\mu I \end{pmatrix} < 0. \qquad (3.25)$$

令 $S_2(x_f) = x_f^{\mathrm{T}}P_{22}x_f$, 则 S_2 沿着快子系统 (3.23) 解的全导数为

$$\dot{S}_2(x_f) \leqslant (A_{22}x_f + H_2\Delta f + B_{w2}w_f)^{\mathrm{T}}P_{22}x_f + x_f^{\mathrm{T}}P_{22}^{\mathrm{T}}(A_{22}x_f + H_2\Delta f + B_{w2}w_f)$$
$$+ \mu(\alpha^2 x_f^{\mathrm{T}}E_{22}^{\mathrm{T}}E_{22}x_f - \Delta^{\mathrm{T}}f\Delta f)$$
$$= (x_f^{\mathrm{T}}, \Delta^{\mathrm{T}}f)\Phi_1(x_f^{\mathrm{T}}, \Delta^{\mathrm{T}}f)^{\mathrm{T}} + 2x_f^{\mathrm{T}}P_{22}^{\mathrm{T}}B_{w2}w_f.$$

类似于定理 3.1 的证明, 可知不确定快子系统 (3.23) 是鲁棒 ISS 稳定. 证毕.

基于定理 3.1 和定理 3.2, 现给出整个不确定奇摄动系统 (3.1)–(3.2) 是鲁棒 ISS 稳定的条件.

定理 3.3　如果条件 (3.11) 成立, 其中 $P_{11} > 0$, $P_{22} > 0$, 则存在 $\varepsilon^* > 0$ 使得下面的结论成立

(1) 不确定奇摄动系统 (3.1)–(3.2) 是标准奇摄动;

(2) 当 $\varepsilon \in (0, \varepsilon^*]$ 时, 不确定奇摄动系统 (3.1)–(3.2) 关于干扰输入 w 是强鲁棒 ISS 稳定.

证明　(1) 引理 3.1 已经证明了系统 (3.1)–(3.2) 是标准奇摄动, 故省略.

(2) 在引理 3.1 成立的条件下, 并且 $P_{11} > 0$, $P_{22} > 0$, 则存在 $\varepsilon_1 > 0$ 使得对任给的 $\varepsilon \in (0, \varepsilon_1]$, 有 $P_{11} - \varepsilon P_{12}^{\mathrm{T}}P_{22}^{-1}P_{21} > 0$. 由 Schur 补引理可得

$$E_{\varepsilon}^{\mathrm{T}}P_{\varepsilon} = P_{\varepsilon}^{\mathrm{T}}E_{\varepsilon} = \begin{pmatrix} P_{11} & \varepsilon P_{21}^{\mathrm{T}} \\ \varepsilon P_{21} & \varepsilon P_{22} \end{pmatrix} > 0, \quad \varepsilon \in (0, \varepsilon_1],$$

其中 $P_{\varepsilon} = \begin{pmatrix} P_{11} & \varepsilon P_{21}^{\mathrm{T}} \\ P_{21} & P_{22} \end{pmatrix}$. 定义 Lyapunov 函数如下

$$S(x) = x^{\mathrm{T}}E_{\varepsilon}^{\mathrm{T}}x, \qquad (3.26)$$

则对任意的标量 $\mu > 0$, 利用拟 Lipschitz 条件 (3.3) 可得

$$\dot{S}(x) \leqslant (Ax + Hf + B_w w)^{\mathrm{T}}P_{\varepsilon}\bar{x} + x^{\mathrm{T}}P_{\varepsilon}^{\mathrm{T}}(Ax + Hf + B_w w)$$
$$+ \mu(\alpha^2 x^{\mathrm{T}}E^{\mathrm{T}}Ex - f^{\mathrm{T}}f)$$
$$\leqslant (x^{\mathrm{T}}, f^{\mathrm{T}})(\Phi_0 + \varepsilon\Phi)(x^{\mathrm{T}}, f^{\mathrm{T}})^{\mathrm{T}} + 2x^{\mathrm{T}}P_{\varepsilon}^{\mathrm{T}}B_w w,$$

其中

$$\Phi = \begin{pmatrix} A^{\mathrm{T}}P_0 + P_0^{\mathrm{T}}A & P_0^{\mathrm{T}}H \\ * & O \end{pmatrix}, \quad P_0 = \begin{pmatrix} O & P_{21}^{\mathrm{T}} \\ O & O \end{pmatrix}; \tag{3.27}$$

Φ_0 由 (3.11) 所定义. 根据条件 (3.11), 存在充分小的 $\varepsilon_2 > 0$ 使得

$$\Phi_0 + \varepsilon\Phi < 0, \quad \varepsilon \in (0, \varepsilon_2].$$

令 $\bar{a} = \lambda_{\min}\left(-\dfrac{1}{2}(\Phi_0 + \varepsilon\Phi)\right)$, 则对任给的 $\varepsilon \in (0, \varepsilon_2]$, 都有 $\bar{a} > 0$, 并与小参数无关. 令 $\varepsilon^* = \min\{\varepsilon_1, \varepsilon_2\}$, 则当 $\varepsilon \in (0, \varepsilon^*]$ 时成立

$$E_\varepsilon^{\mathrm{T}}P_\varepsilon > 0, \quad \dot{S}(x) \leqslant -\bar{a}||x||^2 + 2x^{\mathrm{T}}P_\varepsilon^{\mathrm{T}}B_w w.$$

从而, 可得

$$\dot{S}(x) \leqslant -\bar{a}||x||^2 + 2x^{\mathrm{T}}P_\varepsilon^{\mathrm{T}}B_w w$$

$$\leqslant -\bar{a}(1-\theta)||x||^2, \quad ||x|| \geqslant \frac{\max\limits_{\varepsilon \in (0,\varepsilon^*]\cup\{0\}} ||P_\varepsilon^{\mathrm{T}}B_w||}{\bar{a}\bar{\theta}}||w||, \tag{3.28}$$

其中 $0 < \bar{\theta} < 1$. 由附录 C 中的定理 1 可知, 当 $\varepsilon \in (0, \varepsilon^*]$ 时, 不确定奇摄动系统 (3.1)–(3.2) 关于干扰输入 w 是强鲁棒 ISS 稳定. 证毕.

显然定理 3.3 是否全局结果取决于不确定性是否全局存在. 作为定理 3.3 的一个特例, 如果 $\lim\limits_{t\to+\infty} w(t) = 0$, 立即可得如下推论,

推论 3.1 在定理 3.3 的条件下, 如果 $\lim\limits_{t\to+\infty} w(t) = 0$, 则对任给的 $\varepsilon \in (0, \varepsilon^*]$, 不确定奇摄动系统 (3.1)–(3.2) 是强鲁棒渐近稳定.

证明 首先注意到定理 3.3 的强鲁棒 ISS 稳定关于小参数是包含零为左端点的某一开区间内是一致有效的, 故下面可像普通系统一样进行讨论. 不妨假设不确定性条件 (3.3) 全局成立, 则由不等式 (3.28) 可知, 存在 $\mathcal{KL}$ 类函数 β 和 $\mathcal{K}_\infty$ 类函数 γ, 使得对于任何初始状态 $x(t_0)$ 和有界输入 w, 状态解 $x(t)$ 在区间 $t \geqslant t_0$ 都存在, 且满足

$$||x(t)|| \leqslant \beta(||x(t_0)||, t - t_0) + \gamma\left(\sup_{t_0 \leqslant \tau \leqslant t} ||w(\tau)||\right). \tag{3.29}$$

下面的证明与第 2 章的推论 2.1 的证明类似, 故省略. 证毕.

关于奇摄动系统 (3.1)–(3.2) 的稳定界 $\varepsilon^* > 0$ 的估计存在许多有效的计算方法. 本书采用求解广义特征值问题 (GEVP) 的方法, 它具有较小的保守性. 根据定理 3.3 的证明, 给出如下计算奇摄动参数稳定界 $\varepsilon^* > 0$ 的方法.

推论 3.2　在定理 3.3 的条件下, 并且 $w(t) \equiv 0$, 则对任给的 $\varepsilon \in (0, \varepsilon^*]$, 不确定奇摄动系统 (3.1)–(3.2) 是强鲁棒渐近稳定的.

由引理 3.1 即可得, 推论 3.2 是奇摄动控制中的经典结果.

定理 3.4　如果存在标量 $\lambda > 0$, 矩阵 $\Pi > 0$, $P_{11} > 0$, $P_{22} > 0$ 以及矩阵 P_{21}, 使得如下的 LMI 条件成立:

$$\Pi < \lambda P_{11}, \quad \begin{pmatrix} \Pi & P_{21}^{\mathrm{T}} \\ P_{21} & P_{22} \end{pmatrix} > 0, \quad \Phi_0 < 0, \quad \Phi < -\lambda\Phi_0, \qquad (3.30)$$

其中 Φ_0 和 Φ 分别由 (3.11) 和 (3.27) 定义, 则不确定系统 (3.1)–(3.2) 是标准奇摄动, 且当 $\varepsilon \in (0, \varepsilon^*]$ 时, 它是强鲁棒 ISS 稳定, 其中 $\varepsilon^* = \lambda^{-1}$.

证明　根据条件 (3.30) 有

$$\begin{pmatrix} P_{11} & \varepsilon P_{21}^{\mathrm{T}} \\ \varepsilon P_{21} & \varepsilon P_{22} \end{pmatrix} > 0, \quad \Phi_0 + \varepsilon\Phi < 0, \quad \varepsilon \in (0, \lambda^{-1}].$$

接下来, 类似于定理 3.3 证明可知, 不确定系统 (3.1)–(3.2) 是标准奇摄动, 且当 $\varepsilon \in (0, \varepsilon^*]$ 时, 它是强鲁棒 ISS 稳定, 其中 $\varepsilon^* = \lambda^{-1}$. 证毕.

根据定理 3.4, 稳定界 $\varepsilon^* > 0$ 可通过下面的最小化问题进行求解[18]

$$\varepsilon^* = \quad \min \quad \lambda \quad \text{s.t.} \quad (3.30).$$

这是一个广义特征值的 LMI 问题, 它可以通过 Matlab 的 GEVP 求解器进行计算.

倘若没有输入, 则不确定奇摄动系统 (3.1)–(3.2) 可退化为如下的奇摄动方程情况[7]

$$\dot{x}_1 = A_{11}x_1 + A_{12}x_2 + H_1 f_1(t, x_1, x_2), \quad x_1(t_0) = x_{10}; \qquad (3.31)$$

$$\varepsilon\dot{x}_2 = A_{21}x_1 + A_{22}x_2 + H_2 f_2(t, x_1, x_2), \quad x_2(t_0) = x_{20}. \qquad (3.32)$$

对于奇摄动系统 (3.31)–(3.32), 应用定理 3.3 可得如下结论.

推论 3.3　在定理 3.3 的条件下, 对任给的 $\varepsilon \in (0, \varepsilon^*]$, 不确定奇摄动系统 (3.31)–(3.32) 是强鲁棒渐近稳定的.

推论 3.3 的结果极大地改善了文献 [12] 中的结果.

3.3　状态反馈控制器

根据定理 3.3, 奇摄动系统 (3.1)–(3.2) 鲁棒 ISS 稳定的前提条件是要求系统在无干扰输入时必须鲁棒渐近稳定. 然而, 在许多情况下, 这一要求可能并不满足, 或者预设条件不满足等. 为了克服这一个障碍, 本节考虑不确定奇摄动系统 (3.1)–(3.2) 的状态反馈控制问题.

考虑如下状态反馈控制器

$$u = K_1 x_1 + K_2 x_2, \tag{3.33}$$

其中 $K = (K_1, K_2)$ 为控制增益矩阵. 将 (3.33) 代入奇摄动系统 (3.1)–(3.2), 可得如下奇摄动闭环系统

$$E_\varepsilon \dot{x} = (A + B_u K)x + Hf(t,x) + B_w w, \ x(t_0) = x_0, \tag{3.34}$$

其中 $f(t,x,u)$ 满足

$$\|f(t,x,u)\| \leqslant \alpha \|(F + GK)x\|.$$

对于不确定奇摄动闭环系统 (3.34), 利用定理 3.3, 可得如下具有鲁棒 ISS 稳定的条件.

定理 3.5 如果存在标量 $\mu > 0$, 矩阵 Y 以及下三角矩阵

$$X = \begin{pmatrix} X_{11} & O \\ X_{21} & X_{22} \end{pmatrix},$$

其中 $0 < X_{11} \in R^{n_1 \times n_1}$, $0 < X_{22} \in R^{n_2 \times n_2}$ 使得如下 LMI 条件成立

$$\Omega_0 = \begin{pmatrix} AX + X^{\mathrm{T}}A^{\mathrm{T}} + B_u Y + Y^{\mathrm{T}}B_u^{\mathrm{T}} & \mu^{-1}H & \alpha X^{\mathrm{T}}E^{\mathrm{T}} \\ * & -\mu^{-1}I & O \\ * & * & -\mu^{-1}I \end{pmatrix} < 0, \tag{3.35}$$

则存在 $\varepsilon^* > 0$ 使得对任给的 $\varepsilon \in (0, \varepsilon^*]$, 不确定奇摄动闭环系统 (3.34) 是标准奇摄动, 关于干扰输入 w 是强鲁棒 ISS 稳定. 此时, 其状态反馈控制增益矩阵为

$$K = YX^{-1}. \tag{3.36}$$

证明 将 (3.36) 代入 (3.35), 则下列不等式 (3.37) 与 LMI 条件 (3.35) 等价.

$$\begin{pmatrix} X^T(A + B_u K)^{\mathrm{T}} + (A + B_u K)X & \mu^{-1}H & \alpha X^{\mathrm{T}}E^{\mathrm{T}} \\ * & -\mu^{-1}I & O \\ * & * & -\mu^{-1}I \end{pmatrix} < 0. \tag{3.37}$$

根据 Schur 补引理, 不等式 (3.37) 又等价于

$$\begin{pmatrix} X^{\mathrm{T}}(A + B_u K)^{\mathrm{T}} + (A + B_u K)X + \mu\alpha^2 X^{\mathrm{T}}E^{\mathrm{T}}EX & H \\ * & -\mu I \end{pmatrix} < 0. \tag{3.38}$$

用 $\mathrm{diag}(X^{-\mathrm{T}}, I)$ 和 $\mathrm{diag}(X^{-1}, I)$ 分别左乘和右乘不等式 (3.38), 并令 $X = \bar{P}^{-1}$, $Y = K\bar{P}^{-1}$, 则 (3.38) 等价于

$$\bar{\Omega}_0 = \begin{pmatrix} (A + B_u K)^{\mathrm{T}}\bar{P} + \bar{P}^{\mathrm{T}}(A + B_u K) + \mu\alpha^2 E^{\mathrm{T}}E & \bar{P}^{\mathrm{T}}H \\ * & -\mu I \end{pmatrix} < 0. \quad (3.39)$$

选取 Lyapunov 函数

$$V(x) = x^{\mathrm{T}}E_\varepsilon^{\mathrm{T}}\bar{P}_\varepsilon x,$$

其中

$$\bar{P}_\varepsilon = \bar{P} + \varepsilon\bar{P}_0, \quad \bar{P} = \begin{pmatrix} \bar{P}_{11} & O \\ \bar{P}_{21} & \bar{P}_{22} \end{pmatrix}, \quad \bar{P}_0 = \begin{pmatrix} O & \bar{P}_{21}^T \\ O & O \end{pmatrix}.$$

根据引理 3.2 和定理 3.3, 存在 $\varepsilon^* > 0$, 使得对任给的 $\varepsilon \in (0, \varepsilon^*]$, 奇摄动不确定闭环系统 (3.34) 是标准奇摄动, 并且关于干扰输入 w 是强鲁棒 ISS 稳定. 证毕.

对于不确定性奇摄动闭环系统 (3.34), 根据 (3.35) 和 (3.36), 在确定控制增益 K 之后, 根据定理 3.5, 可得到求奇摄动性闭环系统的稳定界 $\varepsilon^* > 0$ 的方法.

定理 3.6　如果存在标量 $\bar{\lambda} > 0$, 正定对称矩阵 $\bar{\Pi} > 0$, $\bar{P}_{11} > 0$, $\bar{P}_{22} > 0$ 以及矩阵 $\bar{P}_{21}$ 使得如下 LMI 条件成立:

$$\bar{\Pi} < \bar{\lambda}\bar{P}_{11}, \quad \begin{pmatrix} \bar{\Pi} & \bar{P}_{21}^{\mathrm{T}} \\ \bar{P}_{21} & \bar{P}_{22} \end{pmatrix} > 0, \quad \Omega_0 < 0, \quad \Omega < -\bar{\lambda}\Omega_0, \quad (3.40)$$

其中

$$\Omega = \begin{pmatrix} (A + B_u K)^{\mathrm{T}}P_0 + P_0^{\mathrm{T}}(A + B_u K) & P_0^{\mathrm{T}}H \\ * & O \end{pmatrix},$$

则不确定奇摄动闭环系统 (3.34) 是标准奇摄动, 且当 $\varepsilon \in (0, \varepsilon^*]$ 时关于干扰输入 w 是强鲁棒 ISS 稳定, 其中 $\varepsilon^* = \bar{\lambda}^{-1}$.

注意, 不确定奇摄动闭环系稳定界的计算依赖于控制增益矩阵 K 的选取. 然而从定理 3.5 中可知, 从线性矩阵不等式获得的解关于 (X, Y) 并不唯一, 从而控制增益矩阵 K 也不一定唯一.

类似于推论 3.3, 在 $w(t) \equiv 0$ 的情况下, 不确定奇摄动闭环系统 (3.34) 简化为如下形式[13]:

$$E_\varepsilon \dot{x}(t) = (A + B_u K)x(t) + Hf(t, x(t)), \quad x(t_0) = x_0. \quad (3.41)$$

对于不确定奇摄动闭环系统 (3.41), 应用定理 3.5 立刻可得如下结论.

推论 3.4 在定理 3.5 的条件下, 不确定奇摄动闭环系统 (3.41) 是标准奇摄动, 且当 $\varepsilon \in (0, \varepsilon^*]$ 时, 它是强鲁棒渐近稳定的. 即不确定奇摄动系统 (3.1)–(3.2) 是强鲁棒可镇定的.

3.4 应 用 例 子

本节将给出一些例子来验证本章结果的优越性和有效性.

例 3.2 考虑如下奇摄动系统

$$\dot{x}_1 = x_1 - x_2 + f_1(x_1, x_2), \quad x_1(0) = x_{10}; \tag{3.42}$$

$$\varepsilon \dot{x}_2 = 2x_1 - x_2 + f_2(x_1, x_2), \quad x_2(0) = x_{20}, \tag{3.43}$$

其中 $f_1(x_1, x_2) = \dfrac{|x_1|x_2}{1 + 4x_2^2}$, $f_2(x_1, x_2) = \dfrac{x_1|x_2|}{1 + 4x_1^2}$. 容易验证 f_1 和 f_2 满足拟 Lipschitz 条件 (3.3), 其中 $E_{11} = E_{22} = 0.25$, $E_{12} = E_{21} = 0$ 以及 $\alpha = 1$.

利用 MATLAB 中的 LMI 工具箱, 可知推论 3.2 中的 LMI 不等式条件的解是可行的. 根据定理 3.3 可知系统 (3.42)–(3.43) 是标准奇摄动, 并且存在 $\varepsilon^* > 0$ 使得当 $\varepsilon \in (0, \varepsilon^*]$ 时, 奇摄动系统 (3.42)–(3.43) 是强鲁棒渐近稳定的.

进一步, 通过求解 GEVP-(3.30) 可得最小的广义特征值为 $\lambda = 2.9503$, 从而根据定理 3.4, 奇摄动系统 (3.42)–(3.43) 是强鲁棒渐近稳定的, 其小参数的上界为 $\varepsilon^* = \lambda^{-1} = 0.3389$. 用文献 [12] 中的方法, 可获得的最大稳定界为 9.5×10^{-3}. 当用文献 [16] 中的方法求解稳定界时, 可得最大稳定界为 $\varepsilon^* = 0.0165$. 相比较而言, 此处提供的方法具有较小的保守性.

例 3.3 考虑文献 [13] 中的例子

$$\dot{x}_1 = -3x_1 + 2x_2 + f_1(t, x_1, x_2); \tag{3.44}$$

$$\varepsilon \dot{x}_2 = x_1 - x_2 + f_2(t, x_1, x_2) + u, \tag{3.45}$$

其中

$$\|f_i(t, x_1, x_2)\| \leqslant \alpha_i \|x_1\| + \beta_i \|x_2\|, \quad i = 1, 2,$$

此处 $\alpha_1 = 1, \alpha_2 = \beta_1 = \beta_2 = 0.15$.

经过计算, 可得系统 (3.44)–(3.45) 的参数如下:

$$E_\varepsilon = \begin{pmatrix} 1 & 0 \\ 0 & \varepsilon \end{pmatrix}, \quad A = \begin{pmatrix} -3 & 2 \\ 1 & -1 \end{pmatrix}, \quad H = I,$$

$$B_u = \begin{pmatrix} 0 \\ 1 \end{pmatrix}, \quad E = \begin{pmatrix} 1 & 0.15 \\ 0.15 & 0.15 \end{pmatrix}, \quad \alpha = 1.$$

利用 LMI 工具箱, 根据推论 3.3 的方法可得到下列解

$$X = \begin{pmatrix} 0.5591 & 0 \\ 0.2919 & 1.9558 \end{pmatrix}, \quad Y = (-4.1786, \quad 0.8899), \quad \mu = 0.7524.$$

因此, 状态反馈控制增益为

$$K = YX^{-1} = (-7.7120, \quad 0.4550).$$

此外, 求解相应的广义特征值最小化问题可得 $\varepsilon^* = \lambda^{-1} = 7.1685 \times 10^4$, 定理 3.4 表明相应的奇摄动系统是标准奇摄动, 且当 $\varepsilon \in (0, \varepsilon^*]$ 时, 奇摄动系统 (3.44)-(3.45) 是强鲁棒可镇定. 从这个例子可以看出, 本章所提方法在求解控制增益以及稳定界方面要比文献 [13] 更加简单有效.

例 3.4　考虑如下由齿轮带动的倒立摆系统[17]

$$\begin{cases} \ddot{\theta}_p(t) = \dfrac{g}{l} \sin\theta_p(t) + \dfrac{NK_m}{ml^2} I_a(t), \\[2mm] L_a \dot{I}_a(t) = -K_b N\dot{\theta}_p(t) - R_a I_a(t) + v(t), \end{cases} \tag{3.46}$$

其中 θ_p 和 $\dot{\theta}_p$ 分别代表连杆的旋转角和角速度; I_a 表示电枢电流. $l, m, K_m, K_b,$ g, N 以及 R_a 为常数, 其如表 3.1 所示.

表 3.1　系统参数

系统参数	参数值	系统参数	参数值
连杆长度, l/m	1	重力加速度, $g/$ (m/s^2)	9.8
指针质量, m/kg	1	齿轮比例系数, N	10
扭矩常数, $K_m/$ (N$_m$/A)	0.1	电机电阻, R_a/Ω	1
反电势系数, $K_b/$(V$_s$/rad)	0.1	电枢电感, L_a /mH	ε

令 $x_1(t) = \theta_p(t)$, $x_2(t) = \dot{\theta}_p(t)$, $x_3(t) = I_a(t)$, $L_a = \varepsilon$, 以及 $v(t) = u(t) + w(t)$, 其中 $u(t)$ 和 $w(t)$ 分别为控制输入和干扰输入. 根据表 3.1, 可获得奇摄动系统 (3.46) 的系统参数如下

$$E_\varepsilon = \begin{pmatrix} 1 & 0 & 0 \\ 0 & 1 & 0 \\ 0 & 0 & \varepsilon \end{pmatrix}, \quad A = \begin{pmatrix} 0 & 1 & 0 \\ 0 & 0 & 1 \\ 0 & -1 & -1 \end{pmatrix},$$

$$B_u = \begin{pmatrix} 0 \\ 0 \\ 1 \end{pmatrix}, \quad H = I, \quad B_w = \begin{pmatrix} 0 \\ 0 \\ 1 \end{pmatrix},$$

$$f = (0, 9.8 \sin x_1(t), 0)^{\mathrm{T}}, \quad \text{其中 } E = \begin{pmatrix} 9.8 & 0 & 0 \\ 0 & 0 & 0 \end{pmatrix}, \quad \alpha = 1.$$

通过求解 (3.35), 可得到如下可行解

$$X = \begin{pmatrix} 0.1126 & -1.5187 & 0 \\ -1.5187 & 41.9446 & 0 \\ -35.7937 & -54.4137 & 16.8330 \end{pmatrix},$$

$$Y = (-37.3124, \ -29.3022, \ 7.3407),$$

$$\mu = 0.4158.$$

从而由 (3.36) 可获得控制增益矩阵为

$$K = YX^{-1} = (-380.1961, \ -13.8988, \ 0.4361).$$

另外, 通过 GEVP 求解 (3.40), 可得系统的参数稳定界为 $\varepsilon^* = 0.0113$. 因此根据定理 3.6, 当 $0 < \varepsilon \leqslant 0.0113$ 时, 奇摄动系统 (3.46) 是强 ISS 可镇定. 然而文献 [13] 的方法对这个例子不具操作性.

为了便于仿真验证结论, 取初始条件为 $x(0) = (2, \ 1, \ -1)^{\mathrm{T}}$, 对于干扰输入分别为 $w(t) = (1 + t^2)^{-1}$ 和 $w(t) = 10^3 \times \cos t$ 时进行系统仿真, 则奇摄动系统 (3.46) 的闭环系统相应的状态响应分别如图 3.1 和图 3.2 所示. 由仿真结果可知,

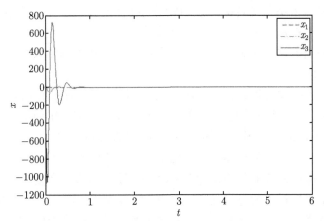

图 3.1　奇摄动闭环系统 (3.46) 的状态响应 $(\varepsilon = 0.01, \quad w(t) = (1 + t^2)^{-1})$

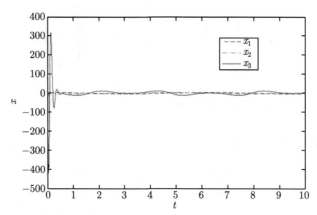

图 3.2　奇摄动闭环系统 (3.46) 的状态响应 $(\varepsilon = 0.01, w(t) = 10^3 \times \cos t)$

当无干扰为零时, 相应奇摄动闭环系统显示强鲁棒渐近稳定性; 当干扰有界时, 该不确定奇摄动闭环系统显示强鲁棒终极有界, 其界由干扰所决定, 因此是 ISS 可镇定.

3.5　小结与评注

本章内容是在 Kokotovic 奇摄动方法的框架内, 提供了具有非线性不确定性结构的奇摄动系统强鲁棒 ISS 分析和反馈控制的一般路径. 在 LMI 条件存在可行解的条件下, 可保证在不确定性影响下, 奇摄动系统仍是标准奇摄动, 并且不确定快慢子系统都是鲁棒 ISS 稳定的结果. 因此建构了 Kokotovic 奇摄动方法可适用的平台. 以此作为出发点, 可证明整个不确定奇摄动系统也是鲁棒 ISS 稳定, 这样获得的定理 3.3 不仅是鲁棒, 而且也是一致有效的. 当 LMI 条件不满足 (例如系统本身内部不稳定) 时, 可启用状态反馈镇定. 本章采用的奇摄动方法的框架避免了由小参数引起的病态问题, 而且便于计算. 所获得的结果推广了许多早前文献的工作.

对于线性不确定奇摄动控制系统 (3.11), 文献 [10] 研究了 (3.6) 中 $\Delta A_{22}(t) \equiv 0$ 的情况, 显然这种不确定性结构在数学上是简化了问题的讨论. 但从模型上来看, $\Delta A_{22}(t) \equiv 0$ 的假设很不自然. 文献 [9] 尽管讨论了 $\Delta A_{22}(t) \neq 0$ 的情况, 但 (3.8) 中却要求 $\alpha < 1$. 所以本章的方法和结果作为线性的特殊情况彻底地解决了线性不确定奇摄动系统的强鲁棒 ISS 稳定性和强可镇定的情况.

本章推论 3.3 讨论的奇摄动系统与文献 [12] 中的完全一样. 推论 3.3 给出了一个可验证的条件, 使得该不确定奇摄动系统存在两时标的快慢子系统, 并且鲁棒渐近稳定. 进而证明了整个不确定奇摄动系统是强鲁棒渐近稳定. 而文献 [12]

中仅仅证明整个奇摄动系统是渐近稳定的, 也未必一致有效, 因此无法保证是强渐近稳定. 因为文献 [12] 中的线性近似方法无法判别是否存在不确定快慢子系统, 更无从谈起这些快慢子系统是否鲁棒渐近稳定. 其次文献 [12] 中保证渐近稳定的条件也太强, 它要求满足额外的关联条件以满足线性主部的要求, 此条件实际上是多余的, 很大原因与所采用方法的局限性有关.

文献 [13] 在研究奇摄动系统 (3.1)–(3.2) 的鲁棒反馈镇定时, 需要对原系统进行坐标变换, 而且在求解控制增益矩阵时涉及较复杂的代数方程. 而推论 3.4 中的线性矩阵不等式条件, 可通过 LMI Control Toolbox 进行有效的计算. 在这个意义下, 推论 3.4 可以看成是改进和推广了文献 [13] 的结果.

倘若状态不可量测, 可进一步考虑相应的与不确定性无关的观测器问题或动态输出反馈问题. 由于存在一些技术困难, 至少目前此项工作还是呈开放状态.

参 考 文 献

[1] Kokotovic P V, Khalil H K, O'Reilly J. Singular Perturbation Methods in Control: Analysis and Design. London: Academic Press, 1986.

[2] O'Malley R E. Introduction to Singular Perturbations. New York: Academic Press, 1974.

[3] Naidu D S. Singular perturbations and time scales in control theory and applications: an overview. Dynamics of Continuous, Discrete and Impulsive Systems Series B: Applications & Algorithms, 2002, 9(2): 233-278.

[4] Khalil H K. Nonlinear Systems, 3rd ed. Upper Saddle River: Prentice Hall, 2002.

[5] Khargonekar P P, Petersen I R, Zhou K. Robust stabilization of uncertain linear systems: Quadratic stabilizability and H_∞ control theory. IEEE Trans. Automatic Control, 1990, 35: 356-361.

[6] Chen H G, Han K W. Improved quantitative measures of robustness for multivariable systems. IEEE Trans. on Automatic Control, 1994, 39 (4): 807-810.

[7] Yan W Y, Lam J. On quadratic stability of systems with structured uncertainty. IEEE Trans. on Automatic Control, 2001, 46 (11): 1799-1805.

[8] Stipanovic D M, Siljak D D. Robust stability and stabilization of discrete-time nonlinear systems: The LMI approach. International Journal of Control, 2001, 74: 873-879.

[9] N'diaye M, Liu W, Wang Z M. Robust ISS stabilization on disturbance for uncertain singularly perturbed system. IMA Journal of Mathematical Control and Information, 2018, 35: 1115-1127.

[10] Shi P, Shue S P, Agarwal R K. Robust disturbance attenuation with stability for a class of uncertain singularly perturbed systems. International Journal of Control, 1998, 70 (6): 873-891.

[11] Shao Z. Robust stability of singularly perturbed systems with state delays. IEE Proceedings on Control Theory and Appl., 2003, 150 (1): 2-6.

[12] Shao Z H. Robust stability of two-time-scale systems with nonlinear uncertainties. IEEE Trans. on Automatic Control, 2004, 49 (2): 258-261.

[13] Shao Z H, Sawan M E. Stabilization of uncertain singularly perturbed systems. IEE Proceedings on Control Theory and Appl., 2006, 153: 99-103.

[14] Xu S Y, Lam J. Robust Control and Filtering of Singular Systems. Berlin: Springer-Verlag, 2006.

[15] Christofides P D, Teel A R. Singular perturbations and input-to-state stability. IEEE Trans. on Automatic Control, 1996, 41 (11): 1645-1650.

[16] Chen W H, Yuan G, Zheng W X. Robust stability of singularly perturbed impulsive systems under nonlinear perturbation. IEEE Trans. on Automatic Control, 2013, 58 (1): 168-174.

[17] Yang C Y, Zhang Q L, Sun J, Chai T Y. Lur'e Lyapunov function and absolute stability criterion for Lur'e singularly perturbed systems. IEEE Trans. on Automatic Control, 2011, 56 (11): 2666-2671.

[18] Boyd S, Ghaoui E L, Feron E, Balakrishnan V. Linear Matrix Inequalities in System and Control Theory. Philadelphia: SIAM Studies in Applied Mathematics, 1994.

第 4 章 离散时间奇摄动系统的
鲁棒 ISS 分析与镇定

本章讨论具有非线性不确定性结构的离散时间奇摄动控制系统的鲁棒 ISS 分析和状态反馈设计. 离散时间奇摄动 ISS 鲁棒控制方面的研究不多, 文献与连续情形相比少之又少[1,2]. 众所周知, 源于计算机技术的快速进步, 许多产业过程都已经使用了人工智能与数字控制, 因此连续模型的离散化, 即采样控制系统受到了极大关注[3]. 对于奇摄动系统, 采样过程有快慢时标之分. 而快采样奇摄动模型能够很好地反映边界层动力学行为, 因此研究离散时间的奇摄动控制时, 通常考虑快采样的离散模型. 除了技术上有些不一样之外, 总体上与对应的连续模型分析与控制的研究路径十分相似, 因此近期也获得了较快的发展, 成为近年来奇摄动控制研究的热点之一[4-8].

在给定的 LMI 条件下, 利用不动点定理可以证明离散时间不确定奇摄动系统孤立根的存在性. 在此基础上, 获得相应的不确定快慢子系统, 其中慢子系统是连续时间的, 而快子系统仍是离散时间这样的混杂形式[4]. 与连续时间一样, 由于不确定性的存在, 需要在奇摄动方法的框架内, 克服不确定因素带来的困难. 在证明孤立根存在的基础上, 讨论鲁棒 ISS 分析与控制[9]. 在证明了快慢子系统都是鲁棒 ISS 稳定的前提下, 利用组合方法和 Lyapunov 思想来证明整个离散时间不确定性奇摄动系统的鲁棒 ISS 稳定. 当预设条件不满足时, 研究相应 ISS 镇定反馈控制律的设计等问题.

4.1 问 题 描 述

考虑如下具有非线性干扰结构的离散时间奇摄动系统[5,6]

$$x_1(k+1) = (I + \varepsilon A_{11}) x_1(k) + \varepsilon A_{12}x_2(k) + \varepsilon B_{u1}u(k) + \varepsilon H_1 f_1(x_1, x_2) + \varepsilon B_{w1}w(k), \tag{4.1}$$

$$x_2(k+1) = A_{21}x_1(k) + A_{22}x_2(k) + B_{u2}u(k) + H_2 f_2(x_1, x_2) + B_{w2}w(k), \tag{4.2}$$

其中 $x_1 \in R^{n_1}$ 和 $x_2 \in R^{n_2}(n_1 + n_2 = n)$ 分别为系统的慢状态和快状态; $u \in R^q$ 为控制输入; $w \in R^m$ 为干扰输入; $\varepsilon > 0$ 为小参数; $x_1(0) = x_{10}$ 和 $x_2(0) = x_{20}$ 为初始条件. 系统 (4.1)-(4.2) 中的所有矩阵为已知的适维矩阵; $f_i(x_1, x_2)(i = 1, 2)$

为非线性结构的向量值函数, 满足 $f_i(0,0) = 0$, 并对所有的 $(x_1, x_2), (\tilde{x}_1, \tilde{x}_2) \in R^{n_1} \times R^{n_2}$ 满足下列拟 Lipschitz 条件

$$||f_i(x_1, x_2) - f_i(\tilde{x}_1, \tilde{x}_2)|| \leqslant \alpha||E_{i1}(x_1 - \tilde{x}_1) + E_{i2}(x_2 - \tilde{x}_2)||, \quad i = 1, 2, \quad (4.3)$$

其中 $\alpha > 0$ 为已知常数; $E_{ij}(i, j = 1, 2)$ 为适维的常值矩阵.

记

$$x = \begin{pmatrix} x_1 \\ x_2 \end{pmatrix}, \quad x_0 = \begin{pmatrix} x_{10} \\ x_{20} \end{pmatrix}, \quad E_I = \begin{pmatrix} I & O \\ O & O \end{pmatrix},$$

$$E_\varepsilon = \begin{pmatrix} \varepsilon I & O \\ O & I \end{pmatrix}, \quad A = \begin{pmatrix} A_{11} & A_{12} \\ A_{21} & A_{22} \end{pmatrix},$$

$$B_u = \begin{pmatrix} B_{u1} \\ B_{u2} \end{pmatrix}, \quad B_w = \begin{pmatrix} B_{w1} \\ B_{w2} \end{pmatrix}, \quad H = \begin{pmatrix} H_1 & O \\ O & H_2 \end{pmatrix},$$

$$f(x) = \begin{pmatrix} f_1(x_1, x_2) \\ f_2(x_1, x_2) \end{pmatrix},$$

$$E = \begin{pmatrix} E_{11} & E_{12} \\ E_{21} & E_{22} \end{pmatrix}.$$

则离散时间的不确定奇摄动系统 (4.1)–(4.2) 可写成如下紧凑形式

$$x(k+1) = A_\varepsilon x(k) + B_{u\varepsilon} u(k) + H_\varepsilon f(x(k)) + B_{w\varepsilon} w(k), \quad x(0) = x_0, \quad (4.4)$$

其中 $A_\varepsilon = E_I + E_\varepsilon A$, $B_{u\varepsilon} = E_\varepsilon B_u$, $H_\varepsilon = E_\varepsilon H$, $B_{w\varepsilon} = E_\varepsilon B_w$.

容易验证, 非线性不确定项 $f(x)$ 满足

$$f^{\mathrm{T}}(x)f(x) \leqslant \alpha^2 x^{\mathrm{T}} E^{\mathrm{T}} E x. \quad (4.5)$$

不确定项 f 仅给出了与时间 t 和输入 u 无关的信息, 并且满足不等式条件 (4.5) 等某些结构条件的要求.

在继续讨论之前, 回顾如下离散时间的标准奇摄动定义.

定义 4.1　对于无控制输入的离散时间不确定奇摄动系统 (4.1)–(4.2), 对任给的 w, 如果代数方程

$$0 = A_{21}x_1 + (A_{22} - I)x_2 + H_2 f_2(x_1, x_2) + B_{w2}w \quad (4.6)$$

在 (x_1, x_2) 的某个邻域内或者全空间内存在孤立根 $x_2 = \varphi(x_1, w)$, 则称系统 (4.1)–(4.2) 为标准奇摄动.

4.2 鲁棒 ISS 分析

4.2.1 标准奇摄动

对于离散时间奇摄动 (4.1)–(4.2), 首先讨论标准奇摄动的条件.

引理 4.1 如果存在标量 $\mu > 0$, 对称矩阵 P_{11}, P_{22} 和适维矩阵 P_{21} 使得如下 LMI 条件成立

$$\Phi_0 = \begin{pmatrix} A_1^{\mathrm{T}} P_1 + P_1^{\mathrm{T}} A_1 + \mu \alpha^2 E^{\mathrm{T}} E & P_1^{\mathrm{T}} H \\ * & -\mu I \end{pmatrix} < 0, \tag{4.7}$$

其中 $A_1 = \begin{pmatrix} A_{11} & A_{12} \\ A_{21} & A_{22} - I \end{pmatrix}$, $P_1 = \begin{pmatrix} P_{11} & O \\ P_{21} & P_{22} \end{pmatrix}$, 则系统 (4.1)–(4.2) 是标准奇摄动.

证明 考虑如下差分代数方程

$$x_1(k+1) = (I + \varepsilon A_{11}) x_1(k) + \varepsilon A_{12} x_2(k) + \varepsilon H_1 f_1(x_1, x_2) + \varepsilon B_{w1} w(k), \tag{4.8}$$

$$0 = A_{21} x_1(k) + (A_{22} - I) x_2(k) + B_{u2} u(k) + H_2 f_2(x_1, x_2) + B_{w2} w(k). \tag{4.9}$$

不等式 (4.7) 表明

$$A_1^{\mathrm{T}} P_1 + P_1^{\mathrm{T}} A_1 + \mu \alpha^2 E^{\mathrm{T}} E < 0.$$

注意到 $\mu \alpha^2 E^{\mathrm{T}} E$ 是非负的, 这意味着

$$A_1^{\mathrm{T}} P_1 + P_1^{\mathrm{T}} A_1 < 0. \tag{4.10}$$

对不等式 (4.10) 进行分解, 可得

$$(A_{22} - I)^{\mathrm{T}} P_{22} + P_{22}^{\mathrm{T}} (A_{22} - I) < 0.$$

上式表明 $(A_{22} - I)^{\mathrm{T}} P_{22}$ 是非奇异的, 从而 $A_{22} - I$ 也是非奇异的.

令

$$M = \begin{pmatrix} I & O \\ O & (A_{22} - I)^{-1} \end{pmatrix} \triangleq \begin{pmatrix} M_1 \\ M_2 \end{pmatrix},$$

$$N = \begin{pmatrix} I & O \\ -(A_{22} - I)^{-1} A_{21} & I \end{pmatrix} \triangleq \begin{pmatrix} N_1 & N_2 \end{pmatrix}.$$

容易验证 M 和 N 均为非奇异矩阵, 并且下列分解均成立.

$$ME_0N = \begin{pmatrix} I_{n_1} & O \\ O & O \end{pmatrix}, \quad M\bar{A}_\varepsilon N = \begin{pmatrix} I + \varepsilon A_0 & \varepsilon A_{12} \\ O & I_{n_2} \end{pmatrix},$$

$$MH_\varepsilon = \begin{pmatrix} \varepsilon H_1 & O \\ O & \bar{H}_2 \end{pmatrix}, \quad MB_{w\varepsilon} = \begin{pmatrix} \varepsilon B_{w1} \\ \bar{B}_{w2} \end{pmatrix},$$

其中

$$\bar{A}_\varepsilon = \begin{pmatrix} I + \varepsilon A_{11} & \varepsilon A_{12} \\ A_{21} & A_{22} - I \end{pmatrix}, \quad A_0 = A_{11} - A_{12}(A_{22} - I)^{-1}A_{21},$$

$$\bar{H}_2 = (A_{22} - I)^{-1}H_2, \quad \bar{B}_{w2} = (A_{22} - I)^{-1}B_{w2}.$$

由 Schur 补引理可知, 不等式 (4.7) 等价于如下的 LMI

$$A_1^{\mathrm{T}}P_1 + P_1^{\mathrm{T}}A_1 + \mu\alpha^2 E^{\mathrm{T}}E + \mu^{-1}P_1^{\mathrm{T}}HH^{\mathrm{T}}P_1 < 0. \tag{4.11}$$

分别在 (4.11) 式的两边左乘 N^{T} 和右乘 N, 可得

$$(MA_1N)^{\mathrm{T}}M^{-\mathrm{T}}P_1N + (M^{-\mathrm{T}}P_1N)^{\mathrm{T}}MA_1N + \mu\alpha^2 N^{\mathrm{T}}E^{\mathrm{T}}EN$$
$$+ \mu^{-1}(M^{-\mathrm{T}}P_1N)^{\mathrm{T}}MHH^{\mathrm{T}}M^{\mathrm{T}}M^{-\mathrm{T}}P_1N < 0. \tag{4.12}$$

记

$$M^{-\mathrm{T}}P_1N = \begin{pmatrix} \bar{P}_1 & O \\ \bar{P}_3 & \bar{P}_4 \end{pmatrix}.$$

对 (4.12) 进行分解和计算可知, (4.12) 左边的第二行第二列的分块矩阵负定, 即

$$\bar{P}_4^{\mathrm{T}} + \bar{P}_4 + \mu\alpha^2 N_2^{\mathrm{T}}E^{\mathrm{T}}EN_2 + \mu^{-1}\bar{P}_4^{\mathrm{T}}\bar{H}_2\bar{H}_2^{\mathrm{T}}\bar{P}_4 < 0.$$

上式表明, 存在充分小的 $\delta > 0$ 使得如下 LMI 成立

$$\bar{P}_4^{\mathrm{T}} + \bar{P}_4 + \mu\alpha^2 N_2^{\mathrm{T}}E^{\mathrm{T}}EN_2 + \mu^{-1}\bar{P}_4^{\mathrm{T}}(\bar{H}_2\bar{H}_2^{\mathrm{T}} + \delta I)\bar{P}_4 < 0.$$

记 $Q_\delta = (M_2HH^{\mathrm{T}}M_2^{\mathrm{T}} + \delta I)^{-\frac{1}{2}}$, 则上式可改写为

$$\mu^{-1}(\bar{P}_4^{\mathrm{T}}Q_\delta^2 + \mu I)Q_\delta^{-2}(Q_\delta^2\bar{P}_4 + \mu I) - \mu Q_\delta^{-2} + \mu\alpha^2 N_2^{\mathrm{T}}E^{\mathrm{T}}EN_2 < 0.$$

由此可得

$$\alpha^2 N_2^{\mathrm{T}} E^{\mathrm{T}} E N_2 < Q_\delta^{-2}.$$

从而存在充分小的 $\eta > 0$ 使得

$$\|E_{22} Q_\delta\| < \frac{1}{\alpha\sqrt{1+\eta}}.$$

进一步对于 $Q_\delta^{-1}\bar{H}_2$, 我们有

$$Q_\delta^{-1}\bar{H}_2\bar{H}_2^{\mathrm{T}}Q_\delta^{-\mathrm{T}} < Q_\delta^{-1}(\bar{H}_2\bar{H}_2^{\mathrm{T}} + \delta I)Q_\delta^{-\mathrm{T}} = I.$$

这说明 $\|Q_\delta^{-1}\bar{H}_2\| < 1$.

余下部分的证明类似于第 3 章引理 3.1 的推导, 于是根据不动点定理可知, 系统 (4.1)–(4.2) 存在孤立根 $x_2 = \varphi(x_1, w)$. 证毕.

同样可以进一步证明孤立根 $x_2 = \varphi(x_1, w)$ 关于 (x_1, w) 满足相应的 Lipschitz 条件, 即存在常数 $\alpha_1 > 0$ 和 $\alpha_2 > 0$, 使得下列不等式成立

$$\|\varphi(x_1, w)\| \leqslant \alpha_1 \|x_1\| + \alpha_2 \|w\|. \tag{4.13}$$

现根据引理 4.1 和奇摄动的时标性质, 可将原系统分解成相应的快慢子系统. 对于慢子系统, 令 $x_2(k+1) = x_2(k)$, 则有

$$
\begin{aligned}
x_s(k+1) &= (I + \varepsilon A_{11})\, x_s(k) + \varepsilon A_{12}\bar{x}_2(k) + \varepsilon H_1 f_1\,(x_s, \bar{x}_2) + \varepsilon B_{w1} w_s(k), \\
&\qquad x_s(0) = x_{10};
\end{aligned}
\tag{4.14}
$$

$$0 = A_{21}x_s(k) + (A_{22} - I)\,\bar{x}_2(k) + H_2 f_2\,(x_s, \bar{x}_2) + B_{w2}w_s(k), \tag{4.15}$$

其中 $\bar{x}_2 = \varphi(x_s, w_s)$ 可看成一个中间变量, 这将有助于系统的 ISS 分析.

系统 (4.14)–(4.15) 刻画了慢变量在快时标 k 情形下的演变. 正如文献 [4] 和 [10] 所说, 通过微分方程来描述慢变量的渐近行为将会更加自然. 换句话说, 就是在时标 $t = \varepsilon k$ 下来研究系统 (4.14)–(4.15) 的解. 为此, 两边同时除以 $\varepsilon > 0$ 并令 $\varepsilon \to 0$, 则有如下连续时间的不确定慢子系统.

$$\frac{dx_s}{dt} = A_{11}x_s + A_{12}\bar{x}_2 + H_1 f_1\,(x_s, \bar{x}_2) + B_{w1}w_s, \quad x_s(0) = x_{10}; \tag{4.16}$$

$$0 = A_{21}x_s + (A_{22} - I)\,\bar{x}_2 + H_2 f_2\,(x_s, \bar{x}_2) + B_{w2}w_s. \tag{4.17}$$

记 $\bar{x} = (x_s^{\mathrm{T}}, \bar{x}_2^{\mathrm{T}})^{\mathrm{T}}$ 则不确定慢子系统 (4.16)–(4.17) 可写成如下简洁形式

$$E_I \dot{\bar{x}} = A_1 \bar{x} + H f(\bar{x}) + B_w w_s. \tag{4.18}$$

为了获得快子系统, 假定慢变量在快时标情形下为常数, 即 $\bar{x}(k+1) = \bar{x}(k)$, 从方程 (4.2) 中提取 (4.15), 并令 $\varepsilon = 0$, 则产生了如下快子系统

$$x_f(k+1) = A_{22}x_f(k) + H_2\Delta f_2 + B_{w2}w_f(k), \quad x_f(0) = x_{20} - \varphi, \qquad (4.19)$$

其中 $x_f = x_2 - \varphi$, $w_f = w - w_s$, $\Delta f_2 = f_2(x_1, x_f + \varphi) - f_2(x_1, \varphi)$.

这种混杂情形的产生在文献 [4] 中已做了详细的阐述, 其中连续时间慢子系统的定义是合理的, 尽管看起来有点奇怪.

4.2.2　鲁棒 ISS 稳定

首先, 对于不确定慢子系统 (4.16)–(4.17), 有如下结果.

定理 4.1　如果条件 (4.7) 成立, 其中正定对称矩阵 $P_{11} > 0$, 则离散时间不确定慢子系统 (4.16)–(4.17) 关于干扰输入 w_s 为鲁棒 ISS 稳定.

证明　证明过程类似于定理 3.1, 故省略. 证毕.

对于不确定快子系统 (4.19), 有如下结果.

定理 4.2　如果条件 (4.7) 成立, 其中正定对称矩阵 $P_{22} > 0$, 并且下列 LMI 条件成立

$$\Phi = \Phi_0 + \Phi_1 < 0, \qquad (4.20)$$

其中 Φ_0 由 (4.7) 定义, Φ_1 定义如下

$$\Phi_1 = \begin{pmatrix} A_1^\mathrm{T}P_2A_1 & A_1^\mathrm{T}P_2H \\ * & H^\mathrm{T}P_2H \end{pmatrix}, \quad P_2 = \begin{pmatrix} O & O \\ O & P_{22} \end{pmatrix},$$

则离散时间不确定快子系统 (4.19) 关于干扰输入 w_f 是鲁棒 ISS 稳定.

证明　为了证明不确定快子系统 (4.19) 的鲁棒 ISS 稳定性, 对不等式条件 (4.20) 进行分离可得

$$\begin{pmatrix} * & * & * & * \\ * & (2,2) & * & (2,4) \\ * & * & * & * \\ * & * & * & (4,4) \end{pmatrix} < 0,$$

其中 "$*$" 表示在以下的讨论中不会用到的分块矩阵, 而

$$(2,2) = A_{22}^\mathrm{T}P_{22}A_{22} - P_{22} + \mu\alpha^2(E_{12}^\mathrm{T}E_{12} + E_{22}^\mathrm{T}E_{22}),$$

$$(2,4) = A_{22}^\mathrm{T}P_{22}H_2, \quad (4,4) = -\mu I + H_2^\mathrm{T}P_{22}H_2.$$

上式表明

$$\Phi_2 = \begin{pmatrix} A_{22}^{\mathrm{T}} P_{22} A_{22} - P_{22} + \mu\alpha^2 E_{22}^{\mathrm{T}} E_{22} & A_{22}^{\mathrm{T}} P_{22}^{\mathrm{T}} H_2 \\ * & -\mu I + H_2^{\mathrm{T}} P_{22} H_2 \end{pmatrix} < 0. \quad (4.21)$$

令 $S_2(x_f) = x_f^{\mathrm{T}} P_{22} x_f$, 则有

$$\Delta S_2 \leqslant x_f^{\mathrm{T}}(k+1) P_{22} x_f(k+1) - x_f^{\mathrm{T}}(k) P_{22} x_f(k) + \mu(\alpha^2 x_f^{\mathrm{T}} E_{22}^{\mathrm{T}} E_{22} x_f - \Delta^{\mathrm{T}} f_2 \Delta f_2)$$

$$= (x_f^{\mathrm{T}}, \quad \Delta^{\mathrm{T}} f_2) \Phi_2 (x_f^{\mathrm{T}}, \quad \Delta^{\mathrm{T}} f_2)^{\mathrm{T}} + 2 x_f^{\mathrm{T}} A_{22}^{\mathrm{T}} P_{22} B_{w2} w_f$$

$$+ 2\Delta^{\mathrm{T}} f_2 H_2^{\mathrm{T}} P_{22} B_{w2} w_f + w_f^{\mathrm{T}} B_{w2}^{\mathrm{T}} P_{22} B_{w2} w_f.$$

记 $\bar{a} = \lambda_{\min}(-\Phi_2)$, 由 (4.20) 可知 $\bar{a} > 0$. 从而

$$\Delta S_2 \leqslant -\bar{a}||x_f||^2 + \bar{b}||x_f||||w_f|| + \bar{c}||w_f||^2$$

$$\leqslant -\bar{a}(1-\bar{\theta})||x_f||^2, \quad ||x_f|| \geqslant \frac{\bar{b} + \sqrt{\bar{b}^2 + 4\bar{c}\bar{a}\bar{\theta}}}{2\bar{a}\bar{\theta}}||w_f||,$$

其中 $0 < \bar{\theta} < 1$, $\bar{b} = 2||A_{22}^{\mathrm{T}} P_{22} B_{w2}|| + 2\alpha||H_2^{\mathrm{T}} B_{w2}||||E_{22}||$ 以及 $\bar{c} = ||B_{w2}^{\mathrm{T}} B_{w2}||$. 因此存在 $\mathcal{KL}$ 类函数 $\bar{\beta}$ 和 $\mathcal{K}$ 类函数 $\bar{\gamma}$ 使得对任意的初始条件 $x_f(0)$ 以及任意的 $k \geqslant 0$, 状态解 $x_f(k)$ 存在, 并满足

$$||x_f(k)|| \leqslant \bar{\beta}(||x_f(0)||, k) + \bar{\gamma}\left(\sup_{0 \leqslant \tau \leqslant k} ||w_f(\tau)||\right). \quad (4.22)$$

这表明离散时间的不确定系统 (4.19) 关于干扰输入 w_f 是鲁棒 ISS 稳定. 证毕.

基于定理 4.1 和定理 4.2, 现在在给出本章的主要结果.

定理 4.3 如果条件 (4.7) 成立, 其中 $P_{11} > 0$, $P_{22} > 0$, 则存在 $\varepsilon^* > 0$, 使得如下结果成立.

(1) 系统 (4.1)–(4.2) 是标准奇摄动;

(2) 对于任给的 $\varepsilon \in (0, \varepsilon^*]$, 离散时间不确定奇摄动系统 (4.1)–(4.2) 关于干扰输入 w 是强鲁棒 ISS 稳定.

证明 (1) 引理 4.1 已经证明了离散时间奇摄动系统 (4.1)–(4.2) 是标准奇摄动, 故略.

(2) 根据条件 (4.7), 由于 $P_{11} > 0$ 和 $P_{22} > 0$, 所以存在 $\varepsilon_1 > 0$ 使得对任意 $\varepsilon \in (0, \varepsilon_1]$, 成立 $P_{11} - \varepsilon P_{12}^{\mathrm{T}} P_{22}^{-1} P_{21} > 0$. 进一步, 可得组合函数

$$P_\varepsilon = \begin{pmatrix} \varepsilon^{-1} P_{11} & P_{21}^{\mathrm{T}} \\ P_{21} & P_{22} \end{pmatrix} > 0, \quad \varepsilon \in (0, \varepsilon_1].$$

定义系统 (4.1)–(4.2) 的 Lyapunov 函数如下

$$V(x(k)) = x^{\mathrm{T}}(k)P_\varepsilon x(k), \tag{4.23}$$

则对任意的常数 $\mu > 0$, 有

$$
\begin{aligned}
\Delta V &= V(x(k+1)) - V(x(k)) \\
&\leqslant x^{\mathrm{T}}(k+1)P_\varepsilon x(k+1) - x^{\mathrm{T}}(k)P_\varepsilon x(k) + \mu(\alpha^2 x^{\mathrm{T}}E^{\mathrm{T}}Ex - f^{\mathrm{T}}f) \\
&\leqslant (x^{\mathrm{T}}, f^{\mathrm{T}})(\Phi + \varepsilon\bar{\Phi})(x^{\mathrm{T}}, f^{\mathrm{T}})^{\mathrm{T}} + 2x^{\mathrm{T}}A_\varepsilon^{\mathrm{T}}P_\varepsilon B_{w\varepsilon}w \\
&\quad + 2f^{\mathrm{T}}H_\varepsilon^{\mathrm{T}}P_\varepsilon B_{w\varepsilon}w + w^{\mathrm{T}}B_{w\varepsilon}^{\mathrm{T}}P_\varepsilon B_{w\varepsilon}w^{\mathrm{T}},
\end{aligned}
$$

其中

$$
\bar{\Phi} = \begin{pmatrix} A^{\mathrm{T}}P_3A & A^{\mathrm{T}}P_3H \\ * & H^{\mathrm{T}}P_3H \end{pmatrix}, \quad P_3 = \begin{pmatrix} P_{11} & P_{21}^{\mathrm{T}} \\ P_{21} & O \end{pmatrix}. \tag{4.24}
$$

Φ 由 (4.20) 定义. 根据 (4.20), 存在充分小的 $\varepsilon_2 > 0$ 使得当 $\varepsilon \in (0, \varepsilon_2]$ 时, $\Phi + \varepsilon\bar{\Phi} < 0$.

令

$$\tilde{a} = \lambda_{\min}\left(-(\Phi + \varepsilon\bar{\Phi})\right) > 0,$$

则可知 $\tilde{a}$ 与 ε 的选择无关. 进一步地, 令 $\varepsilon^* = \min\{\varepsilon_1, \varepsilon_2\}$, 则当 $\varepsilon \in (0, \varepsilon^*]$ 时, $P_\varepsilon > 0$ 以及

$$\Delta V \leqslant -\tilde{a}||x||^2 + 2x^{\mathrm{T}}A_\varepsilon^{\mathrm{T}}P_\varepsilon B_{w\varepsilon}w + 2f^{\mathrm{T}}H_\varepsilon^{\mathrm{T}}P_\varepsilon B_{w\varepsilon}w + w^{\mathrm{T}}B_{w\varepsilon}^{\mathrm{T}}P_\varepsilon B_{w\varepsilon}w^{\mathrm{T}}$$

同时成立. 从而可得

$$
\begin{aligned}
\Delta V &\leqslant -\tilde{a}||x||^2 + \tilde{b}||x||||w|| + \tilde{c}||w||^2 \\
&\leqslant -\tilde{a}(1 - \tilde{\theta})||x||^2, \quad ||x|| \geqslant \frac{\tilde{b} + \sqrt{\tilde{b}^2 + 4\tilde{c}\tilde{a}\tilde{\theta}}}{2\tilde{a}\tilde{\theta}}||w||, \tag{4.25}
\end{aligned}
$$

其中 $\tilde{b} = 2\max\limits_{0 \leqslant \varepsilon \leqslant \varepsilon^*}(||A_\varepsilon^{\mathrm{T}}P_\varepsilon B_{w\varepsilon}|| + 2\alpha||H_\varepsilon^{\mathrm{T}}P_\varepsilon B_{w\varepsilon}||||E||)$, $\tilde{c} = \max\limits_{0 \leqslant \varepsilon \leqslant \varepsilon^*}||B_{w\varepsilon}^{\mathrm{T}}P_\varepsilon B_{w\varepsilon}||$ 和 $0 < \tilde{\theta} < 1$. 因此存在 $\mathcal{KL}$ 类函数 $\tilde{\beta}$ 和一个 $\mathcal{K}$ 类函数 $\tilde{\gamma}$ 使得对任意的初始状态 $x(0)$ 以及任意的 $n \geqslant 0$, 系统 (4.1)–(4.2) 的状态解 $x(k)$ 存在, 并满足

$$||x(k)|| \leqslant \tilde{\beta}(||x(0)||, k) + \tilde{\gamma}\left(\sup_{0 \leqslant \tau \leqslant k}||w(\tau)||\right), \quad \varepsilon \in (0, \varepsilon^*]. \tag{4.26}$$

这就证明了离散时间不确定奇摄动系统 (4.1)–(4.2) 关于干扰输入 w 是强鲁棒 ISS 稳定. 证毕.

从定理 4.3 的证明中可知: 当 $\varepsilon \in (0, \varepsilon^*]$ 时, 离散时间不确定奇摄动系统 (4.1)–(4.2) 鲁棒 ISS 稳定性的参数稳定界 $\varepsilon^* > 0$ 可按如下计算.

定理 4.4 如果存在标量 $\lambda > 0$, 正定对称矩阵 $\Pi > 0, P_{11} > 0, P_{22} > 0$ 以及矩阵 P_{21}, 满足如下的 LMI 条件

$$\Pi < \lambda P_{11}, \quad \begin{pmatrix} \Pi & P_{21}^{\mathrm{T}} \\ P_{21} & P_{22} \end{pmatrix} > 0, \quad \Phi < 0, \bar{\Phi} < -\lambda\Phi, \tag{4.27}$$

其中 Φ 和 $\bar{\Phi}$ 分别由 (4.20) 和 (4.24) 所定义. 则离散时间的不确定奇摄动系统 (4.1)–(4.2) 是标准奇摄动, 并且当 $\varepsilon \in (0, \varepsilon^*]$ 时关于 $w(k)$ 是强鲁棒 ISS 稳定, 其中 $\varepsilon^* = \lambda^{-1}$.

证明 由条件 (4.27), 可知

$$\begin{pmatrix} \lambda P_{11} & P_{21}^{\mathrm{T}} \\ P_{21} & P_{22} \end{pmatrix} > 0, \quad \bar{\Phi} + \lambda\Phi < 0,$$

容易看出

$$\begin{pmatrix} \varepsilon^{-1}P_{11} & P_{21}^{\mathrm{T}} \\ P_{21} & P_{22} \end{pmatrix} > 0, \quad \Phi + \varepsilon\bar{\Phi} < 0, \quad \varepsilon \in (0, \lambda^{-1}],$$

因此, 由定理 4.3 可知, 对任给的 $\varepsilon \in (0, \varepsilon^*]$, 不确定系统 (4.1)–(4.2) 是标准奇摄动, 并且关于干扰输入 $w(k)$ 是强鲁棒 ISS 稳定, 其中 $\varepsilon^* = \lambda^{-1}$. 证毕.

根据定理 4.4, 稳定上界 $\varepsilon^* = \lambda^{-1}$ 可通过求解下面的最小化问题[11]

$$\min \quad \lambda \quad \text{s.t.} \quad (4.27).$$

上述条件可通过 MATLAB 中的 GEVP 求解器进行求解.

当系统 (4.1)–(4.2) 不含输入变量, 不确定性恒为零时的一个特殊情形就是如下封闭的离散时间线性奇摄动系统[12,13]

$$\begin{cases} x_1(k+1) = (I + \varepsilon A_{11})x_1(k) + \varepsilon A_{12}x_2(k), \\ x_2(k+1) = A_{21}x_1(k) + A_{22}x_2(k). \end{cases} \tag{4.28}$$

将定理 4.3 应用到离散时间奇摄动系统 (4.28) 上去, 立即可得到如下结果.

推论 4.1 如果存在正定矩阵 $P_{11} > 0, P_{22} > 0$ 以及矩阵 P_{21} 满足如下 LMI 条件

$$\Xi = A_1^{\mathrm{T}}P_1 + P_1^{\mathrm{T}}A_1 + A_1^{\mathrm{T}}P_2A_1 < 0, \tag{4.29}$$

其中 P_1 和 P_2 分别由引理 4.1 与定理 4.2 中所定义, 则存在 $\varepsilon^* > 0$ 使得离散时间线性奇摄动系统 (4.28) 是标准奇摄动, 且对任给的 $\varepsilon \in (0, \varepsilon^*]$ 是强渐近稳定的.

此外, 系统 (4.28) 的稳定界 $\varepsilon^* = \lambda^{-1}$ 也可通过求解下面的 GEVP 得到

$$\min \quad \lambda \quad \text{s.t.}$$

$$\Pi < \lambda P_{11}, \quad \begin{pmatrix} \Pi & P_{21}^{\mathrm{T}} \\ P_{21} & P_{22} \end{pmatrix} > 0, \quad \Xi < 0, \quad A^{\mathrm{T}} P_3 A + \lambda \Xi < 0, \quad (4.30)$$

其中 Π 的定义参照定理 4.4, P_3 则由定理 4.3 的 (4.24) 给出.

由于本节的结果在基于快慢子系统鲁棒 ISS 稳定的基础之上, 通过组合方法和 Lyapunov 方法所得到整个离散奇摄动系统的鲁棒 ISS 稳定性. 容易看出, 当 $\varepsilon \to 0$ 时, Tikhonov 极限定理隐式地成立, 因此所有结果都是强的控制性质.

4.3　状态反馈控制器

本节将给出如下的状态反馈

$$u = K_1 x_1 + K_2 x_2, \quad (4.31)$$

其中 $K = (K_1 \quad K_2)$ 为待定的控制增益矩阵, 使得所产生的奇摄动闭环系统关于干扰输入 w 是鲁棒 ISS 的. 因此将 (4.31) 代入 (4.1)–(4.2) 可得如下离散时间的不确定奇摄动闭环系统

$$x(k+1) = (A_\varepsilon + B_{u\varepsilon}K)x(k) + H_\varepsilon f(x(k)) + B_{w\varepsilon}w(k). \quad (4.32)$$

对于不确定奇摄动闭环系统 (4.32), 应用定理 4.3 可得到如下结论.

定理 4.5　如果存在常量 $\mu > 0$, 正定对称矩阵 $X_{11} > 0$, $X_{22} > 0$ 以及矩阵 X_{21}, Y, 满足下面的 LMI 条件

$$\Omega_0 = \begin{pmatrix} A_1 X + X^{\mathrm{T}} A_1^{\mathrm{T}} + B_u Y + Y^{\mathrm{T}} B_u^{\mathrm{T}} & \mu^{-1}H & X^{\mathrm{T}} A_2^{\mathrm{T}} + Y^{\mathrm{T}} B_{u2}^{\mathrm{T}} & \alpha X^{\mathrm{T}} E^{\mathrm{T}} \\ * & -\mu^{-1}I & \mu^{-1}\tilde{H}_2^{\mathrm{T}} & O \\ * & * & -X_{22} & O \\ * & * & * & -\mu^{-1}I \end{pmatrix} < 0, \quad (4.33)$$

其中

$$X = \begin{pmatrix} X_{11} & O \\ X_{21} & X_{22} \end{pmatrix}, \quad A_2 = (A_{21} \quad A_{22} - I), \quad \tilde{H}_2 = (O \quad H_2).$$

则离散时间不确定奇摄动闭环系统 (4.32) 是标准奇摄动, 同时存在 $\varepsilon^* > 0$, 使得对任给的 $\varepsilon \in (0, \varepsilon^*]$, 系统 (4.32) 关于干扰输入 w 是强鲁棒 ISS 稳定. 另外, 状态控制增益矩阵可选取为 $K = YX^{-1}$.

证明 将 $K = YX^{-1}$ 代入 (4.33), 可知不等式条件 (4.33) 等价于

$$
\begin{pmatrix}
\Lambda_{11} & \mu^{-1}H & X^{\mathrm{T}}(A_2 + B_{u2}K)^{\mathrm{T}} \\
* & -\mu^{-1}I & \mu^{-1}\tilde{H}_2 \\
* & * & -X_{22}
\end{pmatrix} < 0, \tag{4.34}
$$

其中 $\Lambda_{11} = X^{\mathrm{T}}(A_1 + B_u K)^{\mathrm{T}} + (A_1 + B_u K)X + \mu\alpha^2 X^{\mathrm{T}}E^{\mathrm{T}}EX$. 对矩阵不等式 (4.34) 分别左乘 $\mathrm{diag}(X^{-\mathrm{T}}, \mu_1 I, I)$ 和右乘 $\mathrm{diag}(X^{-1}, \mu_1 I, I)$, 并记

$$
X^{-1} = \tilde{P}_1 = \begin{pmatrix} \tilde{P}_{11} & O \\ \tilde{P}_{21} & \tilde{P}_{22} \end{pmatrix},
$$

则有 $X_{22}^{-1} = \tilde{P}_{22}$ 且

$$
\begin{pmatrix}
\bar{\Lambda}_{11} & \tilde{P}_1^{\mathrm{T}}H & (A_2 + B_{u2}K)^{\mathrm{T}} \\
* & -\mu I & \tilde{H}_2 \\
* & * & -\tilde{P}_{22}^{-1}
\end{pmatrix} < 0, \tag{4.35}
$$

其中 $\bar{\Lambda}_{11} = (A_1 + B_u K)^{\mathrm{T}}\tilde{P}_1 + \tilde{P}_1^{\mathrm{T}}(A_1 + B_u K) + \mu\alpha^2 E^{\mathrm{T}}E$. 由 Schur 补引理可知

$$
\begin{pmatrix} \bar{\Lambda}_{11} & \tilde{P}_1^{\mathrm{T}}H \\ * & -\mu_1 I \end{pmatrix} + \begin{pmatrix} (A_2 + B_{u2}K)^{\mathrm{T}} \\ \tilde{H}_2^{\mathrm{T}} \end{pmatrix} \tilde{P}_{22} \begin{pmatrix} (A_2 + B_{u2}K)^{\mathrm{T}} \\ \tilde{H}_2^{\mathrm{T}} \end{pmatrix}^{\mathrm{T}} < 0,
$$

上式等价于

$$
\Omega = \begin{pmatrix} \bar{\Lambda}_{11} & \tilde{P}_1^{\mathrm{T}}H \\ * & -\mu I \end{pmatrix} + \begin{pmatrix} (A_1 + B_u K)^{\mathrm{T}}\tilde{P}_2(A_1 + B_u K) & (A_1 + B_u K)^{\mathrm{T}}\tilde{P}_2 H \\ * & H^{\mathrm{T}}\tilde{P}_2 H \end{pmatrix} < 0,
$$

其中 $\tilde{P}_2 = \begin{pmatrix} O & O \\ O & \tilde{P}_{22} \end{pmatrix}$. 根据定理 4.3, 存在 $\varepsilon^* > 0$ 使得对任给的 $\varepsilon \in (0, \varepsilon^*]$, 离散时间不确定奇摄动闭环系统 (4.32) 关于干扰输入 w 是强鲁棒 ISS 稳定. 即离散时间的不确定奇摄动系统 (4.1)–(4.2) 关于干扰输入 w 是强鲁棒 ISS 可镇定. 证毕.

当控制增益矩阵 K 由 (4.33) 获取之后, 根据定理 4.4, 以下求解离散时间不确定奇摄动闭环系统 (4.32) 的参数稳定界的方法成立.

定理 4.6　如果存在标量 $\tilde{\lambda} > 0$, 正定对称矩阵 $\tilde{\Pi} > 0$, $\tilde{P}_{11} > 0$, $\tilde{P}_{22} > 0$ 以及矩阵 $\tilde{P}_{21}$, 满足如下 LMI 条件

$$\tilde{\Pi} < \tilde{\lambda}\tilde{P}_{11}, \quad \begin{pmatrix} \tilde{\Pi} & \tilde{P}_{21}^{\mathrm{T}} \\ \tilde{P}_{21} & \tilde{P}_{22} \end{pmatrix} > 0, \quad \Omega < 0, \quad \tilde{\Omega} < -\tilde{\lambda}\Omega, \tag{4.36}$$

其中

$$\tilde{\Omega} = \begin{pmatrix} (A + B_u K)^{\mathrm{T}} \tilde{P}_3 (A + B_u K) & (A + B_u K)^{\mathrm{T}} \tilde{P}_3 H \\ * & H^{\mathrm{T}} \tilde{P}_3 H \end{pmatrix},$$

$$\tilde{P}_3 = \begin{pmatrix} \tilde{P}_{11} & \tilde{P}_{21}^{\mathrm{T}} \\ \tilde{P}_{21} & O \end{pmatrix},$$

则离散时间不确定奇摄动闭环系统 (4.32) 是标准奇摄动, 且对任给的 $\varepsilon \in (0, \varepsilon^*]$, 该闭环系统 (4.32) 关于干扰输入 w 是强鲁棒 ISS 稳定, 其中 $\varepsilon^* = \tilde{\lambda}^{-1}$.

4.4　应用例子

本节给出两个例子来说明本章所使用的方法和结果的优越性和有效性.

例 4.1　考虑如下具有匹配不确定的快采样离散时间奇摄动系统[18]:

$$\begin{pmatrix} x_1(k+1) \\ x_2(k+1) \end{pmatrix} = \begin{pmatrix} I + \varepsilon A_{11} & \varepsilon A_{12} \\ A_{21} & A_{22} \end{pmatrix} \begin{pmatrix} x_1(k) \\ x_2(k) \end{pmatrix}$$
$$+ \begin{pmatrix} \varepsilon I & O \\ O & I \end{pmatrix} \begin{pmatrix} \Delta A_{11} x_1(k) \\ \Delta A_{22} x_2(k) \end{pmatrix}$$
$$+ \begin{pmatrix} \varepsilon B_{u1} \\ B_{u2} \end{pmatrix} u(k), \tag{4.37}$$

其中

$$A_{11} = \begin{pmatrix} 0.87 & 1 \\ 1.6953 & 0.87 \end{pmatrix}, \quad A_{12} = \begin{pmatrix} -0.7 & -0.14 \\ -0.0758 & -0.1836 \end{pmatrix},$$

$$A_{21} = \begin{pmatrix} 0.3424 & 0.35 \\ 0.3713 & 0.34 \end{pmatrix}, \quad A_{22} = \begin{pmatrix} 0.5807 & 0.1894 \\ -0.4546 & -0.1013 \end{pmatrix},$$

$$B_{u1} = \begin{pmatrix} 0.5 \\ 0.1351 \end{pmatrix}, \quad B_{u2} = \begin{pmatrix} -0.1747 \\ -0.1894 \end{pmatrix},$$

$$\Delta A_{11} = \begin{pmatrix} \sigma & 0 \\ 0 & 0 \end{pmatrix}, \quad \Delta A_{22} = \begin{pmatrix} \rho & 0 \\ 0 & 0 \end{pmatrix}, \quad H = \begin{pmatrix} I & 0 \\ 0 & I \end{pmatrix},$$

$$-0.5 \leqslant \sigma \leqslant 0.5, \quad -0.4 \leqslant \rho \leqslant 0.4.$$

记 $f(x(k)) = \begin{pmatrix} \Delta A_{11} x_1(k) \\ \Delta A_{22} x_2(k) \end{pmatrix}$, 容易看出 f 满足条件 (4.5), 其中

$$E_{11} = \begin{pmatrix} 0.5 & 0 \\ 0 & 0 \end{pmatrix}, \quad E_{22} = \begin{pmatrix} 0.4 & 0 \\ 0 & 0 \end{pmatrix}, \quad E_{12} = E_{21} = 0.$$

利用 MATLAB 中的 LMI 工具箱求解定理 4.5, 可得如下参数

$$X = \begin{pmatrix} 2.0029 & -1.0963 & 0 & 0 \\ -1.0963 & 1.1096 & 0 & 0 \\ 1.4796 & 0.6454 & 2.1227 & -0.6711 \\ 0.5828 & 0.0339 & -0.6711 & 2.3946 \end{pmatrix},$$

$$Y = (-3.4987, \quad -2.3188, \quad 1.0676, \quad -0.3233), \quad \mu = 0.9031.$$

从而, 状态反馈的控制增益矩阵可取为

$$K = YX^{-1} = (-7.4627, \quad -9.7571, \quad 0.5050, \quad 0.0065).$$

进一步, 利用 GEVP 求解器求解 (4.36), 可得小参数的稳定界为 $\varepsilon^* = \lambda^{-1} = 0.2090$. 根据定理 4.5, 不确定奇摄动系统 (4.37) 是标准奇摄动, 且当 $\varepsilon \in (0, \varepsilon^*]$ 时是强鲁棒渐近稳定的.

通过上述的计算, 可以看出控制增益矩阵的获取简单易行. 文献 [18] 中控制增益矩阵的获取需要求解非线性矩阵不等式, 其方法较为复杂. 另外, 若按照文献 [18] 的方法求解稳定界是不可行的. 因此, 本章方法的优越性显而易见.

例 4.2 考虑如下核反应模型[19]

$$\dot{x}_1 = -\lambda x_1 + \lambda x_2, \tag{4.38}$$

$$\dot{x}_2 = \frac{\beta}{\nu} x_1 + \frac{\beta}{\nu} x_2 + \frac{\rho}{\nu}, \tag{4.39}$$

其中 x_1 和 x_2 分别为规范前体的浓度和中子密度. ρ, λ, β 和 ν 分别表示反应度、前体的衰变常数、缓发中子生产率以及中子生成时间. 相应的参数分别为 $\lambda = 0.001$, $\beta = 0.0064$ 和 $\nu = 0.08$. 令 $\rho = u + f_1(x_1, x_2)$, 其中 u 是控制输入, f_1 是非线性部分, 可理解为不确定性. 根据文献 [20], 对系统离散化采样并且零阶保持. 当选取采样周期为 $T = 0.05\text{s}$ 时, 可得如下离散时间不确定奇摄动系统的参数

$$A = \begin{pmatrix} -0.3417 & 0.3417 \\ 0.2733 & 0.7267 \end{pmatrix}, \quad B_u = \begin{pmatrix} 9.0021 \\ 42.7983 \end{pmatrix},$$

$$H = \begin{pmatrix} 9.0021 & 0 \\ 0 & 42.7983 \end{pmatrix}, \quad B_w = \begin{pmatrix} 0 \\ 0.2 \end{pmatrix}.$$

令 $f_1(x_1, x_2) = 10^{-2} \times \sin(10x_1 + 0.3x_2)$, 容易验证条件 (4.5) 满足, 并且

$$E_{11} = E_{21} = 0.1, \quad E_{12} = E_{22} = 0.003, \quad \alpha = 1.$$

利用 LMI 工具箱, 求解 LMI 条件 (4.35), 可得如下参数

$$X = 10^3 \times \begin{pmatrix} 0.1376 & 0 \\ -1.6472 & 2.3798 \end{pmatrix}, \quad Y = (-15.5524, \quad -26.8486), \quad \mu = 1.0195.$$

状态反馈控制的增益矩阵可取为

$$K = YX^{-1} = \begin{pmatrix} -0.2481, & -0.0113 \end{pmatrix}.$$

进一步通过 GEVP 求解器求解 (4.36), 可得到稳定界为 $\varepsilon^* = \lambda^{-1} = 0.1786$. 由定理 4.5 可知, 相应的不确定奇摄动闭环系统应是标准奇摄动, 并且是强鲁棒 ISS 可镇定的. 另外根据文献 [21], 它的方法对这个模型是不可行的.

为了便于仿真验证, 选择初始条件 $x(0) = (-1.5, \quad 0.9)^{\mathrm{T}}$, 则当干扰输入分别取 $w(k) = (1 + k^2)^{-1}$ 和 $w(k) = 5\cos k$ 时, 相应的不确定奇摄动闭环系统的状态响应曲线如图 4.1 和图 4.2 所示. 仿真结果显示, 当干扰输入趋于零时相应闭环系统是鲁棒渐近稳定的. 然而当干扰输入有界但不趋于零时, 相应闭环系统是鲁棒一致终极有界, 界的大小与干扰有关. 因此是强鲁棒 ISS 稳定. 通过比较和仿真清晰地表明本章奇摄动方法的有效性.

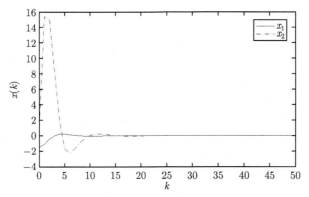

图 4.1　奇摄动闭环系统 (4.32) 的状态响应 $\left(\varepsilon = 0.1, w(k) = (1 + k^2)^{-1}\right)$

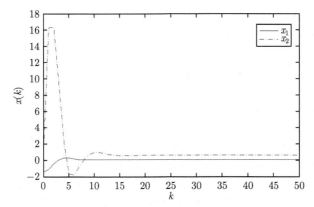

图 4.2　奇摄动闭环系统 (4.32) 的状态响应 $(\varepsilon = 0.1, w(k) = 5\cos k)$

4.5　小结与评注

本章讨论了具有非线性不确定性结构的离散时间奇摄动系统的鲁棒 ISS 稳定性和状态反馈. 这部分内容是第 3 章内容在离散时间域上的延伸. 尽管具体处理的细节有所不同, 表现形式也不完全一样, 许多细节稍显复杂, 但这并不影响最终的结果.

一般来讲, 孤立根的存在对奇摄动系统具有快慢两时标的形式是个基本要求. 对离散时间的奇摄动系统也不例外, 它保证了降阶的快慢子系统与相应给定的初值一起在不同的时标空间里都是适定的要求. 由于非线性不确定项的存在, 问题的讨论要复杂许多. 一般情况下. 奇摄动方法的两时标框架需要假设奇摄动系统是标准奇摄动, 否则相应的奇摄动会异常复杂 (参见第 11 章的 Tikhonov 极限定理不满足情况的相关讨论). 同时也需要获得相应快慢子系统具有的某种控制性质. 在此基础上, 倘若可以证明整个奇摄动系统也成立相应这样的控制性质, 这样的控制性质就一定是关于小参数在包含零作为左端点的某个开区间内是一致有效的. 因为此时 Tikhonov 极限定理隐含地成立. 尽管大多数时候默认而并不强调, 这主要得益于 Kokotovic 奇摄动方法框架的内涵. 作为奇摄动这样的应用话题, 另一个特征是要求所有假设条件都可以被验证, 或者在某一个可验证的条件下这些假设条件都成立. 因此寻求怎样的可验证条件至关重要. 本书采用的是 LMI 条件, 它的可验证性取决于该条件是否存在可行解, 它通常用 MATLAB 软件中的工具包可以解决.

顾名思义, LMI 条件一般仅适用于线性或者弱非线性结构, 对于强非线性奇摄动问题基本无能为力, 需另找方法. 当系统状态不可测时, 我们需要进一步讨论基于观察器的状态反馈, 或者直接采用动态输出反馈. 这些思路在奇摄动方法框架内实现有时还有不少技术上的困难, 因此至今这些问题仍然开放, 没有很好地解决. 感兴趣者可进一步探索.

参 考 文 献

[1] Kokotovic P V, Khalil H K, O'Reilly J. Singular Perturbation Methods in Control: Analysis and Design. London: Academic Press, 1986.

[2] Kokotovic P V, O'Malley R E Jr., Sannuti P. Singular perturbations and order reduction in control theory-an overview. Automatica, 1976, 12: 123-132.

[3] Laila D S, Nesic D, Astolfi A. Sampled-data control of nonlinear systems in Advanced Topics in Control Systems Theory. London: Springer, 2006 : 91-137.

[4] Litkouhi B, Khalil H K. Multirate and composite control of two-time-scale discrete-time systems. IEEE Trans. on Automatic Control, 1985, 30 (7): 645-651.

[5] Naidu D S. Singular perturbations and time scales in control theory and applications: An overview. Dynamics of Continuous, Discrete and Impulsive Systems Series B: Applications and Algorithms, 2002, 9 (2): 233-278.

[6] Kando H, Iwazumi T. Multirate digital control design of an optimal regulator via singular perturbation theory. International Journal of Control, 1986, 44: 1555-1578.

[7] Mehvish N, Liu W, Wang Z M. Robust ISS of uncertain discrete-time singularly perturbed systems with disturbances. International Journal of Systems Sciences, 2019, 50, (6): 1136-1148.

[8] Liu W, Wang Z M, Dai H H, Mehvish N. Dynamic output feedback control for fast sampling discrete time singularly perturbed systems. IET Control Theory & Appl., 2016, 10 (15): 1782-1788.

[9] Jiang Z P, Wang Y. Input-to-state stability for discrete-time nonlinear systems. Automatica, 2001, 37 (6): 857-869.

[10] Blankenship G. Singularly perturbed difference equations in optimal control problems. IEEE Trans. on Automatic Control, 1981, 26 (4): 911-917.

[11] Boyd S, Ghaoui E L, Feron E, Balakrishnan V. Linear Matrix Inequalities in System and Control Theory. Philadelphia: SIAM Studies in Applied Mathematics, 1994.

[12] Ghosh R, Sen S, Datta K B. Stability bounds for discrete-time singularly perturbed systems. IEEE Region 10th International Conference on Global Connectivity in Energy, Computer, Communication and Control. New Delhi, India, 1998, 1: 218-221.

[13] Li T S, Li J. Stabilization bound of discrete two-time-scale systems. System & Control Letters, 1992, 18 (6): 479-489.

[14] Dong J X, Yang G H. Robust H_∞ control for standard discrete-time singularly perturbed systems. IET Control Theory and Appl., 2007, 1: 1141-1148.

[15] Dong J X, Yang G, H. H_∞ control for fast sampling discrete-time singularly perturbed systems. Automatica, 2008, 44: 1385-1393.

[16] Xu S Y, Feng G. New results on H_∞ control of discrete singularly perturbed systems. Automatica, 2009, 45: 2339-2343.

[17] Chiou J S, Kung F C, Li T H S. An infinite ε-bound stabilization design for a class of singularly perturbed systems. IEEE Trans. Circuits Syst. I: Fundamental Theory and Appl., 1999, 46 (12): 1507-1510.

[18] Sun F C, Hu Y N, Liu H P. Stability analysis and robust controller design for uncertain discrete-time singularly perturbed systems. Discrete and Impulsive Systems Series B: Applications & Algorithms, 2005, 12 (5-6): 849-865.

[19] Singh H, Brown R H, Naidu D S. Unified approach to H_∞-optimal control of singularly perturbed systems: perfect state measurements. Proceedings of the 37th IEEE conference on Decision and Control, Tampa, FL, USA, 1998: 2214-2215.

[20] Xu S Y, Feng G. New results on H_∞ control of discrete singularly perturbed systems. Automatica, 2009, 45: 2339-2343.

[21] Park K S, Lim J T. Control of discrete-time nonlinear singularly perturbed system with uncertainty. Proceedings of the 11th International Conference on Control, Automation and Systems, Kintex, Korea 2011: 918-921.

第 5 章 连续时间奇摄动系统的
鲁棒 H_∞ 分析与控制

在控制论中, 除了研究稳定性和镇定问题之外, 还需要关心系统抗干扰的问题, 除了 ISS 可以有效刻画抗干扰问题之外, 更早期的还有 H_∞ 控制的方法. 其特征是具有系统内部稳定的抗干扰抑制问题[1-5]. 一般来说, 奇摄动系统的 H_∞ 分析与控制会更复杂, 相关研究可参考文献 [6-13].

本章考虑连续时间不确定性奇摄动系统的鲁棒 H_∞ 分析与控制问题. 由于研究对象具有奇摄动两时标结构, 因此它需放在 Kokotovic 提出的奇摄动方法框架内进行讨论以达到一致有效的结果. 同时系统还具有外部干扰和模型不确定性, 因此, 需要研究奇摄动系统的鲁棒 H_∞ 分析与控制, 即研究内部稳定的强鲁棒性和 H_∞ 性能指标的均一致性. 其一致性不仅涉及不确定性, 而且也依赖奇摄动小参数在其定义的区间范围内的一致有效性. 在克服不确定性的同时, 利用两时标方法获得快慢子系统的鲁棒内部稳定性和给定的关于不确定性具有一致的 H_∞ 性能指标. 在此基础上, 利用组合方法和 Lyapunov 方法, 研究整个奇摄动系统的强鲁棒 H_∞ 分析和控制问题. 即研究奇摄动系统的强鲁棒内部稳定, 又要保证具有给定的对于不确定性和奇摄动小参数在其定义区间内均一致的 H_∞ 性能指标. 当预设的条件不满足时, 讨论相应的状态反馈控制律的设计. 最后, 还需要求解稳定小参数的上界.

5.1 问 题 描 述

考虑如下连续时间的不确定性奇摄动系统

$$\dot{x}_1 = A_{11}x_1 + A_{12}x_2 + B_{u1}u + H_1 f_1(t, x_1, x_2, u) + B_{w1}w, \tag{5.1a}$$

$$\varepsilon \dot{x}_2 = A_{21}x_1 + A_{22}x_2 + B_{u2}u + H_2 f_2(t, x_1, x_2, u) + B_{w2}w, \tag{5.1b}$$

$$z = C_1 x_1 + C_2 x_2 + D_u u + D_w w, \tag{5.2}$$

其中 $x = (x_1^{\mathrm{T}}, x_2^{\mathrm{T}})^{\mathrm{T}}$ 为系统的状态向量, $x_2 \in R^{n_2}$ 和 $x_1 \in R^{n_1}(n_1 + n_2 = n)$ 分别表示系统的快慢状态; $u \in R^q$ 为控制输入; $z \in R^p$ 为受控输出; $w \in R^m$ 为干扰输入; $\varepsilon > 0$ 为奇摄动小参数; $x_1(t_0) = x_{10}$ 和 $x_2(t_0) = x_{20}$ 为初始条件. 系

统 (5.1)–(5.2) 中的所有矩阵均为适维的常数矩阵; $f_i(t, x_1, x_2, u)(i = 1, 2)$ 为向量值的时变非线性函数. 对任意的 $t \geqslant t_0 \geqslant 0$, $f_i(t, 0, 0, 0) \equiv 0$, 且满足如下的拟 Lipschitz 条件

$$\|f_i(t, x_1, x_2, u) - f_i(t, \tilde{x}_1, \tilde{x}_2, \tilde{u})\| \leqslant \alpha \|E_{i1}(x_1 - \tilde{x}_1) + E_{i2}(x_2 - \tilde{x}_2) + G_i(u - \tilde{u})\|,$$
$$i = 1, 2, \tag{5.3}$$

其中 $(t, x_1, x_2, u), (t, \tilde{x}_1, \tilde{x}_2, \tilde{u}) \in R \times R^{n_1} \times R^{n_2} \times R^q$, $\alpha > 0$ 为常数; $E_{ij}, G_i(i, j = 1, 2)$ 为已知适维的常数矩阵.

记

$$x = \begin{pmatrix} x_1 \\ x_2 \end{pmatrix}, \quad E_\varepsilon = \begin{pmatrix} I & O \\ O & \varepsilon I \end{pmatrix}, \quad A = \begin{pmatrix} A_{11} & A_{12} \\ A_{21} & A_{22} \end{pmatrix},$$

$$B_u = \begin{pmatrix} B_{u1} \\ B_{u2} \end{pmatrix}, \quad B_w = \begin{pmatrix} B_{w1} \\ B_{w2} \end{pmatrix},$$

$$H = \begin{pmatrix} H_1 & O \\ O & H_2 \end{pmatrix}, \quad f(t, x, u) = \begin{pmatrix} f_1(t, x_1, x_2, u) \\ f_2(t, x_1, x_2, u) \end{pmatrix},$$

$$E = \begin{pmatrix} E_{11} & E_{12} \\ E_{21} & E_{22} \end{pmatrix}, \quad G = \begin{pmatrix} G_1 \\ G_2 \end{pmatrix},$$

$$C = \begin{pmatrix} C_1, & C_2 \end{pmatrix}.$$

则上述奇摄动系统 (5.1)–(5.2) 可简写为

$$E_\varepsilon \dot{x} = Ax + B_u u + Hf(t, x, u) + B_w w; \tag{5.4}$$

$$z = Cx + D_u u + D_w w. \tag{5.5}$$

则不确定项 $f(t, x, u)$ 满足的约束条件亦可写为

$$\|f(t, x, u)\| \leqslant \alpha \|Ex + Gu\|. \tag{5.6}$$

H_∞ 控制的目标是: 对于给定的连续时间奇摄动系统 (5.1)–(5.2) 和预先给定一个标量 $\gamma > 0$, 设计一个形如

$$u(t) = Kx(t) \tag{5.7}$$

的状态反馈控制器, 其中 $K = (K_1, K_2)$ 为待定的控制增益, 使得所产生的相应的奇摄动闭环系统满足: 存在 $\varepsilon^* > 0$ 使得

　　(1) 当 $w(t) \equiv 0$ 时, 对任给的 $\varepsilon \in (0, \varepsilon^*]$, 奇摄动闭环系统是强鲁棒渐近稳定的, 亦称为强鲁棒内部稳定性;

　　(2) 对于零初始条件 $x(0) = 0$ 以及所有非零向量 $w(t) \in L_2[0, \infty)$, 对任给的 $\varepsilon \in (0, \varepsilon^*]$, 奇摄动闭环系统输出响应 $z(t)$ 满足预先给定的, 关于不确定性和小参数 $\varepsilon \in (0, \varepsilon^*]$ 均一致的 H_∞ 性能指标 $\gamma > 0$ 的不等式

$$\|z(t)\| \leqslant \gamma \|w(t)\|. \tag{5.8}$$

此处所谓均一致性能指标 $\gamma > 0$ 的含义是: 不等式 (5.8) 关于内部不确定性一致成立, 而且对所有的 $\varepsilon \in (0, \varepsilon^*]$ 不等式 (5.8) 亦一致成立, 并且当 $\varepsilon \to 0$ 时 (5.8) 仍然成立. 因此均一致 H_∞ 性能指标 $\gamma > 0$ 反映了奇摄动系统在模型不确定性和奇摄动小参数不确定性的综合影响下, 对外部干扰一致抑制的能力. 其复杂性远超普通系统的鲁棒 H_∞ 控制. $\gamma > 0$ 越小. 表明系统的抗干扰性能越好. 倘若不讨论状态反馈. 则上述陈述中 $K \equiv O$ 以及闭环两字可去掉.

5.2　鲁棒 H_∞ 性能分析

　　本节首先考虑不确定奇摄动系统 (5.1)–(5.2) 在无控制输入条件下的情况. 在引理 3.1 的条件下, 可以证明其为标准奇摄动. 因此根据奇摄动的两时标性质, 令 $\varepsilon = 0$, 可得奇摄动系统 (5.1)–(5.2) 的慢子系统

$$\dot{x}_s = A_{11}x_s + A_{12}\bar{x}_2 + H_1 f_1 (t, x_s, \bar{x}_2, 0) + B_{w1}w_s, \quad x_s (t_0) = x_{10}; \tag{5.9}$$

$$0 = A_{21}x_s + A_{22}\bar{x}_2 + H_2 f_2 (t, x_s, \bar{x}_2, 0) + B_{w2}w_s; \tag{5.10}$$

$$z_s = C_1 x_s + C_2 \bar{x}_2 + D_w w_s, \tag{5.11}$$

其中 $\bar{x}_2 = \varphi(t, x_s, w_s)$ 可作为一个中间变量, 这有助于对系统 (5.9)–(5.11) 的 H_∞ 性能分析. 显然慢子系统也是不确定系统.

　　记 $\bar{x} = (x_s, \bar{x}_2)^{\mathrm{T}}$, 则不确定慢子系统 (5.9)–(5.11) 可写成如下简洁形式

$$E_0\bar{x} = A\bar{x} + Hf(t, \bar{x}, 0) + B_w w_s, \quad x_s (t_0) = x_{10}; \tag{5.12}$$

$$z_s = C\bar{x} + D_w w_s. \tag{5.13}$$

另外, 对奇摄动系统 (5.1)–(5.2) 进行时标变换 $\tau = \dfrac{t - t_0}{\varepsilon}$ 以及变量变换 $x_f = x_2 - \varphi, w_f = w - w_s, z_f = z - z_s$, 可得如下的不确定快子系统

$$\frac{dx_f}{d\tau} = A_{22}x_f + H_2\Delta f + B_{w2}w_f, \quad x_f(0) = x_{20} - \varphi; \tag{5.14}$$

$$z_f = C_2 x_2 + D_w w_f, \tag{5.15}$$

其中

$$\Delta f = f_2(t, x_1, x_f + \varphi, 0) - f_2(t, x_1, \varphi, 0).$$

接下来, 我们将考虑如何从快慢子系统的 H_∞ 性能分析的结果来获取整个奇摄动系统的 H_∞ 性能分析结果.

如同奇摄动系统, 快慢子系统相应的 H_∞ 性能指标 $\gamma > 0$ 可分别表示为

$$||z_s|| \leqslant \gamma ||w_s||$$

和

$$||z_f|| \leqslant \gamma ||w_f||.$$

本章将利用两时标分解技巧, 给出整个奇摄动系统强鲁棒内部稳定和预先给定的均一致 H_∞ 性能指标 $\gamma > 0$ 的充分条件. 首先, 给出如下分别关于慢子系统 (5.9)–(5.11) 和快子系统 (5.14)–(5.15) 的结果.

定理 5.1 如果存在标量 $\mu > 0$, 正定对称矩阵 $P_{11} > 0$, 对称矩阵 P_{22} 以及适维矩阵 P_{21} 使得下列 LMI 条件成立

$$\Omega_0 = \begin{pmatrix} A^{\mathrm{T}}P + P^{\mathrm{T}}A + \mu\alpha^2 E^{\mathrm{T}}E + C^{\mathrm{T}}C & P^{\mathrm{T}}H & P^{\mathrm{T}}B_w + C^{\mathrm{T}}D_w \\ * & -\mu I & O \\ * & * & -\gamma^2 I + D_w^{\mathrm{T}}D_w \end{pmatrix} < 0, \tag{5.16}$$

其中 $P = \begin{pmatrix} P_{11} & O \\ P_{21} & P_{22} \end{pmatrix}$, 则不确定慢子系统 (5.9)–(5.11) 是鲁棒内部稳定, 并且具有给定的关于不确定性一致 H_∞ 性能指标 $\gamma > 0$.

证明 条件 (5.16) 意味着有

$$\Omega_{1,0} = \begin{pmatrix} A^{\mathrm{T}}P + P^{\mathrm{T}}A + \mu\alpha^2 E^{\mathrm{T}}E & P^{\mathrm{T}}H \\ * & -\mu I \end{pmatrix} < 0, \tag{5.17}$$

其中 (5.17) 是引理 3.1 中定义过的条件, 故由引理 3.1 可知系统 (5.1)–(5.2) 是标准奇摄动. 为了证明不确定慢子系统 (5.9)–(5.11) 是鲁棒内部稳定, 并且具有给定的关于不确定性一致 H_∞ 性能指标 $\gamma > 0$, 选择如下的 Lyapunov 函数

$$S_1(x_s) = x_s^{\mathrm{T}} P_{11} x_s. \tag{5.18}$$

显然, 对任意的 $x_s \neq 0$ 有 $S_1(x_s) > 0$. 注意到 $S_1(x_s) = x_s^{\mathrm{T}} P_{11} x_s = \bar{x}^{\mathrm{T}} E_0^{\mathrm{T}} P \bar{x}$, 从而 $S_1(x_s)$ 沿着不确定慢子系统 (5.9)–(5.10) 解的全导数为

$$\dot{S}_1(x_s) = (A\bar{x} + Hf + B_w w_s)^{\mathrm{T}} P\bar{x} + \bar{x}^{\mathrm{T}} P^{\mathrm{T}} (A\bar{x} + Hf + B_w w_s).$$

对于存在的 $\mu > 0$, 利用约束条件 (5.6) 成立

$$\dot{S}_1(x_s) \leqslant (A\bar{x} + Hf + B_w w_s)^{\mathrm{T}} P\bar{x} + \bar{x}^{\mathrm{T}} P^{\mathrm{T}} (A\bar{x} + Hf + B_w w_s)$$
$$+ \mu(\alpha^2 \bar{x}^{\mathrm{T}} E^{\mathrm{T}} E \bar{x} - f^{\mathrm{T}} f). \tag{5.19}$$

当 $w_s \equiv 0$ 时, 上式可变为

$$\dot{S}_1(x_s) \leqslant (A\bar{x} + Hf)^{\mathrm{T}} P\bar{x} + \bar{x}^{\mathrm{T}} P^{\mathrm{T}} (A\bar{x} + Hf) + \mu(\alpha^2 \bar{x}^{\mathrm{T}} E^{\mathrm{T}} E \bar{x} - f^{\mathrm{T}} f)$$
$$= (\bar{x}, f)^{\mathrm{T}} \Omega_{10} (\bar{x}, f) \leqslant -\lambda_{\min}(-\Omega_{10}) \|\bar{x}\|^2.$$

上式表明, 不确定慢子系统 (5.9)–(5.11) 是鲁棒渐近稳定的, 即鲁棒内部稳定.

定义

$$J_{t_f} = \int_0^{t_f} (z_s^{\mathrm{T}}(t) z_s(t) - \gamma^2 w_s^{\mathrm{T}}(t) w_s(t)) dt,$$

则有

$$J_{t_f} = \int_0^{t_f} (z_s^{\mathrm{T}}(t) z_s(t) - \gamma^2 w_s^{\mathrm{T}}(t) w_s(t) + \dot{S}_1(x_s(t))) dt + S_1(x_s(0)) - S_1(x_s(t_f)). \tag{5.20}$$

将 (5.19) 代入 (5.20) 可得

$$J_{t_f} \leqslant \int_0^{t_f} (\bar{x}^{\mathrm{T}}, \quad f^{\mathrm{T}}, \quad w^{\mathrm{T}}) \Omega_0 (\bar{x}^{\mathrm{T}}, \quad f^{\mathrm{T}}, \quad w^{\mathrm{T}})^{\mathrm{T}} dt + S_1(x_s(0)).$$

从而由条件 (5.16) 保证了不等式 $J_{t_f} < S_1(x_s(0))$ 成立. 进一步, 在零初始条件 $x_s(0) = 0$ 下, 通过令 $t_f \to \infty$ 可得

$$\|z_s\| \leqslant \gamma \|w_s\|,$$

因此, 慢子系统 (5.9)–(5.11) 具有给定的关于不确定性一致 H_∞ 性能指标 $\gamma > 0$. 证毕.

相应地, 对于不确定快子系统 (5.14)–(5.15), 亦有如下结果.

定理 5.2 如果 LMI 条件 (5.16) 成立, 其中对称矩阵 P_{11}, 正定对称矩阵 $P_{22} > 0$ 和适维矩阵 P_{21}, 则不确定快子系统 (5.14)–(5.15) 是鲁棒内部稳定, 并且具有给定的关于不确定性一致 H_∞ 性能指标 $\gamma > 0$.

证明 为了证明不确定快子系统 (5.14)–(5.15) 是鲁棒内部稳定, 并且具有给定的关于不确定性一致 H_∞ 性能指标 $\gamma > 0$, 对条件 (5.16) 进行如下分解:

$$\Omega_0 = \begin{pmatrix} (1,1) & (1,2) & P_{11}^{\mathrm{T}}H_1 & P_{11}^{\mathrm{T}}H_2 & P_{11}^{\mathrm{T}}B_{w1} + P_{21}^{\mathrm{T}}B_{w2} \\ * & (2,2) & O & P_{22}^{\mathrm{T}}H_2 & P_{22}^{\mathrm{T}}B_{w2} \\ * & * & -\mu I & O & O \\ * & * & * & -\mu I & O \\ * & * & * & * & -\gamma^2 I + D_w^{\mathrm{T}}D_w \end{pmatrix} < 0,$$

其中

$$(1,1) = A_{11}^{\mathrm{T}}P_{11} + P_{11}^{\mathrm{T}}A_{11} + A_{21}^{\mathrm{T}}P_{21} + P_{21}^{\mathrm{T}}A_{21} + \mu\alpha^2 E_{11}^{\mathrm{T}}E_{11} + \mu\alpha^2 E_{21}^{\mathrm{T}}E_{21};$$

$$(1,2) = A_{21}^{\mathrm{T}}P_{22} + P_{11}^{\mathrm{T}}A_{12} + P_{21}^{\mathrm{T}}A_{22} + \mu\alpha^2 E_{11}^{\mathrm{T}}E_{12} + \mu_1\alpha^2 E_{21}^{\mathrm{T}}E_{22};$$

$$(2,2) = A_{22}^{\mathrm{T}}P_{22} + P_{22}^{\mathrm{T}}A_{22} + \mu_1\alpha^2 (E_{12}^{\mathrm{T}}E_{12} + E_{22}^{\mathrm{T}}E_{22}).$$

上式表明

$$\Omega_1 = \begin{pmatrix} A_{22}^{\mathrm{T}}P_{22} + P_{22}^{\mathrm{T}}A_{22} + \mu\alpha^2 E_{22}^{\mathrm{T}}E_{22} & P_{22}^{\mathrm{T}}H_2 & P_{22}^{\mathrm{T}}B_{w2} \\ * & -\mu I & O \\ * & * & -\gamma^2 I + D_w^{\mathrm{T}}D_w \end{pmatrix} < 0. \quad (5.21)$$

令 $S_2(x_f) = x_f^{\mathrm{T}}P_{22}x_f$, 则 $S_2(x_f)$ 沿着快子系统 (5.14)–(5.15) 解的全导数为

$$\dot{S}_2(x_f) \leqslant (A_{22}x_f + H_2\Delta f + B_{w2}w_f)^{\mathrm{T}}P_{22}x_f + x_f^{\mathrm{T}}P_{22}(A_{22}x_f + H_2\Delta f + B_{w2}w_f)$$

$$+ \mu(\alpha^2 x_f^{\mathrm{T}}E_{22}^{\mathrm{T}}E_{22}x_f - \Delta^{\mathrm{T}}f\Delta f)$$

$$= (x_f^{\mathrm{T}}, \quad \Delta^{\mathrm{T}}f)\Omega_1(x_f^{\mathrm{T}}, \quad \Delta^{\mathrm{T}}f)^{\mathrm{T}} + 2x_f^{\mathrm{T}}P_{22}^{\mathrm{T}}B_{w2}w_f.$$

当 $w_f(\tau) \equiv 0$ 时, 可知不确定快子系统是鲁棒内部稳定. 类似于定理 5.1, 亦可证明不确定快子系统 (5.14)–(5.15) 具有给定的关于不确定性一致的 H_∞ 性能指标 $\gamma > 0$. 证毕.

在定理 5.1 和定理 5.2 的条件下, 即可证明整个奇摄动系统是强鲁棒内部稳定, 并具有给定的关于不确定性和小参数在其定义区间上均一致 H_∞ 性能指标 $\gamma > 0$.

定理 5.3 如果存在标量 $\mu > 0$, 正定对称矩阵 $P_{11} > 0$, $P_{22} > 0$ 以及适维矩阵 P_{21} 使得下列 LMI 条件 (5.16) 成立, 即

$$\Omega_0 = \begin{pmatrix} A^{\mathrm{T}}P + P^{\mathrm{T}}A + \mu\alpha^2 E^{\mathrm{T}}E + C^{\mathrm{T}}C & P^{\mathrm{T}}H & P^{\mathrm{T}}B_w + C^{\mathrm{T}}D_w \\ * & -\mu I & O \\ * & * & -\gamma^2 I + D_w^{\mathrm{T}}D_w \end{pmatrix} < 0,$$

其中 $P = \begin{pmatrix} P_{11} & O \\ P_{21} & P_{22} \end{pmatrix}$, 则存在 $\varepsilon^* > 0$ 使得下面的结果成立:

(1) 不确定奇摄动系统 (5.1)–(5.2) 是标准奇摄动;

(2) 对任给的 $\varepsilon \in (0, \varepsilon^*]$, 不确定奇摄动系统 (5.1)–(5.2) 是强鲁棒内部稳定, 并满足具有给定的均一致 H_∞ 性能指标 $\gamma > 0$.

证明 (1) 因为条件 (5.16) 包含了引理 3.1 的条件, 因此由引理 3.1 可知不确定奇摄动系统 (5.1)–(5.2) 是标准奇摄动.

(2) 现在证明整个不确定奇摄动系统 (5.1)–(5.2) 是强鲁棒内部稳定, 并且满足具有给定的均一致 H_∞ 性能指标 $\gamma > 0$.

已知 $P_{11} > 0$, $P_{22} > 0$, 则存在 $\varepsilon_1 > 0$ 使得对任给的 $\varepsilon \in (0, \varepsilon_1]$, 成立

$$P_{11} - \varepsilon P_{12}^{\mathrm{T}} P_{22}^{-1} P_{21} > 0.$$

由 Schur 补引理, 可得

$$E_\varepsilon^{\mathrm{T}} P_\varepsilon = P_\varepsilon^{\mathrm{T}} E_\varepsilon = \begin{pmatrix} P_{11} & \varepsilon P_{21}^{\mathrm{T}} \\ \varepsilon P_{21} & \varepsilon P_{22} \end{pmatrix} > 0, \quad \varepsilon \in (0, \varepsilon_1],$$

其中 $P_\varepsilon = \begin{pmatrix} P_{11} & \varepsilon P_{21}^{\mathrm{T}} \\ P_{21} & P_{22} \end{pmatrix}$. 定义如下的 Lyapunov 函数

$$S(x) = x^{\mathrm{T}} E_\varepsilon^{\mathrm{T}} P_\varepsilon x, \quad \varepsilon \in (0, \varepsilon_1], \tag{5.22}$$

利用约束条件 (5.6), 可得

$$\dot{S}(x) \leqslant (Ax + Hf + B_w w)^{\mathrm{T}} P_\varepsilon \bar{x} + x^{\mathrm{T}} P_\varepsilon^{\mathrm{T}} (Ax + Hf + B_w w)$$
$$+ \mu(\alpha^2 x^{\mathrm{T}} E^{\mathrm{T}} E x - f^{\mathrm{T}} f). \tag{5.23}$$

定义

$$J_t = \int_0^{t_f} (z^{\mathrm{T}}(t) z(t) - \gamma^2 w^{\mathrm{T}}(t) w(t)) dt,$$

则有

$$J_t = \int_0^{t_f} (z^{\mathrm{T}}(t) z(t) - \gamma^2 w^{\mathrm{T}}(t) w(t) + \dot{S}(x(t))) dt + S(x(0)) - S(x(t)). \tag{5.24}$$

将式 (5.23) 代入 (5.24), 可得

$$J_t \leqslant \int_0^t (x^{\mathrm{T}}, \quad f^{\mathrm{T}}, \quad w^{\mathrm{T}})(\Omega_0 + \varepsilon \Omega)(x^{\mathrm{T}}, \quad f^{\mathrm{T}}, \quad w^{\mathrm{T}})^{\mathrm{T}} dt + S(x_s(0)),$$

其中 Ω_0 由条件 (5.16) 所定义, 而

$$\Omega = \begin{pmatrix} A^{\mathrm{T}}P_0 + P_0^{\mathrm{T}}A & P_0^{\mathrm{T}}H & P_0^{\mathrm{T}}B_w \\ * & O & O \\ * & * & O \end{pmatrix}, \quad P_0 = \begin{pmatrix} O & P_{21}^{\mathrm{T}} \\ O & O \end{pmatrix}. \tag{5.25}$$

根据条件 (5.16), 存在充分小的 $\varepsilon_2 > 0$ 使得当 $\varepsilon \in (0, \varepsilon_2]$ 时, 成立

$$\Omega_0 + \varepsilon\Omega < 0.$$

进一步地, 令 $\varepsilon^* = \min\{\varepsilon_1, \varepsilon_2\}$, 则当 $\varepsilon \in (0, \varepsilon^*]$ 时, 有 $E_\varepsilon^{\mathrm{T}}P_\varepsilon > 0$ 和 $J_t < 0$ 同时成立. 从而, 对于任给的 $\varepsilon \in (0, \varepsilon^*]$, 不确定奇摄动系统 (5.1)–(5.2) 的 H_∞ 范数具有关于不确定性和小参数在区间 $\varepsilon \in (0, \varepsilon^*]$ 上都一致小于 $\gamma > 0$.

在 (5.16) 的条件下可知引理 3.1 成立, 因此当 $\varepsilon \to 0$ 时, 奇摄动系统 (5.1)–(5.2) 分段退化为相应的快慢子系统, 即在 $t > t_0 \geqslant 0$ 的慢时标区间上退化为慢子系统 (5.9)–(5.11), 而在边界层内 (即 $\tau = \dfrac{t - t_0}{\varepsilon} > 0$ 的快时标上, 其中 $t - t_0 > 0$ 充分小但固定) 退化为快子系统 (5.14)–(5.15). 于是分别由定理 5.1 和定理 5.2 即可知快慢子系统的输出范数都一致小于 $\gamma > 0$, 即当 $\varepsilon \to 0$ 时均一致 H_∞ 性能指标 $\gamma > 0$ 仍然保持. 因此不确定奇摄动系统 (5.1)–(5.2) 具有给定的均一致 H_∞ 范数 $\gamma > 0$.

接下来要证强鲁棒内部稳定. 对于外部干扰输入 $w(t) \equiv 0$ 的情况, 要证对于任给的 $\varepsilon \in (0, \varepsilon^*]$, 相应的不确定奇摄动系统 (5.1)–(5.2) 是强鲁棒渐近稳定的. 为此, 利用不等式 (5.23) 可得

$$\dot{S}(x) \leqslant (Ax + Hf)^{\mathrm{T}}P_\varepsilon x + x^{\mathrm{T}}P_\varepsilon^{\mathrm{T}}(Ax + Hf) + \mu_1(\alpha^2 x^{\mathrm{T}}E^{\mathrm{T}}Ex - f^{\mathrm{T}}f)$$
$$= (x^{\mathrm{T}}, \quad f^{\mathrm{T}})(\Phi_0 + \varepsilon\Phi)(x^{\mathrm{T}}, \quad f^{\mathrm{T}})^{\mathrm{T}},$$

其中

$$\Phi = \begin{pmatrix} A^{\mathrm{T}}P_0 + P_0^{\mathrm{T}}A & P_0^{\mathrm{T}}H \\ * & O \end{pmatrix}, \quad P_0 = \begin{pmatrix} O & P_{21}^{\mathrm{T}} \\ O & O \end{pmatrix}. \tag{5.26}$$

由 $\Omega_0 + \varepsilon\Omega < 0$ 可推出 $\Phi_0 + \varepsilon\Phi < 0$, $\varepsilon \in (0, \varepsilon^*]$, 因此

$$S(x) > 0 \quad 和 \quad \dot{S}(x) < 0$$

同时成立. 从而对任给的 $\varepsilon \in (0, \varepsilon^*]$, 不确定奇摄动系统 (5.1)–(5.2) 是鲁棒渐近稳定的. 由于是在 Kokotovic 提出的奇摄动方法平台上讨论问题, 类似于上述关于

当 $\varepsilon \to 0$ 时均一致性能指标的讨论, 所得的结果是一致有效的. 因此, 奇摄动系统 (5.1)–(5.2) 是强鲁棒内部稳定, 并且具有给定的均一致 H_∞ 性能指标 $\gamma > 0$. 证毕.

另外, 对于系统的最小 H_∞ 性能指标 $\gamma > 0$, 可通过求解如下优化问题

$$\min \quad \gamma \quad \text{s.t.} \quad (5.16).$$

根据定理 5.3 的证明, 成立具有均一致 H_∞ 性质 $\gamma > 0$ 的稳定界 $\varepsilon^* > 0$ 的计算方法.

定理 5.4　如果存在标量 $\lambda > 0$, $\Pi > 0$, $P_{11} > 0$, $P_{22} > 0$ 以及适维矩阵 P_{21} 使得如下的 LMI 条件成立

$$\Pi < \lambda P_{11}, \quad \begin{pmatrix} \Pi & P_{21}^{\mathrm{T}} \\ P_{21} & P_{22} \end{pmatrix} > 0, \quad \Omega_0 < 0, \quad \Omega < -\lambda\Omega_0, \quad (5.27)$$

其中 Ω_0 和 Ω 分别由 (5.16) 和 (5.25) 定义. 则不确定奇摄动系统 (5.1)–(5.2) 是强鲁棒内部稳定, 并且具有给定的均一致 H_∞ 性能指标 $\gamma > 0$, 其中 $\varepsilon^* = \lambda^{-1}$.

证明　根据条件 (5.27) 和 $\varepsilon \in (0, \lambda^{-1}]$, 有

$$\begin{pmatrix} P_{11} & \varepsilon P_{21}^{\mathrm{T}} \\ \varepsilon P_{21} & \varepsilon P_{22} \end{pmatrix} > 0, \quad \Omega_0 + \varepsilon\Omega < 0, \quad \varepsilon \in (0, \lambda^{-1}].$$

接下来, 类似于定理 5.3 的证明可知, 不确定奇摄动系统 (5.1)–(5.2) 是强鲁棒内部稳定, 且具有给定的均一致 H_∞ 性能指标 $\gamma > 0$. 证毕.

根据定理 5.4, 小参数的稳定界 $\varepsilon^* > 0$ 可通过下面的最小化问题进行求解[14]

$$\min \quad \lambda \quad \text{s.t.} \quad (5.27).$$

这是一个广义特征值问题, 它可以通过 MATLAB 的 GEVP 求解器进行有效的计算.

5.3　鲁棒 H_∞ 控制器

根据定理 5.3 可知, 倘若预设条件不满足, 则需要使用状态反馈控制使得条件得以满足. 因此, 本节讨论不确定奇摄动系统 (5.1)–(5.2) 鲁棒 H_∞ 控制的反馈控制器设计问题.

考虑如下状态反馈控制器

$$u = K_1 x_1 + K_2 x_2. \quad (5.28)$$

其中 $K = (K_1, \quad K_2)$ 为控制增益矩阵. 用 (5.28) 代入系统 (5.1)–(5.2) 之中即可得如下闭环系统

$$E_\varepsilon \dot{x} = (A + B_u K)x + Hf(t,x) + B_w w; \tag{5.29}$$

$$z = (C + D_u K)x + D_w w, \tag{5.30}$$

其中 $f(t,x,u)$ 满足

$$\|f(t,x,u)\| \leqslant \alpha\|(E + GK)x\|.$$

对于不确定奇摄动闭环系统 (5.29)–(5.30), 利用定理 5.3, 可得如下具有给定的均一致 H_∞ 性能指标 $\gamma > 0$ 的条件.

定理 5.5 如果存在标量 $\mu > 0$, 矩阵 Y 以及下三角矩阵

$$X = \begin{pmatrix} X_{11} & O \\ X_{21} & X_{22} \end{pmatrix},$$

其中 $0 < X_{11} \in R^{n_1 \times n_1}$, $0 < X_{22} \in R^{n_2 \times n_2}$, 使得下面的 LMI 条件成立

$$\bar{\Omega}_0 = \begin{pmatrix} AX + X^T A^T + B_u Y + Y^T B_u^T & \mu^{-1}H & B_w & X^T C^T & \alpha X^T E^T \\ * & -\mu^{-1}I & O & O & O \\ * & * & -\gamma^2 I & D_w^T & O \\ * & * & * & -I & O \\ * & * & * & * & -\mu^{-1}I \end{pmatrix} < 0. \tag{5.31}$$

则存在 $\varepsilon^* > 0$ 使得对任给的 $\varepsilon \in (0, \varepsilon^*]$, 不确定奇摄动闭环系统 (5.29)–(5.30) 是强鲁棒内部稳定, 具有给定的均一致 H_∞ 性能指标 $\gamma > 0$. 另外, 状态反馈控制增益矩阵可取为

$$K = YX^{-1}. \tag{5.32}$$

证明 将 (5.32) 代入 (5.31), 则不等式 (5.31) 等价于

$$\begin{pmatrix} X^T(A + B_u K)^T + (A + B_u K)X & \mu^{-1}H & B_w & X^T C^T & \alpha X^T E^T \\ * & -\mu^{-1}I & O & O & O \\ * & * & -\gamma^2 I & D_w^T & O \\ * & * & * & I & O \\ * & * & * & * & -\mu^{-1}I \end{pmatrix} < 0. \tag{5.33}$$

根据 Schur 补引理, 不等式 (5.33) 等价于

$$
\begin{pmatrix}
\begin{array}{c} X^{\mathrm{T}}(A+B_uK)^{\mathrm{T}}+(A+B_uK)X \\ +\mu\alpha^2 X^{\mathrm{T}}E^{\mathrm{T}}EX+X^{\mathrm{T}}C^{\mathrm{T}}CX \end{array} & \mu^{-1}H & B_w \\
* & -\mu^{-1}I & O \\
* & * & -\gamma^2 I+D_w^{\mathrm{T}}D_w
\end{pmatrix} < 0. \quad (5.34)
$$

用 (5.34) 分别右乘 $\mathrm{diag}(X^{-\mathrm{T}},I,I)$ 和左乘 $\mathrm{diag}(X^{-1},I,I)$, 并令 $X=\bar{P}^{-1}$, $Y=K\bar{P}^{-1}$, 则 (5.34) 等价于

$$
\bar{\Omega}_0=
\begin{pmatrix}
\begin{array}{c} (A+B_uK)^{\mathrm{T}}\bar{P}+\bar{P}^{\mathrm{T}}(A+B_uK) \\ +\mu\alpha^2 E^{\mathrm{T}}E+C^{\mathrm{T}}C \end{array} & \bar{P}^{\mathrm{T}}H & \bar{P}^{\mathrm{T}}B_w+C^{\mathrm{T}}D_w \\
* & -\mu I & O \\
* & * & -\gamma^2 I+D_w^{\mathrm{T}}D_w
\end{pmatrix} < 0.
$$

$$(5.35)$$

选取 Lyapunov 函数

$$
V(x)=x^{\mathrm{T}}E_\varepsilon^{\mathrm{T}}\bar{P}_\varepsilon x,
$$

其中

$$
\bar{P}_\varepsilon=\bar{P}+\varepsilon\bar{P}_0, \quad \bar{P}=\begin{pmatrix} \bar{P}_{11} & O \\ \bar{P}_{21} & \bar{P}_{22} \end{pmatrix}, \quad \bar{P}_0=\begin{pmatrix} O & \bar{P}_{21}^{\mathrm{T}} \\ O & O \end{pmatrix}.
$$

根据引理 3.1 和类似于定理 5.3 的证明, 存在 $\varepsilon^*>0$ 使得对任给的 $\varepsilon\in(0,\varepsilon^*]$, 不确定奇摄动闭环系统 (5.29)–(5.30) 是标准奇摄动, 并且是强鲁棒内部稳定, 且具有给定的均一致 H_∞ 性能指标 $\gamma>0$. 证毕.

对于不确定奇摄动闭环系统 (5.29)–(5.30), 当控制增益 K 从 (5.31) 和 (5.32) 获取之后, 根据定理 5.5, 可直接得到估计稳定界 $\varepsilon^*>0$ 的方法.

定理 5.6　如果存在标量 $\bar{\lambda}>0$, $\bar{\Pi}>0$, $\bar{P}_{11}>0$, $\bar{P}_{22}>0$ 以及适维矩阵 $\bar{P}_{21}$ 使得如下的 LMI 条件成立

$$
\bar{\Pi}<\bar{\lambda}\bar{P}_{11}, \quad \begin{pmatrix} \bar{\Pi} & \bar{P}_{21}^{\mathrm{T}} \\ \bar{P}_{21} & \bar{P}_{22} \end{pmatrix}>0, \quad \bar{\Omega}_0<0, \quad \bar{\Omega}<-\bar{\lambda}\bar{\Omega}_0, \quad (5.36)
$$

其中

$$
\bar{\Omega}=\begin{pmatrix} (A+B_uK)^{\mathrm{T}}P_0+P_0^{\mathrm{T}}(A+B_uK) & P_0^{\mathrm{T}}H & P_0^{\mathrm{T}}B_w \\ * & O & O \\ * & * & O \end{pmatrix},
$$

则不确定奇摄动闭环系统 (5.29)–(5.30) 是强鲁棒内部稳定的, 且具有给定的均一致 H_∞ 性能指标 $\gamma > 0$, 其中 $\varepsilon^* = \bar\lambda^{-1}$. 证毕.

从定理 5.6 中可以看出, 获取的稳定界是依赖于控制增益矩阵 K 的选取. 然而, 由定理 5.5 可知. 从线性矩阵不等式所获得的解对 (X, Y) 不是唯一的, 因此控制增益 K 也不唯一. 显然, 不同的控制增益 K 的选择可能导致不同的稳定界.

5.4 应用例子

本节将给出一些例子来说明本章结果的一些应用.

例 5.1 考虑文献 [15] 中的奇摄动例子

$$\dot{x}_1 = -3x_1 + 2x_2 + f_1(t, x_1, x_2), \tag{5.37}$$

$$\varepsilon\dot{x}_2 = x_1 - x_2 - f_2(t, x_1, x_2) + u, \tag{5.38}$$

$$z = 1.2x_1 - 2.1x_2 + u + 2.1D_w, \tag{5.39}$$

其中

$$\|f_i(t, x_1, x_2)\| \leqslant \alpha_i\|x_1\| + \beta_i\|x_2\|, \quad i = 1, 2,$$

且 $\alpha_1 = 1$, $\alpha_2 = \beta_1 = \beta_2 = 0.15$.

通过计算, 可得系统的参数如下

$$E_\varepsilon = \begin{pmatrix} 1 & 0 \\ 0 & \varepsilon \end{pmatrix}, \quad A = \begin{pmatrix} -3 & 2 \\ 1 & -1 \end{pmatrix},$$

$$H = I, \quad B_u = \begin{pmatrix} 0 \\ 1 \end{pmatrix}, \quad B_w = \begin{pmatrix} 1 \\ 1 \end{pmatrix},$$

$$E = \begin{pmatrix} 1 & 0.15 \\ 0.15 & 0.15 \end{pmatrix}, \quad C = \begin{pmatrix} -1.2, & -2.1 \end{pmatrix}, \quad D_u = 1, \quad D_w = 0.1.$$

利用 LMI 工具箱, 求解定理 5.5 可得到下列解

$$X = \begin{pmatrix} 153.9821 & 0 \\ -85.9957 & 8.1795 \end{pmatrix}, \quad Y = (-377.3595, \, -679.3393), \quad \mu = 0.0024.$$

因此, 状态反馈控制增益可由下式给出

$$K = YX^{-1} = (-48.8347, \quad -83.0543).$$

此时, 均一致 H_∞ 范数为 $\gamma = 0.1192$. 另外, 通过求解相应的广义特征值最小化问题可得 $\varepsilon^* = \lambda^{-1} = 0.1713$, 这表明例 5.1 的奇摄动系统是标准奇摄动, 对于任给的 $\varepsilon \in (0, \varepsilon^*]$, 它是强鲁棒内部稳定, 具有给定的均一致 H_∞ 性能指标 $\gamma = 0.1192$. 从这个应用例子可以看出, 本章所涉及的方法在求解控制增益以及稳定界方面比较文献 [15] 来说简单有效.

　　例 5.2　考虑如下由齿轮带动的倒立摆系统[16].

$$\begin{cases} \ddot{\theta}_p(t) = \dfrac{g}{l} \sin \theta_p(t) + \dfrac{N K_m}{m l^2} I_a(t), \\ L_a \dot{I}_a(t) = -K_b N \dot{\theta}_p(t) - R_a I_a(t) + v(t), \end{cases} \tag{5.40}$$

其中 θ_p 和 $\dot{\theta}_p$ 分别代表连杆的旋转角和角速度; I_a 表示电流; l, m, K_m, K_b, N 以及 R_a 为常数, 如表 5.1 所示.

表 5.1　系统参数

系统参数	参数值	系统参数	参数值
连杆长度, l/m	1	齿轮比例系数, N	10
指针质量, m/kg	1	电机电阻, R_a/Ω	1
扭矩常数, $K_m/(\mathrm{N_m/A})$	0.1	电枢电感, L_a /mH	ε
反电势系数, $K_b/(\mathrm{V_s/rad})$	0.1		

　　令 $x_1(t) = \theta_p(t)$, $x_2(t) = \dot{\theta}_p(t)$, $x_3(t) = I_a(t)$, $L_a = \varepsilon$ 以及 $v(t) = u(t) + w(t)$, 其中 $u(t)$ 和 $w(t)$ 分别为控制输入和干扰输入. 根据表 5.1, 倒立摆系统 (5.40) 可表示为形如不确定奇摄动系统 (5.4)–(5.5), 其系统参数如下

$$E_\varepsilon = \begin{pmatrix} 1 & 0 & 0 \\ 0 & 1 & 0 \\ 0 & 0 & \varepsilon \end{pmatrix}, \quad A = \begin{pmatrix} 0 & 1 & 0 \\ 0 & 0 & 1 \\ 0 & -1 & -1 \end{pmatrix},$$

$$B_u = \begin{pmatrix} 0 \\ 0 \\ 1 \end{pmatrix}, \quad H = I, \quad B_w = \begin{pmatrix} 0 \\ 0 \\ 1 \end{pmatrix},$$

$$f = \begin{pmatrix} 0, & 9.8 \sin x_1(t), & 0 \end{pmatrix}^{\mathrm{T}}, \quad E = \begin{pmatrix} 9.8 & 0 & 0 \\ 0 & 0 & 0 \end{pmatrix},$$

$$C = \begin{pmatrix} 1, & 0, & 0 \end{pmatrix}, \quad D_u = 1, \quad D_w = 1.$$

通过求解相应的 LMI 条件 (5.31), 可得到如下的可行解

$$X = \begin{pmatrix} 0.2694 & -5.1771 & 0 \\ -5.1771 & 193.8324 & 0 \\ -171.2168 & -258.0580 & 83.6605 \end{pmatrix},$$

$$Y = (-177.4479, \quad -129.3029, \quad 35.7489), \quad \mu = 0.1208.$$

从而由 (5.32) 可获得控制增益矩阵为

$$K = YX^{-1} = (-799.0194, \quad -21.4392, \quad 0.4273).$$

此时, 均一致 H_∞ 范数为 $\gamma = 1.1$. 另外, 通过 GEVP 求解 (5.27), 可得到稳定界 $\varepsilon^* = 0.0097$. 因此当 $0 < \varepsilon \leqslant 0.0097$ 时, 奇摄动闭环系统 (5.40) 是强鲁棒内部稳定的, 且具有给定的均一致 H_∞ 性能指标 $\gamma = 1.1$.

5.5　小结与评注

第 3 章中引理 3.1 的条件即可保证不确定奇摄动系统 (5.1)–(5.2) 是标准奇摄动, 在此基础上, 又获得了快慢子系统关于不确定性的鲁棒内部稳定性, 并且具有给定的一致 H_∞ 性能指标 $\gamma > 0$ 的条件. 该条件包含了引理 3.1 的条件. 至此, 已成功搭建了 Kokotovic 奇摄动方法适用的平台. 于是根据快慢子系统的这些条件, 构造出保证整个不确定奇摄动系统的强鲁棒内部稳定性, 并具有给定的均一致 H_∞ 性能指标 $\gamma > 0$ 的统一条件. 该统一条件不仅包含不确定快慢子系统的鲁棒内部稳定和具有给定的一致 H_∞ 性能指标的诸多子条件, 还不依赖于奇摄动小参数, 并且容易验证, 因此可避免数值计算中的刚性困惑. 这是不确定奇摄动 H_∞ 分析的主要结果, 即定理 5.3 和定理 5.4. 倘若预设条件不满足, 则需要启动状态反馈. 可获得相应的 H_∞ 镇定. 主要结果是定理 5.5 和定理 5.6.

我们从这些主要定理的证明中可以看出, 本章所给出的综合条件不仅可保证不确定性和奇摄动参数 (或镇定) 的双重鲁棒性, 即强鲁棒内部稳定 (或镇定) 的, 而且奇摄动系统具有双重的一致 H_∞ 性能指标 $\gamma > 0$. 所谓均一致, 还包含了当 $\varepsilon \to 0$ 时, 这种双重鲁棒性和 H_∞ 分析性能指标都能够一致地保持. 其关键还是要在 Kokotovic 奇摄动方法适用的框架内讨论问题, 在证明奇摄动系统控制性质的同时, 系统精确解与其渐近解 (即快慢子系统的解) 也隐含地满足标准奇摄动的 Tikhonov 极限定理, 故本章所得到 H_∞ 分析与控制性质关于 $\varepsilon \in (0, \varepsilon^*]$ 是一致有

效的, 即奇摄动系统是强鲁棒内部稳定的, 并且满足均一致 H_∞ 性能指标. 这也是本章内容的特点.

　　不确定奇摄动系统 H_∞ 分析与控制问题的研究有一定的复杂性, 它不仅要在奇摄动两时标方法的框架内研究以保证所获得结果呈现一致有效性, 即 Tikhonov 极限定理要隐式地成立. 同时也要兼顾 H_∞ 分析 (控制) 定义的两个方面, 即系统内部稳定 (镇定) 性和满足外部输出的 H_∞ 性能指标. 并且还要保证系统所有结果的鲁棒性和奇摄动参数的一致有效性.

　　作为奇摄动鲁棒 H_∞ 分析与控制问题的研究目前文献中并不多见, 还有很大的研究空间.

<h2 style="text-align:center">参 考 文 献</h2>

[1]　Doyle J C, Glover K, Khargonekar P, Francis B A. State space solutions to standard H_∞ and H_2 control problems. IEEE Trans. on Automatic Control, 1989, 34: 831-847.

[2]　Van der Schaft A J. L_2 gain analysis of nonlinear systems and nonlinear H_∞ control. IEEE Trans. on Automatic Control, 1992, 37: 770-784.

[3]　Hong Y. H_∞ control, stabilization, and input-output stability of nonlinear systems with homogeneous properties. Automatica, 2001, 37: 819-829.

[4]　梅生伟, 申铁龙, 刘康志. 现代鲁棒控制理论与应用. 北京: 清华大学出版社, 2003.

[5]　洪奕光, 程代展. 非线性系统的分析与控制. 北京: 科学出版社, 2005.

[6]　Vu T V, Sawan M E. H_∞ control for singularly perturbed sampled data systems. Proceedings of the 1993 IEEE International Symposium on Circuits and Systems, 1993, 4: 2506-2509.

[7]　Pan Z, Basar T. H_∞-optimal control for singularly perturbed systems-Part I: perfect state measurements. Automatica, 1993, 29: 401-423.

[8]　Pan Z, Basar T. H_∞-optimal control for singularly perturbed systems-Part II: imperfect state measurements. IEEE Trans. on Automatic Control, 1994, 39: 280-299.

[9]　Fridman E. Near-optimal H_∞ control of linear singularly perturbed systems. IEEE Trans. on Automatic Control, 1996, 41: 236-240.

[10]　Singh H, Brown R H, Naidu D S. Unified approach to H_∞-optimal control of singularly perturbed systems: Perfect state measurements. Proceedings of the 37th IEEE conference on Decision and Control, Tampa, FL, USA, 1998, 2: 2214-2215.

[11]　Tan W, Leung T, Tu Q. H_∞ control for singularly perturbed systems. Automatica, 1998, 34: 255-260.

[12]　Shi P, Dragan V. Asymptotic H_∞ control of singularly perturbed systems with parametric uncertainties. IEEE Trans. on Automatic Control, 1999, 44: 1738-1742.

[13]　Fridman E. Robust sampled-data H_∞ control of linear singularly perturbed systems. IEEE Trans. on Automatic Control, 2006, 51: 470-475.

[14]　Liu D, Liu L, Yang Y. H_∞ control of discrete-time singularly perturbed systems via static output feedback. Abstract and Applied Analysis, 2013: 1-9.

[15] Zhou L, Lu G P. Robust stability of singularly perturbed descriptor systems with non-linear perturbation. IEEE Trans. on Automatic Control, 2011, 56 (4): 858-863.

[16] Shao Z H. Robust stability of two-time-scale systems with nonlinear uncertainties. IEEE Trans. on Automatic Control, 2004, 49(2): 258-261.

第 6 章 离散时间奇摄动系统的 鲁棒 H_∞ 分析与控制

本章讨论离散时间不确定奇摄动系统的鲁棒 H_∞ 分析与控制[1-5]. 由于数字控制技术和人工智能的快速发展促进了离散问题研究的蓬勃发展. 但在文献中离散时间奇摄动鲁棒 H_∞ 分析与控制却不多见. 本章抛砖引玉, 根据连续时间不确定奇摄动系统的鲁棒 H_∞ 分析与控制, 讨论相应离散时间的情况. 本章讨论的内容不仅是对前期文献研究工作的综合, 也是一种延伸和推广. 作为 Kokotovic 奇摄动方法可应用的前提条件, 对于不确定奇摄动系统. 首先要保证其是标准奇摄动. 在此基础上, 可分别通过相应快慢子系统的鲁棒 H_∞ 分析, 获得整个离散时间不确定奇摄动系统的强鲁棒内部稳定性, 并获得满足相应的均一致 H_∞ 性能指标. 在讨论 H_∞ 反馈控制的情况下, 给出不确定奇摄动系统的强鲁棒 H_∞ 可镇定的条件和相应反馈控制律的设计.

6.1 问 题 描 述

考虑如下离散时间的不确定奇摄动系统:

$$x_1(k+1) = (I + \varepsilon A_{11})\, x_1(k) + \varepsilon A_{12} x_2(k) + \varepsilon B_{u1} u(k) + \varepsilon H_1 f_1\,(x_1, x_2) + \varepsilon B_{w1} w(k), \tag{6.1a}$$

$$x_2(k+1) = A_{21} x_1(k) + A_{22} x_2(k) + B_{u2} u(k) + H_2 f_2\,(x_1, x_2) + B_{w2} w(k), \tag{6.1b}$$

$$z(k) = C_1 x_1(k) + C_2 x_2(k) + D_u u(k) + D_w w(k), \tag{6.2}$$

其中 $x_1 \in R^{n_1}$ 和 $x_2 \in R^{n_2}(n_1 + n_2 = n)$ 分别为慢状态和快状态; $\varepsilon > 0$ 为小参数; $x_1(0) = x_{10}$ 和 $x_2(0) = x_{20}$ 为初始条件; $u \in R^q$ 为控制输入; $z \in R^p$ 为受控输出; $w \in R^m$ 为属于 $L_2[0, \infty)$ 中的干扰输入; 系统中所有矩阵均为适维的常数矩阵; $f_i(x_1, x_2)(i = 1, 2)$ 为不确定向量值的非线性函数, $f_i(0, 0) = 0$ 且满足拟 Lipschitz 条件 (4.3), 其中 $\alpha = 1$.

记

$$x = \begin{pmatrix} x_1 \\ x_2 \end{pmatrix}, \quad E_I = \begin{pmatrix} I & O \\ O & O \end{pmatrix}, \quad E_\varepsilon = \begin{pmatrix} \varepsilon I & O \\ O & I \end{pmatrix}, \quad A = \begin{pmatrix} A_{11} & A_{12} \\ A_{21} & A_{22} \end{pmatrix},$$

$$B_u = \begin{pmatrix} B_{u1} \\ B_{u2} \end{pmatrix}, \quad B_w = \begin{pmatrix} B_{w1} \\ B_{w2} \end{pmatrix}, \quad H = \begin{pmatrix} H_1 & O \\ O & H_2 \end{pmatrix},$$

$$E = \begin{pmatrix} E_{11} & E_{12} \\ E_{21} & E_{22} \end{pmatrix}, \quad f(x) = \begin{pmatrix} f_1(x_1, x_2) \\ f_2(x_1, x_2) \end{pmatrix}, \quad C = \begin{pmatrix} C_1, & C_2 \end{pmatrix}.$$

则系统 (6.1)–(6.2) 可写成如下简洁形式

$$x(k + 1) = A_\varepsilon x(k) + B_{u\varepsilon} u(k) + H_\varepsilon f(x(k)) + B_{w\varepsilon} w(k), \tag{6.3}$$

$$z(k) = Cx(k) + D_u u(k) + D_w w(k), \tag{6.4}$$

其中 $A_\varepsilon = E_I + E_\varepsilon A$, $B_{u\varepsilon} = E_\varepsilon B_u$, $H_\varepsilon = E_\varepsilon H$, $B_{w\varepsilon} = E_\varepsilon B_w$.

本章 H_∞ 控制的目标是: 对于离散时间不确定奇摄动系统 (6.1)–(6.2) 和预先给定的标量 $\gamma > 0$, 在快慢子系统分别鲁棒 H_∞ 控制的基础上, 设计形如

$$u(k) = Kx(k) \tag{6.5}$$

的状态反馈控制器, 其中 $K = (K_1, \quad K_2)$ 为待定的控制增益, 使得所产生的奇摄动闭环系统满足: 存在标量 $\varepsilon^* > 0$ 使得

(1) 当 $w(k) \equiv 0$ 时, 对任给的 $\varepsilon \in (0, \varepsilon^*]$, 相应的奇摄动闭环系统是强鲁棒渐近稳定的, 亦称为强鲁棒内部稳定的:

(2) 对于零初始条件 $x(0) = 0$ 和所有非零向量 $w(k) \in L_2[0, \infty)$, 对任给的 $\varepsilon \in (0, \varepsilon^*]$, 相应的奇摄动闭环系统的输出响应 $z(k)$ 关于不确定性和奇摄动小参数 $\varepsilon \in (0, \varepsilon^*]$ 均一致地满足

$$\sum_{k=0}^{\infty} \|z(k)\|^2 \leqslant \gamma^2 \sum_{k=0}^{\infty} \|w(k)\|^2, \tag{6.6}$$

其中 $\gamma > 0$ 关于不确定性和 $\varepsilon \in (0, \varepsilon^*]$ 均一致成立, 而且当 $\varepsilon \to 0$ 时 (6.6) 仍然成立.

在不讨论状态反馈的情况下, 上述陈述中 $K \equiv O$, 可取消闭环两字.

6.2　鲁棒 H_∞ 性能分析

类似于第 4 章的引理 4.1, 不妨假设在系统 (6.1)–(6.2) 中的控制输入为零. 于是由引理 4.1, 即可推导出系统 (6.1)–(6.2) 为标准奇摄动. 然后利用两时标分解技巧, 将奇摄动系统 (6.1)–(6.2) 分解为如下的快慢子系统.

　　首先考虑慢子系统, 通过定义 $x_2(k+1) = x_2(k)$ 即得如下的慢子系统

$$x_s(k+1) = (I + \varepsilon A_{11}) x_s(k) + \varepsilon A_{12}\bar{x}_2(k) + \varepsilon H_1 f_1\left(x_s, \bar{x}_2\right) + \varepsilon B_{w1} w_s(k), \quad (6.7a)$$

$$0 = A_{21} x_s(k) + (A_{22} - I)\bar{x}_2(k) + H_2 f_2\left(x_s, \bar{x}_2\right) + B_{w2} w_s(k), \quad\quad (6.7b)$$

$$z_s(k) = C_1 x_s(k) + C_2\bar{x}_2(k) + D_w w_s(k), \quad\quad (6.8)$$

其中 $\bar{x}_2 = \varphi(x_s, w_s)$ 为 (6.7b) 的孤立根, 看成是中间变量. 这样做可避免对原系统的坐标变换, 这有助于系统的 H_∞ 性能分析.

　　令 $t = \varepsilon k$. 两边同时除以 ε 后, 取极限 $\varepsilon \to 0$ 可得在慢时标 t 下连续时间的形式

$$\dot{x}_s(t) = A_{11} x_s(t) + A_{12}\bar{x}_2(t) + H_1 f_1\left(x_s(t), \bar{x}_2(t)\right) + B_{w1} w_s(t), \quad\quad (6.9a)$$

$$0 = A_{21} x_s(t) + (A_{22} - I)\bar{x}_2(t) + H_2 f_2\left(x_s(t), \bar{x}_2(t)\right) + B_{w2} w_s(t), \quad (6.9b)$$

$$z_s(t) = C_1 x_s(t) + C_2\bar{x}_2(t) + D_w w_s(t). \quad\quad (6.10)$$

记 $\bar{x} = (x_1^{\mathrm{T}}, x_2^{\mathrm{T}})^{\mathrm{T}}$, 则不确定慢子系统 (6.9)–(6.10) 还可改写成如下连续时间的简洁形式

$$E_I \dot{\bar{x}} = A_1 \bar{x} + H f(\bar{x}) + B_w w_s, \quad\quad (6.11)$$

$$z_s = C\bar{x} + D_w w_s. \quad\quad (6.12)$$

　　为了获取相应的快子系统, 假定慢变量在快时标情形下为常量, 即 $\bar{x}(k+1) = \bar{x}(k)$, 从方程 (6.1b) 中提取 (6.7b), 并令 $\varepsilon = 0$, 则产生了如下离散时间的不确定快子系统

$$x_f(k+1) = A_{22} x_f(k) + H_2 \Delta f_2 + B_{w2} w_f(k), \quad\quad (6.13)$$

$$z_f(k) = C_2 x_2(k) + D_w w_f(k), \quad\quad (6.14)$$

其中 $x_f = x_2 - \varphi$, $w_f = w - w_s$, $z_f = z - z_s$, $\Delta f_2 = f_2(x_1, x_f + \varphi) - f_2(x_1, \varphi)$.

　　根据奇摄动系统 (6.1)–(6.2), 连续时间不确定慢子系统和离散时间不确定快子系统相应的一致 H_∞ 性能指标可分别表示为

$$\|z_s\| \leqslant \gamma \|w_s\|$$

和

$$\sum_{k=0}^{\infty} \|z_f(k)\|^2 \leqslant \gamma^2 \sum_{k=0}^{\infty} \|w_f(k)\|^2.$$

现在, 将利用两时标分解技巧, 在分别获得的不确定快慢子系统 H_∞ 分析的基础上, 给出整个奇摄动系统的强鲁棒内部稳定性, 并具有给定的关于不确定性和小参数在包含零作为左端点的某个开区间内均一致的 H_∞ 性能指标 $\gamma > 0$ 的条件. 为此, 首先获得如下关于慢子系统 (6.9)–(6.10) 和快子系统 (6.13)–(6.14) 的 H_∞ 分析结果.

定理 6.1 如果存在标量 $\mu > 0$, 正定对称矩阵 $P_{11} > 0$, 对称矩阵 P_{22} 以及适维矩阵 P_{21} 使得如下 LMI 条件成立

$$\Gamma_0 = \begin{pmatrix} A_1^{\mathrm{T}}P_1 + P_1^{\mathrm{T}}A_1 + \mu E^{\mathrm{T}}E + C^{\mathrm{T}}C & P_1^{\mathrm{T}}H & P_1^{\mathrm{T}}B_w + C^{\mathrm{T}}D_w \\ * & -\mu I & O \\ * & * & -\gamma^2 I + D_w^{\mathrm{T}}D_w \end{pmatrix} < 0,$$

$$(6.15)$$

其中 A_1 和 P_1 如引理 4.1 中定义. 那么连续时间不确定慢子系统 (6.9)–(6.10) 是鲁棒内部稳定的, 并具有给定的关于不确定性一致的 H_∞ 性能指标 $\gamma > 0$.

证明 条件 (6.15) 意味着 $\Pi_0 < 0$, 其中 Π_0 的定义在引理 4.1 中给出. 根据引理 4.1 可知连续时间的不确定慢子系统 (6.9)–(6.10) 是标准的. 为了证明连续时间不确定慢子系统 (6.9)–(6.10) 的鲁棒内部稳定性, 且具有给定的关于不确定性一致 H_∞ 性能指标 $\gamma > 0$, 选择如下 Lyapunov 函数

$$S_1(x_s) = x_s^{\mathrm{T}}P_{11}x_s. \tag{6.16}$$

显然, 对任意的 $x_s \neq 0$, $S_1(x_s) > 0$. 定义

$$J_{t_f} = \int_0^{t_f} (z_s^{\mathrm{T}}(t)z_s(t) - \gamma^2 w_s^{\mathrm{T}}(t)w_s(t))dt.$$

则

$$J_{t_f} = \int_0^{t_f} (z_s^{\mathrm{T}}(t)z_s(t) - \gamma^2 w_s^{\mathrm{T}}(t)w_s(t) + \dot{S}_1(x_s(t)))dt + S_1(x_s(0)) - S_1(x_s(t_f)).$$

$$(6.17)$$

注意到 $S_1(x_s) = x_s^{\mathrm{T}}P_{11}x_s = \bar{x}^{\mathrm{T}}E_0^{\mathrm{T}}P_1\bar{x}$, 从而 S_1 沿着系统 (6.11) 解的全导数为

$$\dot{S}_1(x_s) = (A_1\bar{x} + Hf + B_w w_s)^{\mathrm{T}}P_1\bar{x} + \bar{x}^{\mathrm{T}}P_1^{\mathrm{T}}(A_1\bar{x} + Hf + B_w w_s).$$

根据不确定性所满足的受限条件 (4.5), 对任意的标量 $\mu > 0$, 有

$$\dot{S}_1(x_s) \leqslant (A_1\bar{x} + Hf + B_w w_s)^{\mathrm{T}}P_1\bar{x} + \bar{x}^{\mathrm{T}}P_1^{\mathrm{T}}(A_1\bar{x} + Hf + B_w w_s)$$
$$+ \mu(\bar{x}^{\mathrm{T}}E^{\mathrm{T}}E\bar{x} - f^{\mathrm{T}}f). \tag{6.18}$$

将式 (6.18) 代入 (6.17) 可得

$$J_{t_f} \leqslant \int_0^{t_f} (\bar{x}^{\mathrm{T}}, \quad f^{\mathrm{T}}, \quad w^{\mathrm{T}}) \Gamma_0 (\bar{x}^{\mathrm{T}}, \quad f^{\mathrm{T}}, \quad w^{\mathrm{T}})^{\mathrm{T}} dt + S_1(x_s(0)),$$

从而条件 (6.15) 保证了不等式 $J_{t_f} < S_1(x_s(0))$ 是成立的. 进一步, 在零初始条件下, 令 $t_f \to \infty$ 即得

$$||z_s|| \leqslant \gamma ||w_s||.$$

因此, 连续时间的不确定慢子系统 (6.9)–(6.10) 满足给定的关于不确定性一致 H_∞ 性能指标 $\gamma > 0$.

另一方面, 当干扰输入 $w_s(t) \equiv 0$ 时, 从 (6.18) 可得

$$\dot{S}_1(x_s) \leqslant (A_1 \bar{x} + Hf)^{\mathrm{T}} P_1 \bar{x} + \bar{x}^{\mathrm{T}} P_1^{\mathrm{T}} (A_1 \bar{x} + Hf) + \mu(\bar{x}^{\mathrm{T}} E^{\mathrm{T}} E \bar{x} - f^{\mathrm{T}} f)$$

$$= (\bar{x}^{\mathrm{T}}, f^{\mathrm{T}}) \Pi_0 (\bar{x}^{\mathrm{T}}, f^{\mathrm{T}})^{\mathrm{T}}.$$

记 $a = \lambda_{\min}(-\Pi_0)$, 根据 (6.15) 可知 $a > 0$. 于是 $\dot{S}_1(x_s) \leqslant -a||x_s||^2$. 于是上式表明, 连续时间的不确定慢子系统 (6.11) 是鲁棒内部稳定. 证毕.

定理 6.2　如果存在标量 $\mu > 0$, 正定对称矩阵 $P_{22} > 0$, 对称矩阵 P_{11} 以及适维矩阵 P_{21} 使得如下的 LMI 条件成立

$$\Gamma = \Gamma_0 + \Gamma_1 < 0, \tag{6.19}$$

其中 Γ_0 由 (6.15) 定义,

$$\Gamma_1 = (A_1, H, B_w)^{\mathrm{T}} P_2 (A_1, H, B_w), \quad P_2 = \begin{pmatrix} O & O \\ O & P_{22} \end{pmatrix},$$

则离散时间的不确定快子系统 (6.13)–(6.14) 是鲁棒内部稳定, 且具有给定的关于不确定性一致 H_∞ 性能指标 $\gamma > 0$.

证明　对条件 (6.19) 进行分解, 可得

$$\begin{pmatrix} \# & \# & \# & \# & \# \\ * & (2,2) & \# & (2,4) & (2,5) \\ * & * & \# & \# & \# \\ * & * & * & (4,4) & (4,5) \\ * & * & * & * & (5,5) \end{pmatrix} < 0,$$

其中

$$(2,2) = A_{22}^{\mathrm{T}} P_{22} A_{22} - P_{22} + \mu(E_{12}^{\mathrm{T}} E_{12} + E_{22}^{\mathrm{T}} E_{22}) + C_2^{\mathrm{T}} C_2,$$

$(2,4) = A_{22}^{\mathrm{T}} P_{22} H_2, \quad (2,5) = A_{22}^{\mathrm{T}} P_{22} B_{w2} + C_2^{\mathrm{T}} D_w, \quad (4,4) = -\mu I + H_2^{\mathrm{T}} P_{22} H_2,$

$(4,5) = H_2^{\mathrm{T}} P_{22} B_{w2}, \quad (5,5) = -\gamma^2 I + D_w^{\mathrm{T}} D_w + B_{w2}^{\mathrm{T}} P_{22} B_{w2}.$

上式表明

$$\Gamma_2 = \begin{pmatrix} \overline{(2,2)} & (2,4) & (2,5) \\ * & (4,4) & (4,5) \\ * & * & (5,5) \end{pmatrix} < 0, \tag{6.20}$$

其中 $\overline{(2,2)} = A_{22}^{\mathrm{T}} P_{22} A_{22} - P_{22} + \mu E_{22}^{\mathrm{T}} E_{22} + C_2^{\mathrm{T}} C_2.$

令 $S_2(x_f) = x_f^{\mathrm{T}} P_{22} x_f$，则有

$$S_2(x_f(k+1)) - S_2(x_f(k)) + z_f^{\mathrm{T}}(k) z_f(k) - \gamma^2 w_f^{\mathrm{T}}(k) w_f(k)$$

$$\leqslant x_f^{\mathrm{T}}(k+1) P_{22} x_f(k+1) - x_f^{\mathrm{T}}(k) P_{22} x_f(k) + \mu (x_f^{\mathrm{T}} E_{22}^{\mathrm{T}} E_{22} x_f - \Delta^{\mathrm{T}} f_2 \Delta f_2) \sqrt{2}$$

$$+ z_f^{\mathrm{T}}(k) z_f(k) - \gamma^2 w_f^{\mathrm{T}}(k) w_f(k)$$

$$= (x_f^{\mathrm{T}}, \quad \Delta^{\mathrm{T}} f, \quad w_f^{\mathrm{T}}) \Gamma_2 (x_f^{\mathrm{T}}, \quad \Delta^{\mathrm{T}} f, \quad w_f^{\mathrm{T}})^{\mathrm{T}} < 0. \tag{6.21}$$

对于不等式 (6.21)，从 $k = 0$ 到 $k = \infty$ 进行求和可得

$$S_2(x_f(\infty)) - S_2(x_f(0)) + \sum_{k=0}^{\infty} z_f^{\mathrm{T}}(k) z_f(k) - \gamma^2 \sum_{k=0}^{\infty} w_f^{\mathrm{T}}(k) w_f(k) < 0,$$

其中由于 $S_2(x_f(k))$ 单调递减有下界而极限存在，即 $S_2(x_f(\infty)) = \lim\limits_{k \to \infty} S_2(x_f(k))$，上式表明

$$\sum_{k=0}^{\infty} \|z_f(k)\|^2 \leqslant \gamma^2 \sum_{k=0}^{\infty} \|w_f(k)\|^2.$$

从而不确定快子系统 (6.13)-(6.14) 的 H_∞ 范数关于不确定性一致地小于等于 γ.

进一步地，在 (6.21) 中令干扰输入 $w_f(k) \equiv 0$，离散时间不确定快子系统 (6.13) 是鲁棒内部稳定，其证明过程类似于定理 6.1，故省略. 证毕.

基于定理 6.1 和定理 6.2，可以给出本章如下的主要结果.

定理 6.3 如果存在标量 $\mu > 0$, $P_{11} > 0$, $P_{22} > 0$ 以及适维矩阵 P_{21} 使得 LMI 条件 (6.15) 和 (6.19) 同时成立，即

$$\Gamma_0 = \begin{pmatrix} A_1^{\mathrm{T}} P_1 + P_1^{\mathrm{T}} A_1 + \mu E^{\mathrm{T}} E + C^{\mathrm{T}} C & P_1^{\mathrm{T}} H & P_1^{\mathrm{T}} B_w + C^{\mathrm{T}} D_w \\ * & -\mu I & O \\ * & * & -\gamma^2 I + D_w^{\mathrm{T}} D_w \end{pmatrix} < 0.$$

并且 $\Gamma = \Gamma_0 + \Gamma_1 < 0$, 其中

$$\Gamma_1 = (A_1, H, B_w)^{\mathrm{T}} P_2(A_1, H, B_w), \quad P_2 = \begin{pmatrix} O & O \\ O & P_{22} \end{pmatrix},$$

而 A_1 和 P_1 的定义在引理 4.1 中给出, 则存在 $\varepsilon^* > 0$ 使得成立:

(1) 系统 (6.1)–(6.2) 为标准奇摄动;

(2) 对任给的 $\varepsilon \in (0, \varepsilon^*]$, 离散时间的不确定奇摄动系统 (6.1)–(6.2) 是强鲁棒内部稳定, 且具有给定的均一致 H_∞ 性能指标 $\gamma > 0$.

证明　(1) 标准奇摄动的证明类似于引理 4.1, 故省略.

(2) 已知 $P_{11} > 0$ 和 $P_{22} > 0$, 于是存在充分小的 $\varepsilon_1 > 0$ 使得对任给的 $\varepsilon \in (0, \varepsilon_1]$ 成立 $P_{11} - \varepsilon P_{12}^{\mathrm{T}} P_{22}^{-1} P_{21} > 0$. 因此, 可推导出如下矩阵

$$P_\varepsilon = \begin{pmatrix} \varepsilon^{-1} P_{11} & P_{21}^{\mathrm{T}} \\ P_{21} & P_{22} \end{pmatrix} > 0, \quad \varepsilon \in (0, \varepsilon_1],$$

选择系统 (6.1)–(6.2) 的 Lyapunov 函数如下

$$V(x(k)) = x^{\mathrm{T}}(k) P_\varepsilon x(k),$$

因为存在标量 $\mu > 0$, 使得 (6.15) 成立. 所以

$$\Delta V(k) = V(x(k+1)) - V(x(k))$$
$$\leqslant x^{\mathrm{T}}(k+1) P_\varepsilon x(k+1) - x^{\mathrm{T}}(k) P_\varepsilon x(k) + \mu(x^{\mathrm{T}} E^{\mathrm{T}} E x - f^{\mathrm{T}} f). \quad (6.22)$$

进一步地,

$$V(x(k+1)) - V(x(k)) + z^{\mathrm{T}}(k) z(k) - \gamma^2 w^{\mathrm{T}}(k) w(k)$$
$$\leqslant x^{\mathrm{T}}(k+1) P_\varepsilon x(k+1) - x^{\mathrm{T}}(k) P_\varepsilon x(k) + \mu(x^{\mathrm{T}} E^{\mathrm{T}} E x - f^{\mathrm{T}} f)$$
$$+ z^{\mathrm{T}}(k) z(k) - \gamma^2 w^{\mathrm{T}}(k) w(k)$$
$$= (x^{\mathrm{T}}, \quad f^{\mathrm{T}}, \quad w^{\mathrm{T}})(\Gamma + \varepsilon \bar{\Gamma})(x^{\mathrm{T}}, \quad f^{\mathrm{T}}, \quad w^{\mathrm{T}})^{\mathrm{T}},$$

其中

$$\bar{\Gamma} = (A, \quad H, \quad B_w)^{\mathrm{T}} P_3(A, \quad H, \quad B_w), \quad P_3 = \begin{pmatrix} P_{11} & P_{21}^{\mathrm{T}} \\ P_{21} & O \end{pmatrix}. \quad (6.23)$$

由条件 (6.19) 可知 $\Gamma = \Gamma_0 + \Gamma_1 < 0$. 于是存在充分小的 $\varepsilon_2 > 0$ 使得对任给的 $\varepsilon \in (0, \varepsilon_2]$, 都有

$$\Gamma + \varepsilon\bar\Gamma < 0.$$

记 $\varepsilon^* = \min\{\varepsilon_1, \varepsilon_2\}$, 当 $\varepsilon \in (0, \varepsilon^*]$ 时, 有 $P_\varepsilon > 0$, 并且

$$V(x(k+1)) - V(x(k)) + z^{\mathrm{T}}(k)z(k) - \gamma^2 w^{\mathrm{T}}(k)w(k) < 0.$$

类似于定理 6.2 的证明, 有

$$\sum_{k=0}^{\infty} \|z(k)\|^2 \leqslant \gamma^2 \sum_{k=0}^{\infty} \|w(k)\|^2, \quad \varepsilon \in (0, \varepsilon^*].$$

上式表明, 对于任给的 $\varepsilon \in (0, \varepsilon^*]$, 离散时间不确定奇摄动系统 (6.1)–(6.2) 的 H_∞ 范数关于不确定性和小参数 $\varepsilon \in (0, \varepsilon^*]$ 均一致地小于 $\gamma > 0$, 这是因为 $\varepsilon \to 0$ 时的快慢子系统都具有 H_∞ 范数 $\gamma > 0$.

接下来, 对于干扰输入 $w(k) \equiv 0$ 的情况, 证明对任给的 $\varepsilon \in (0, \varepsilon^*]$, 原系统 (6.1)–(6.2) 是强鲁棒内部稳定. 利用不等式 (6.22) 可得

$$\begin{aligned} \Delta V(k) &= V(x(k+1)) - V(x(k)) \\ &\leqslant x^{\mathrm{T}}(k+1)P_\varepsilon x(k+1) - x^{\mathrm{T}}(k)P_\varepsilon x(k) + \mu(x^{\mathrm{T}}E^{\mathrm{T}}Ex - f^{\mathrm{T}}f) \\ &= (x^{\mathrm{T}}, \quad f^{\mathrm{T}})(\Pi_0 + \Pi_1 + \varepsilon\Pi_2)(x^{\mathrm{T}}, \quad f^{\mathrm{T}})^{\mathrm{T}}, \end{aligned}$$

其中 $\Pi_1 = (A_1, \ H)^{\mathrm{T}}P_2(A_1, \ H)$, $\Pi_2 = (A, \ H)^{\mathrm{T}}P_3(A, \ H)$.

由 $\Gamma + \varepsilon\bar\Gamma < 0$ 可推出 $\Pi_0 + \Pi_1 + \varepsilon\Pi_2 < 0$, $\varepsilon \in (0, \varepsilon^*]$. 记 $\tilde a = \lambda_{\min}(-(\Pi_0 + \Pi_1 + \varepsilon\Pi_2))$, 则对任给的 $\varepsilon \in (0, \varepsilon_2]$, 有 $\tilde a > 0$. 进一步地, 可得

$$\Delta V(k) \leqslant -\tilde a\|x\|^2 \leqslant -\beta V(x(k)),$$

其中 $\beta = \tilde\alpha\lambda_{\max}^{-1}(P_\varepsilon)$. 因此

$$V(x(k+1)) \leqslant (1-\beta)V(x(k)) \leqslant \cdots \leqslant (1-\beta)^{k+1}V(x(0)).$$

注意到 $1 - \beta < 1$, 从而对任给的 $\varepsilon \in (0, \varepsilon^*]$, 离散时间的不确定奇摄动系统 (6.1)–(6.2) 是鲁棒内部稳定. 并且当 $\varepsilon \to 0$ 时, 鲁棒内部稳定能够保持. 因此, 奇摄动系统 (6.1)–(6.2) 是强鲁棒内部稳定, 且具有给定的均一致的 H_∞ 性能指标 $\gamma > 0$. 证毕.

另外, 对于系统的最小 H_∞ 性能指 $\gamma > 0$, 可通过求解如下优化问题

$$\min \quad \gamma \quad \text{s.t.} \quad (6.15), \quad (6.19).$$

根据定理 6.3 的证明, 有如下求解具有给定的均一致 H_∞ 性能指标 $\gamma > 0$ 的稳定参数界 ε^* 的计算方法.

定理 6.4　如果存在标量 $\lambda > 0$, 正定对称矩阵 $\Pi > 0$, $P_{11} > 0$, $P_{22} > 0$ 以及适维矩阵 P_{21} 满足如下 LMI 条件

$$\Pi < \lambda P_{11}, \quad \begin{pmatrix} \Pi & P_{21}^{\mathrm{T}} \\ P_{21} & P_{22} \end{pmatrix} > 0, \quad \Gamma < 0, \quad \bar{\Gamma} < -\lambda\Gamma, \quad (6.24)$$

其中 Γ 和 $\bar{\Gamma}$ 分别由 (6.19) 和 (6.23) 所定义. 于是, 对任给的 $\varepsilon \in (0, \varepsilon^*]$, 离散时间的不确定奇摄动系统 (6.1)–(6.2) 是强鲁棒内部稳定, 且具有给定的均一致 H_∞ 性能指标 $\gamma > 0$, 其中 $\varepsilon^* = \lambda^{-1}$.

证明　由条件 (6.24), 可知

$$\begin{pmatrix} \lambda P_{11} & P_{21}^{\mathrm{T}} \\ P_{21} & P_{22} \end{pmatrix} > 0, \quad \bar{\Gamma} + \lambda\Gamma < 0, \quad \varepsilon \in (0, \lambda^{-1}].$$

容易证明

$$\begin{pmatrix} \varepsilon^{-1} P_{11} & P_{21}^{\mathrm{T}} \\ P_{21} & P_{22} \end{pmatrix} > 0, \quad \Gamma + \varepsilon\bar{\Gamma} < 0, \quad \varepsilon \in (0, \lambda^{-1}],$$

从而, 由定理 6.3 可知, 离散时间的不确定奇摄动系统 (6.1)–(6.2) 是强鲁棒内部稳定, 且具有给定的均一致 H_∞ 性能指标 $\gamma > 0$. 证毕.

根据定理 6.4, 稳定界 ε^* 可通过下面的最小化问题进行求解[7]

$$\min \quad \lambda \quad \text{s.t.} \quad (6.24).$$

上述最小问题可利用 LMI 工具箱中的 GEVP 求解器进行求解.

6.3　鲁棒 H_∞ 控制器

从定理 6.3 可知, 具有鲁棒 H_∞ 控制的系统必须是鲁棒内部稳定. 然而这一要求有时可能不被满足或者均一致 H_∞ 性能指标不能达到, 在这种情况下就需要设计一个形如 (6.5) 的状态反馈变换使得所产生的不确定奇摄动闭环系统能够符合相应的要求.

将状态反馈变换 (6.5) 代入系统 (6.1)–(6.2) 可得如下的奇摄动闭环系统

$$x(k+1) = (A_\varepsilon + B_{u\varepsilon}K)x(k) + H_\varepsilon f(x(k)) + B_{w\varepsilon}w(k), \quad (6.25)$$

$$z(k) = (C + D_u K)x(k) + D_w w(k). \tag{6.26}$$

对于离散时间不确定奇摄动闭环系统 (6.25)–(6.26), 应用定理 6.3 可得如下结论.

定理 6.5 如果存在标量 $\mu > 0$, 正定对称矩阵 $X_{11} > 0$, $X_{22} > 0$ 以及适维矩阵 X_{21}, Y, 使得如下 LMI 条件成立

$$\bar{\Gamma}_0 = \begin{pmatrix} \Gamma_{11} & \mu^{-1}H & \mu^{-1}B_w & X^T C^T + Y^T D_u^T & X^T A_2^T + Y^T B_{u2}^T & X^T E^T \\ * & -\mu^{-1}I & O & O & \mu^{-1}\tilde{H}_2^T & O \\ * & * & -\gamma^2 I & D_w^T & B_{w2}^T & O \\ * & * & * & -I & O & O \\ * & * & * & * & -X_{22} & O \\ * & * & * & * & * & -\mu^{-1}I \end{pmatrix} < 0, \tag{6.27}$$

其中

$$\Gamma_{11} = A_1 X + X^T A_1^T + B_u Y + Y^T B_u^T, \quad X = \begin{pmatrix} X_{11} & O \\ X_{21} & X_{22} \end{pmatrix},$$

$$A_2 = (\begin{array}{ccc} A_{21} & A_{22} & -I \end{array}), \quad \tilde{H}_2 = (\begin{array}{cc} O & H_2 \end{array}),$$

则存在 $\varepsilon^* > 0$ 使得对任给的 $\varepsilon \in (0, \varepsilon^*]$, 离散时间的不确定奇摄动闭环系统 (6.25)–(6.26) 是强鲁棒内部稳定, 且具有给定的均一致 H_∞ 性能指标 $\gamma > 0$. 另外, $K = YX^{-1}$.

证明 将控制增益矩阵 $K = YX^{-1}$ 代入 (6.27), 利用 Schur 补引理, 可知不等式 (6.27) 等价于

$$\begin{pmatrix} \bar{\Gamma}_{11} & \mu^{-1}H & \mu^{-1}B_w & X^T(C + D_u K)^T & X^T(A_2 + B_{u2}K)^T \\ * & -\mu^{-1}I & O & O & \mu^{-1}\tilde{H}_2^T \\ * & * & -\gamma^2 I & D_w^T & B_{w2}^T \\ * & * & * & -I & O \\ * & * & * & * & -X_{22} \end{pmatrix} < 0, \tag{6.28}$$

其中 $\bar{\Gamma}_{11} = X^T(A_1 + B_u K)^T + (A_1 + B_u K)X + \mu X^T E^T E X$. 在不等式 (6.28) 两边分别左乘矩阵 $\mathrm{diag}(X^{-T}, \mu_1 I, I, I, I)$ 和右乘其转置矩阵, 并令

$$X^{-1} = \tilde{P}_1 = \begin{pmatrix} \tilde{P}_{11} & O \\ \tilde{P}_{21} & \tilde{P}_{22} \end{pmatrix},$$

则有 $X_{22}^{-1} = \tilde{P}_{22}$ 以及

$$
\begin{pmatrix}
\tilde{\Gamma}_{11} & \tilde{P}_1^{\mathrm{T}} H & \tilde{P}_1^{\mathrm{T}} B_w + (C + D_u K)^{\mathrm{T}} D_w & (A_2 + B_{u2} K)^{\mathrm{T}} \\
* & -\mu I & O & \tilde{H}_2^{\mathrm{T}} \\
* & * & -\gamma^2 I + D_w^{\mathrm{T}} D_w & B_{w2}^{\mathrm{T}} \\
* & * & * & -X_{22}
\end{pmatrix} < 0, \qquad (6.29)
$$

其中 $\tilde{\Gamma}_{11} = (A_1 + B_u K)^{\mathrm{T}} \tilde{P}_1 + \tilde{P}_1^{\mathrm{T}} (A_1 + B_u K) + \mu E^{\mathrm{T}} E + (C + D_u K)^{\mathrm{T}} (C + D_u K)$.
再次利用 Schur 补引理可得

$$
\begin{pmatrix}
\tilde{\Gamma}_{11} & \tilde{P}_1^{\mathrm{T}} H & \tilde{P}_1^{\mathrm{T}} B_w + (C + D_u K)^{\mathrm{T}} D_w \\
* & -\mu I & O \\
* & * & -\gamma^2 I + D_w^{\mathrm{T}} D_w
\end{pmatrix}
$$
$$
+ \begin{pmatrix}
(A_2 + B_{u2} K)^{\mathrm{T}} \\
\tilde{H}_2^{\mathrm{T}} \\
B_{w2}^{\mathrm{T}}
\end{pmatrix} \tilde{P}_{22}
\begin{pmatrix}
(A_2 + B_{u2} K)^{\mathrm{T}} \\
\tilde{H}_2^{\mathrm{T}} \\
B_{w2}^{\mathrm{T}}
\end{pmatrix}^{\mathrm{T}} < 0.
$$

上式等价于

$$
\Psi = \begin{pmatrix}
\tilde{\Gamma}_{11} & \tilde{P}_1^{\mathrm{T}} H & \tilde{P}_1^{\mathrm{T}} B_w + (C + D_u K)^{\mathrm{T}} D_w \\
* & -\mu_I & O \\
* & * & -\gamma^2 I + D_w^{\mathrm{T}} D_w
\end{pmatrix}
$$
$$
+ \begin{pmatrix}
(A_1 + B_u K)^{\mathrm{T}} \\
H^{\mathrm{T}} \\
B_w^{\mathrm{T}}
\end{pmatrix} \tilde{P}_2
\begin{pmatrix}
(A_1 + B_u K)^{\mathrm{T}} \\
H^{\mathrm{T}} \\
B_w^{\mathrm{T}}
\end{pmatrix}^{\mathrm{T}} < 0,
$$

其中 $\tilde{P}_2 = \mathrm{diag}\{O, \tilde{P}_{22}\}$. 根据引理 4.1 和定理 6.3, 存在 $\varepsilon^* > 0$, 使得对任给的 $\varepsilon \in (0, \varepsilon^*]$, 离散时间不确定奇摄动闭环系统 (6.25)–(6.26) 是标准奇摄动, 并且满足强鲁棒内部稳定性, 以及具有给定的均一致 H_∞ 性能指标 $\gamma > 0$. 证毕.

当控制增益矩阵 K 从 (6.27) 获取之后, 根据定理 6.4 和定理 6.5, 可得如下求解小参数稳定界的方法.

定理 6.6　如果存在标量 $\tilde{\lambda} > 0$, 正定对称矩阵 $\tilde{\Pi} > 0$, $\tilde{P}_{11} > 0$, $\tilde{P}_{22} > 0$ 以及适维矩阵 $\tilde{P}_{21}$, 满足如下 LMI 条件

$$
\tilde{\Pi} < \tilde{\lambda} \tilde{P}_{11}, \quad
\begin{pmatrix}
\tilde{\Pi} & \tilde{P}_{21}^{\mathrm{T}} \\
\tilde{P}_{21} & \tilde{P}_{22}
\end{pmatrix} > 0, \quad \Psi < 0, \quad \tilde{\Psi} < -\tilde{\lambda} \Psi, \qquad (6.30)
$$

其中

$$\tilde{\Psi} = \left(\begin{array}{c} (A + B_u K)^{\mathrm{T}} \\ H^{\mathrm{T}} \\ B_w^{\mathrm{T}} \end{array} \right) \tilde{P}_3 \left(\begin{array}{c} (A + B_u K)^{\mathrm{T}} \\ H^{\mathrm{T}} \\ B_w^{\mathrm{T}} \end{array} \right)^{\mathrm{T}}, \quad \tilde{P}_3 = \left(\begin{array}{cc} \tilde{P}_{11} & \tilde{P}_{21}^{\mathrm{T}} \\ \tilde{P}_{21} & O \end{array} \right),$$

则对任给的 $\varepsilon \in (0, \varepsilon^*]$, 离散时间的不确定奇摄动闭环系统 (6.25)-(6.26) 是标准奇摄动, 具有强鲁棒内部稳定性, 且有给定的均一致 H_∞ 性能指标 $\gamma > 0$, 其中 $\varepsilon^* = \tilde{\lambda}^{-1}$.

如下无不确定性项的离散时间的线性奇摄动系统是本章奇摄动闭环系统 (6.25)- (6.26) 的一个特例[5,6].

$$\begin{cases} x(k + 1) = (A_\varepsilon + B_{u\varepsilon} K)x(k) + B_{w\varepsilon} w(k), \\ z(k) = (C + D_u K)x(k) + D_w w(k). \end{cases} \tag{6.31}$$

对于离散时间线性奇摄动系统 (6.31), 应用定理 6.5, 可直接得到如下结论.

推论 6.1 如果存正定对称矩阵在 $X_{11} > 0, X_{22} > 0$ 以及适维矩阵 X_{21}, Y 满足如下 LMI 条件

$$\left(\begin{array}{cccc} \Gamma_{11} & B_w & X^{\mathrm{T}} C^{\mathrm{T}} + Y^{\mathrm{T}} D_u^{\mathrm{T}} & X^{\mathrm{T}} A_2^{\mathrm{T}} + Y^{\mathrm{T}} B_{u2}^{\mathrm{T}} \\ * & -\gamma^2 I & D_w^{\mathrm{T}} & B_{w2}^{\mathrm{T}} \\ * & * & -I & O \\ * & * & * & -X_{22} \end{array} \right) < 0, \tag{6.32}$$

其中 Γ_{11}, X 以及 A_2 均由定理 6.5 给出定义. 则存在 $\varepsilon^* > 0$, 使得当 $\varepsilon \in (0, \varepsilon^*]$ 时, 相应的奇摄动闭环系统 (6.31) 是标准奇摄动, 强内部稳定, 满足给定的关于小参数 $\varepsilon > 0$ 一致的 H_∞ 性能指标 $\gamma > 0$, 并且当 $\varepsilon \to 0$ 时此 H_∞ 性能指标仍保持, 其中控制增益矩阵为 $K = YX^{-1}$.

另外, 稳定界 $\varepsilon^* = \tilde{\lambda}^{-1}$ 可通过求解下面的 GEVP 得到

$$\min \quad \tilde{\lambda}$$

$$\text{s.t.} \quad \tilde{\Pi} < \tilde{\lambda} \tilde{P}_{11}, \quad \left(\begin{array}{cc} \tilde{\Pi} & \tilde{P}_{21}^{\mathrm{T}} \\ \tilde{P}_{21} & \tilde{P}_{22} \end{array} \right) > 0, \quad \Theta < 0, \quad \tilde{\Theta} < -\tilde{\lambda} \Theta, \tag{6.33}$$

其中 $\tilde{\Pi}, \tilde{P}_{11} > 0, \tilde{P}_{22} > 0$ 和 $\tilde{P}_{21}$ 由定理 6.6 给出; 而

$$\Theta = \left(\begin{array}{cc} \Xi & \tilde{P}_1^{\mathrm{T}} B_w + (C + D_u K)^{\mathrm{T}} D_w \\ * & -\gamma^2 I + D_w^{\mathrm{T}} D_w \end{array} \right)$$

$$+ \left(\begin{array}{c} (A_1 + B_u K)^{\mathrm{T}} \\ B_w^{\mathrm{T}} \end{array} \right) \tilde{P}_2 \left(\begin{array}{c} (A_1 + B_u K)^{\mathrm{T}} \\ B_w^{\mathrm{T}} \end{array} \right)^{\mathrm{T}};$$

$$\tilde{\Theta} = \left(\begin{array}{c} (A + B_u K)^{\mathrm{T}} \\ B_w^{\mathrm{T}} \end{array} \right) \tilde{P}_3 \left(\begin{array}{c} (A + B_u K)^{\mathrm{T}} \\ B_w^{\mathrm{T}} \end{array} \right)^{\mathrm{T}};$$

$$\Xi = (A_1 + B_u K)^{\mathrm{T}} \tilde{P}_1 + \tilde{P}_1^{\mathrm{T}}(A_1 + B_u K) + (C + D_u K)^{\mathrm{T}}(C + D_u K).$$

6.4　应 用 例 子

本节将给出两个应用例子以验证本章结果的先进性.

例 6.1　此例将展示推论 6.1, 它的确可获得更大的稳定界. 为了便于比较, 考虑与文献 [5] 和 [6] 中相同的例子. 对于如下参数的快采样离散时间的奇摄动系统

$$A = \left(\begin{array}{cc} -0.3417 & 0.3417 \\ 0.2733 & 0.7267 \end{array} \right), \quad B_u = \left(\begin{array}{c} 9.0021 \\ 42.7983 \end{array} \right), \quad B_w = \left(\begin{array}{c} 0 \\ 0.2 \end{array} \right),$$

$$C = \left(\begin{array}{cc} 1 & 0 \\ 0 & 1 \\ 0 & 0 \end{array} \right), \quad D_u = \left(\begin{array}{c} 0 \\ 0 \\ 1 \end{array} \right), \quad D_w = \left(\begin{array}{c} 0 \\ 0 \\ 0 \end{array} \right), \qquad (6.34)$$

分别利用推论 6.1 以及文献 [5] 和 [6] 中的方法, 得到了表 6.1 中相应的最小 H_∞ 性能指标 $\gamma > 0$ 以及控制增益矩阵 K. 从表 6.1 可以看出, 本章的方法所获取的 H_∞ 性能指标 $\gamma > 0$ 以及控制增益矩阵 K 与文献 [6] 是一样的, 然而要优于文献 [5] 的工作. 不一样的是本章提及的方法成功地处理了系统内部不确定性的情况, 并保证了强 H_∞ 控制.

表 6.1　最小 H_∞ 范数 $\gamma > 0$ 以及相应控制增益矩阵 K 的比较

	$\gamma > 0$	K
推论 6.1	0.2001	$[-0.0138 \ -0.0170]$
文献 [6] 的方法	0.2001	$[-0.0138 \ -0.0170]$
文献 [5] 的方法	0.2049	$[-0.0095 \ -0.0172]$

进一步地, 表 6.2 给出了小参数稳定上界的比较, 从中可以看出本章的结果提供了较优的上界. 从而推论 6.1 在求解奇摄动参数上界方面与文献 [5] 和 [6] 相比具有较小的保守性.

表 6.2 奇摄动参数稳定界的比较

$\gamma > 0$	推论 6.1	文献 [6] 的方法	文献 [5] 的方法
0.205	0.6312	0.5789	0.18
0.207	0.8108	0.8042	0.49
0.209	0.9729	0.9585	0.90
0.301	3.5804	3.1407	0.99
0.401	3.9698	3.5249	0.99

例 6.2 考虑如下离散时间的不确定奇摄动系统, 其系统参数如下

$$A = \begin{pmatrix} -8.6 & 0.2 \\ 0.9 & 1.3 \end{pmatrix}, \quad B_u = \begin{pmatrix} 1.5 \\ 2 \end{pmatrix}, \quad B_w = \begin{pmatrix} 0.4 \\ 0.3 \end{pmatrix}, \quad H = I,$$

$$C = \begin{pmatrix} 1.5, & 1.7 \end{pmatrix}, \quad D_u = 1, \quad D_w = 0.4.$$

非线性不确定项为 $f = (f_1^{\mathrm{T}} \quad f_2^{\mathrm{T}})^{\mathrm{T}}$ 满足 $\|f_1\| \leqslant 0.25\|x_1\|$; $\|f_2\| \leqslant 0.25\|x_2\|$, 例如可取

$$f_1(x_1, x_2) = \frac{x_1|x_2|}{1 + 4x_2^2}, \quad f_2(x_1, x_2) = \frac{|x_1|x_2}{1 + 4x_1^2}.$$

可得 $E_{11} = E_{22} = 0.25$, $E_{12} = E_{21} = 0$. 不难验证, 上述系统是不稳定的. 于是需要设计一个状态反馈变换 (6.5) 使得所产生的离散时间不确定奇摄动闭环系统是强鲁棒内部稳定, 并且满足给定的均一致 H_∞ 性能指标 $\gamma > 0$.

根据定理 6.5, 优化的均一致 H_∞ 性能指标和相应的控制增益矩阵 K 由表 6.3 所示. 另外, 不同的性能指标所对应的奇摄动参数稳定界由表 6.4 所示. 从表 6.3 和表 6.4 可以看出, 离散时间的不确定奇摄动闭环系统是强鲁棒内部稳定, 且理论上保证了具有给定的关于不确定性和小参数 $\varepsilon \in (0, \varepsilon^*]$ 均一致的 H_∞ 性能指标 $\gamma > 0$, 包括 $\varepsilon \to 0$ 时的极限仍然成立.

表 6.3 最优 H_∞ 范数 $\gamma > 0$ 以及相应的控制增益 K

	$\gamma > 0$	K
定理 6.5	0.5638	$[-0.8288 \ -0.7381]$

表 6.4 不同 H_∞ 性能指标对应的奇摄动参数上界

γ	0.72	0.74	0.76
ε^*	0.1420	0.1431	0.1440

需要指出的是, 文献 [5] 和 [6] 中的方法是不可行的. 因此此例展示了本章所采用方法的有效性和先进性.

6.5　小结与评注

有关快采样离散时间奇摄动模型 H_∞ 分析与控制问题的研究已经取得了一定的进展. 例如, 文献 [4, 5] 中利用 LMI 方法讨论了离散时间奇摄动系统的 H_∞ 分析与控制. 由于所提的方法涉及了较多的不等式, 从而结果比较保守. 为此, 文献 [6] 做了进一步的改进, 提出了新的充分条件等. 然而, 上述所提到的文献都没有在 Kokotovic 两时标分解的奇摄动方法框架内讨论问题, 仅把小参数 $\varepsilon > 0$ 看作是一个静态量来处理, 是否一致有效无法保证[8].

本章所考虑的办法仍然沿袭 Kokotovic 提出的奇摄动思想和平台, 以及两时标分解基础上的奇摄动方法[1,2]. 因此, 为了保证两时标分解可行, 则必须保证孤立根的存在, 即讨论的对象是标准奇摄动. 这样即可保证当 → 0 时快慢子系统的存在性. 这在有不确定情况下并不显见. 其次要寻求一个可验证的充分条件下使得快慢子系统具有相应的鲁棒 H_∞ 控制. 然后, 基于快慢子系统所获得的鲁棒 H_∞ 控制, 通过奇摄动方法来证明整个奇摄动系统相应的 H_∞ 控制的结果. 如果不能保证孤立根, 或者可验证的充分条件不满足 (例如可行解求解困难), 则可引进状态反馈使得相应闭环奇摄动系统满足孤立根存在条件, 进一步满足相关的充分条件.

定理 6.3 给出了系统是标准奇摄动、强鲁棒内部稳定性和具有给定的均一致 H_∞ 性能指标的统一条件. 需要说明的是, 定理 6.3 的方法有几大优点. 具体表现在:

(1) 所提方法结合了两时标分解技巧和线性矩阵不等式方法, 不仅避免了系统病态问题的产生, 而且便于计算;

(2) 从定理 6.3 中可以看出, 系统的 H_∞ 性能指标当 $\varepsilon \to 0$ 时仍能够保持;

(3) 定理 6.3 的方法尽管使用了两时标分解的技巧, 但并未对系统进行任何坐标变换, 而坐标变换使得系统矩阵对角化, 对于通常的奇摄动方法是难免的;

(4) 上述 3 点同时保证了标准奇摄动 (正则) 的 Tikhonov 极限定理隐式地成立, 因此在 Kokotovic 奇摄动方法框架内所获得的结果都是一致有效的.

如果在反馈环节引入信号传输的通信网络, 那么状态传输至控制器之间需要进行有限数字化编码解码, 除了需要分别设计编码解码器外, 离散时间奇摄动混杂系统的研究也是个不小的困难[9,10]. 此类问题已经引起不少研究者的兴趣.

参 考 文 献

[1]　Kokotovic P V, Khalil H K, O'Reilly J. Singular Perturbation Methods in Control: Analysis and Design. London: Academic Press, 1986.

[2] Naidu D S. Singular Perturbations and time scales in control theory and applications: An overview. Dynamics of Continuous, Discrete and Impulsive Systems Series B: Applications & Algorithms, 2002, 9 (2): 233-278.

[3] Liu D, Liu L, Yang Y. H_∞ control of discrete-time singularly perturbed systems via static output feedback. Abstract and Applied Analysis, 2013: 1-9.

[4] Dong J X, Yang G H. Robust H_∞ control for standard discrete-time singularly perturbed systems. IET Control Theory and Appl., 2007, 1: 1141-1148.

[5] Dong J X, Yang G H. H_∞ control for fast sampling discrete-time singularly perturbed systems. Automatica, 2008, 44: 1385-1393.

[6] Xu S Y, Feng G. New results on H_∞ control of discrete singularly perturbed systems. Automatica, 2009, 45: 2339-2343.

[7] Boyd S, Ghaoui L E, Feron E, Balakrishnan V. Linear Matrix Inequalities in System and Control Theory. Philadelphia: SIAM Studies in Applied Mathematics, 1994.

[8] Chow J H. Preservation of controllability in linear time-invariant perturbed systems. International Journal of Control, 1977, 25: 697-704.

[9] Wang Z M, Liu W. Output feedback networked control of singular perturbation. Proceedings of the 9th World Congress on Intelligent Control and Automation (WCICA), Taipei, 2011: 645-650.

[10] Wang Z M, Liu W, Dai H H, Naidu D S. Robust stabilization of model-based uncertain singularly perturbed systems with networked time-delay. Proceedings of the 48 th IEEE Conference on Decision and Control, 2009 held jointly with the 2009 28th Chinese. Control Conference, Kunming, China, 2009: 7917-7922.

第 7 章　连续时间奇摄动系统的动态输出反馈

状态反馈在性能上的完美性和实际操作层面上的难以实现构成了一对矛盾. 通常输出变量可以量测, 因此输出反馈是解决这对矛盾的一条途径. 但是输出反馈是系统结构信息的不完全反馈, 为了使得输出反馈能够达到状态反馈的效果, 需要补充状态观察器或者动态补偿器加以解决, 其代价之一是增加反馈系统的阶数[1]. 对于奇摄动反馈系统, 绝大多数控制器设计方法都集中在状态反馈, 因此输出反馈的设计是必要的. 输出反馈通常有以下三种方式: 静态输出反馈、基于观测器的输出反馈和动态输出反馈. 对于奇摄动控制系统来说, 总是可以找到一个静态输出反馈能够镇定慢子系统但仍不能镇定整个奇摄动系统, 即使此时开环快子系统本身稳定[2-5]. 因此当讨论奇摄动系统的输出反馈时, 会尽量避免使用静态输出反馈.

本章考虑线性奇摄动系统动态输出反馈的控制问题. 首先, 仍以 Kokotovic 奇摄动方法为框架. 基于两时标分解技巧和线性矩阵不等式方法给出快慢子系统的动态输出反馈控制存在的条件. 在此基础上, 组合得到整个奇摄动系统的动态输出反馈控制律. 结果显示, 在组合动态输出反馈的作用下, 当小参数 $\varepsilon > 0$ 充分小时, 原线性奇摄动闭环系统是强渐近稳定的倘若快子系统本身稳定, 则当小参数 $\varepsilon > 0$ 充分小时, 基于慢子系统的动态输出反馈控制律就能够强镇定整个奇摄动控制系统. 最后, 给出两个应用例子验证所述方法的有效性.

7.1　问 题 描 述

考虑如下奇摄动控制系统

$$\dot{x}_1(t) = A_{11}x_1(t) + A_{12}x_2(t) + B_1u(t), \quad x_1(0) = x_{10}; \tag{7.1}$$

$$\varepsilon \dot{x}_2(t) = A_{21}x_1(t) + A_{22}x_2(t) + B_2u(t), \quad x_2(0) = x_{20}; \tag{7.2}$$

$$y(t) = C_1x_1(t) + C_2x_2(t) + Du(t), \tag{7.3}$$

其中 $x = (x_1^{\mathrm{T}}, x_2^{\mathrm{T}})^{\mathrm{T}}$ 为系统的状态向量, $x_1 \in R^{n_1}$ 和 $x_2 \in R^{n_2}(n_1 + n_2 = n)$ 分别表示系统的慢状态和快状态; $u \in R^q$ 为控制输入; $y \in R^r$ 为系统输出; $\varepsilon > 0$ 为奇摄动参数, 且它总是用来表示快状态的响应时间. 系统 (7.1)–(7.3) 中的所有矩阵均为适维的常数矩阵.

记

$$x = \begin{pmatrix} x_1 \\ x_2 \end{pmatrix}, \quad A_\varepsilon = \begin{pmatrix} A_{11} & A_{12} \\ \dfrac{A_{21}}{\varepsilon} & \dfrac{A_{22}}{\varepsilon} \end{pmatrix}, \quad B_\varepsilon = \begin{pmatrix} B_1 \\ \dfrac{B_2}{\varepsilon} \end{pmatrix}, \quad C = \begin{pmatrix} C_1, & C_2 \end{pmatrix}.$$

则奇摄动系统 (7.1)–(7.3) 可改写成

$$\dot{x}(t) = A_\varepsilon x(t) + B_\varepsilon u(t), \quad x(0) = \begin{pmatrix} x_{10}^{\mathrm{T}}, & x_{20}^{\mathrm{T}} \end{pmatrix}^{\mathrm{T}}; \tag{7.4}$$

$$y(t) = Cx(t) + Du(t). \tag{7.5}$$

对奇摄动系统 (7.1)–(7.3) 作如下假设条件.

条件 7.1 假设 A_{22} 为非奇异矩阵.

根据条件 7.1 和奇摄动系统的两时标性质, 快慢子系统可分解如下.

令 $\varepsilon = 0$, 通过求解方程 (7.2) 可得

$$\bar{x}_2 = -A_{22}^{-1}(A_{21}x_1 + B_2u). \tag{7.6}$$

将 (7.6) 式代入 (7.1) 和 (7.3) 可得如下慢子系统

$$\dot{x}_s(t) = A_0 x_s(t) + B_0 u_s(t), \quad x_s(0) = x_{10}; \tag{7.7}$$

$$y_s(t) = C_0 x_s(t) + D_0 u_s(t), \tag{7.8}$$

其中向量 x_s, u_s 和 y_s 为奇摄动系统 (7.1)–(7.3) 变量 x_1, u 和 y 的慢部分:

$$A_0 = A_{11} - A_{12}A_{22}^{-1}A_{21}, \quad B_0 = B_1 - A_{12}A_{22}^{-1}B_2,$$

$$C_0 = C_1 - C_2 A_{22}^{-1}A_{21}, \quad D_0 = D - C_2 A_{22}^{-1}B_2.$$

另外, 令 $x_f = x_2 - \bar{x}_2$, $u_f = u - u_s$, 通过 $\varepsilon \dot{\bar{x}}_2 = 0$ 可得如下的快子系统

$$\dot{x}_f(\tau) = A_{22}x_f(\tau) + B_2 u_f(\tau), \quad x_f(0) = x_{20} + A_{22}^{-1}A_{21}x_{10}; \tag{7.9}$$

$$y_f(\tau) = C_2 x_f(\tau) + D u_f(\tau), \tag{7.10}$$

其中 $\tau = \dfrac{t}{\varepsilon}$.

7.2　严真动态输出反馈控制

本节的目标是要通过建立快慢子系统的动态输出反馈而得到整个奇摄动系统的组合动态输出反馈. 因此, 首先设计相应的快慢子系统的动态输出反馈. 对于慢子系统 (7.7)–(7.8), 考虑如下严真的动态输出反馈

$$\dot{\tilde{x}}_1(t) = M_1 \tilde{x}_1(t) + N_1 y_s(t), \quad u_s(t) = G_1 \tilde{x}_1(t), \tag{7.11}$$

其中 $\tilde{x}_1(t) \in R^{n_1}$ 为控制器状态, M_1, N_1 和 G_1 为待定的常数矩阵. 将 (7.11) 代入慢子系统 (7.7)–(7.8) 可得到如下升维的慢闭子系统

$$\begin{pmatrix} \dot{x}_s(t) \\ \dot{\tilde{x}}_1(t) \end{pmatrix} = \Lambda_0 \begin{pmatrix} x_s(t) \\ \tilde{x}_1(t) \end{pmatrix} = \begin{pmatrix} A_0 & B_0 G_1 \\ N_1 C_0 & M_1 + N_1 D_0 G_1 \end{pmatrix} \begin{pmatrix} x_s(t) \\ \tilde{x}_1(t) \end{pmatrix}. \tag{7.12}$$

定理 7.1　对于连续时间的慢子系统 (7.7)–(7.8), 如果存在矩阵 $X_1 > 0, Y_1 > 0, \Phi_1$ 以及 Ψ_1 使得下面的 LMI 条件成立

$$\begin{pmatrix} X_1 & I \\ I & Y_1 \end{pmatrix} > 0, \tag{7.13}$$

$$A_0^{\mathrm{T}} X_1 + X_1^{\mathrm{T}} A_0 + \Phi_1 C_0 + C_0^{\mathrm{T}} \Phi_1^{\mathrm{T}} < 0, \tag{7.14}$$

$$A_0 Y_1 + Y_1^{\mathrm{T}} A_0^{\mathrm{T}} - B_0 \Psi_1 - \Psi_1^{\mathrm{T}} B_0^{\mathrm{T}} < 0, \tag{7.15}$$

则存在形如 (7.11) 的动态输出反馈使得慢闭子系统 (7.12) 是渐近稳定的. 在条件 (7.13)–(7.15) 成立的情况下, 相应的控制增益矩阵可选取为

$$M_1 = (X_1 - Y_1^{-1})^{-\mathrm{T}}(A_0^{\mathrm{T}} Y_1^{-1} + X_1^{\mathrm{T}} A_0 - X_1^{\mathrm{T}} B_0 \Psi_1 Y_1^{-1} + \Phi_1 C_0 - \Phi_1 D_0 \Psi_1 Y_1^{-1}),$$

$$N_1 = (Y_1^{-1} - X_1)^{-\mathrm{T}} \Phi_1, \quad G_1 = -\Psi_1 Y_1^{-1}. \tag{7.16}$$

证明　在矩阵不等式 (7.13)–(7.15) 成立的条件下, 利用参数 (7.16) 可得如下的慢闭子系统

$$\begin{pmatrix} \dot{x}_s(t) \\ \dot{\tilde{x}}_1(t) \end{pmatrix} = \Lambda_0 \begin{pmatrix} x_s(t) \\ \tilde{x}_1(t) \end{pmatrix} = \begin{pmatrix} A_0 & -B_0 \Psi_1 Y_1^{-1} \\ (Y_1^{-1} - X_1)^{-\mathrm{T}} \Phi_1 C_0 & \Xi \end{pmatrix} \begin{pmatrix} x_s(t) \\ \tilde{x}_1(t) \end{pmatrix},$$

其中 $\Xi = (X_1 - Y_1^{-1})^{-\mathrm{T}}(A_0^{\mathrm{T}} Y_1^{-1} + X_1^{\mathrm{T}} A_0 - X_1^{\mathrm{T}} B_0 \Psi_1 Y_1^{-1} + \Phi_1 C_0)$. 令

$$P_s = \begin{pmatrix} X_1 & Y_1^{-1} - X_1 \\ Y_1^{-1} - X_1 & X_1 - Y_1^{-1} \end{pmatrix},$$

注意到 $X_1 - (Y_1^{-1} - X_1)(X_1 - Y_1^{-1})^{-1}(Y_1^{-1} - X_1) = X_1 + Y_1^{-1} - X_1 > 0$, 则通过 Schur 补引理, 可知 $P_s > 0$. 进一步计算可得

$$\Lambda_0^{\mathrm{T}} P_s + P_s^{\mathrm{T}} \Lambda_0 = \begin{pmatrix} \Delta_{11} & -\Delta_{11} \\ -\Delta_{11} & \Delta_{22} \end{pmatrix},$$

其中

$$\Delta_{11} = A_0^{\mathrm{T}} X_1 + X_1^{\mathrm{T}} A_0 + \Phi_1 C_0 + C_0^{\mathrm{T}} \Phi_1^{\mathrm{T}};$$

$$\Delta_{22} = \Delta_{11} + A_0^{\mathrm{T}} Y_1^{-1} + Y_1^{-\mathrm{T}} A_0 - Y_1^{-\mathrm{T}}(B_0 \Psi_1 + \Psi_1^{\mathrm{T}} B_0^{\mathrm{T}}) Y_1^{-1}.$$

对不等式 (7.15) 分别左乘 $Y_1^{-\mathrm{T}}$ 和右乘 Y_1^{-1}, 可得

$$A_0^{\mathrm{T}} Y_1^{-1} + Y_1^{-\mathrm{T}} A_0 - Y_1^{-\mathrm{T}}(B_0 \Psi_1 + \Psi_1^{\mathrm{T}} B_0^{\mathrm{T}}) Y_1^{-1} < 0.$$

上式结合 (7.14) 表明 $\Delta_{22} < 0$. 注意到 $\Delta_{11} < 0$, $\Delta_{22} - \Delta_{11} < 0$, 再次利用 Schur 补引理可知

$$\begin{pmatrix} \Delta_{11} & -\Delta_{11} \\ -\Delta_{11} & \Delta_{22} \end{pmatrix} < 0.$$

即 $\Lambda_0^{\mathrm{T}} P_s + P_s^{\mathrm{T}} \Lambda_0 < 0$. 因此, Λ_0 是 Hurwitz 矩阵, 即慢闭子系统 (7.12) 是渐近稳定的. 证毕.

类似地, 对于快子系统 (7.9)–(7.10), 可定义如下严真的动态输出反馈

$$\dot{\tilde{x}}_2(\tau) = M_2 \tilde{x}_2(\tau) + N_2 y_f(\tau), \quad u_f(\tau) = G_2 \tilde{x}_2(\tau), \tag{7.17}$$

其中 $\tilde{x}_2(\tau) \in R^{n_2}$ 为控制器状态, M_2, N_2 和 G_2 为待定的常数矩阵. 将 (7.17) 代入快子系统 (7.9)–(7.10) 可得到如下升维的快闭子系统

$$\begin{pmatrix} \dot{x}_f(\tau) \\ \dot{\tilde{x}}_2(\tau) \end{pmatrix} = \Lambda_f \begin{pmatrix} x_f(\tau) \\ \tilde{x}_2(\tau) \end{pmatrix} = \begin{pmatrix} A_{22} & B_2 G_2 \\ N_2 C_2 & M_2 + N_2 D G_2 \end{pmatrix} \begin{pmatrix} x_f(\tau) \\ \tilde{x}_2(\tau) \end{pmatrix}. \tag{7.18}$$

与定理 7.1 的证明类似, 可得如下结果, 详细证明留给读者.

定理 7.2 对于连续时间的快子系统 (7.9)–(7.10), 如果存在矩阵 $X_2 > 0$, $Y_2 > 0$, Φ_2 以及 Ψ_2 使得下面的 LMI 条件成立

$$\begin{pmatrix} X_2 & I \\ I & Y_2 \end{pmatrix} > 0, \tag{7.19}$$

$$A_{22}^{\mathrm{T}} X_2 + X_2^{\mathrm{T}} A_{22} + \Phi_2 C_2 + C_{21}^{\mathrm{T}} \Phi_2^{\mathrm{T}} < 0, \tag{7.20}$$

$$A_{22}Y_2 + Y_2^{\mathrm{T}}A_{22}^{\mathrm{T}} - B_2\Psi_2 - \Psi_2^{\mathrm{T}}B_2^{\mathrm{T}} < 0, \tag{7.21}$$

则存在形如 (7.17) 的动态输出反馈使得快闭子系统 (7.18) 是渐近稳定的. 在条件 (7.19)–(7.21) 成立的情况下, 相应控制增益矩阵可选取为

$$M_2 = (X_2 - Y_2^{-1})^{-\mathrm{T}}(A_{22}^{\mathrm{T}}Y_2^{-1} + X_2^{\mathrm{T}}A_{22} - X_2^{\mathrm{T}}B_{21}\Psi_2Y_2^{-1} + \Phi_2C_2 - \Phi_2D\Psi_2Y_2^{-1}),$$

$$N_2 = (Y_2^{-1} - X_2)^{-\mathrm{T}}\Phi_2, \quad G_2 = -\Psi_2Y_2^{-1}. \tag{7.22}$$

注意到定理 7.1 的证明, 用同样的方法可证 Λ_f 是 Hurwitz 矩阵.

定理 7.1 和定理 7.2 分别为两个低维的快慢子系统提供了严真的动态输出反馈控制存在的充分条件. 值得注意的是, 相应的控制增益矩阵 M_i, N_i 和 G_i ($i = 1, 2$) 可以分别通过求解线性矩阵不等式 (7.13)–(7.15) 和 (7.19)–(7.21) 获得. 这些将为随后的组合动态输出反馈的构造奠定基础.

在快慢子系统的严真动态输出反馈设计的基础上. 可构造出整个奇摄动系统的组合动态输出反馈如下:

$$u(t) = G_1\tilde{x}_1(t) + G_2\tilde{x}_2(t). \tag{7.23}$$

由于组合动态输出反馈中联系着快慢子系统的输出 y_f 和 y_s, 它们需要参与整个奇摄动运算, 因此我们利用输出的渐近关系 $y \sim y_s + y_f$. 倘若快子系统可被渐近镇定, 则慢输出 y_s 亦可近似地取为 y. 又因为 $y_1 \sim y_s$, 于是快输出 y_f 满足如下渐近近似式 $y_f \sim y - y_1 = y - (C_0x_1 + D_0u_1) = y - (C_0x_1 + D_0G_1\tilde{x}_1)$, 因此用 y 和 $y - (C_0x_1 + D_0G_1\tilde{x}_1)$ 分别近似取代 y_s 和 y_f 具有其合理性和可操作性, 从而由系统 (7.1)–(7.2) 以及动态输出反馈 (7.11) 和 (7.17) 所产生的整个奇摄动闭环系统可表示为

$$\begin{pmatrix} \dot{\xi}(t) \\ \varepsilon\dot{v}(t) \end{pmatrix} = \Gamma \begin{pmatrix} \xi(t) \\ v(t) \end{pmatrix} = \begin{pmatrix} \Gamma_{11} & \Gamma_{12} \\ \Gamma_{21} & \Gamma_{22} \end{pmatrix} \begin{pmatrix} \xi(t) \\ v(t) \end{pmatrix}, \tag{7.24}$$

其中

$$\xi = \begin{pmatrix} x_1 \\ \tilde{x}_1 \end{pmatrix}, \quad v = \begin{pmatrix} x_2 \\ \tilde{x}_2 \end{pmatrix}, \quad \Gamma_{11} = \begin{pmatrix} A_{11} & B_1G_1 \\ N_1C_1 & M_1 + N_1DG_1 \end{pmatrix},$$

$$\Gamma_{12} = \begin{pmatrix} A_{12} & B_1G_2 \\ N_1C_2 & N_1DG_2 \end{pmatrix}, \quad \Gamma_{21} = \begin{pmatrix} A_{21} & B_2G_1 \\ N_2C_1 & N_2(DG_1 - C_0 - D_0G_1) \end{pmatrix},$$

$$\Gamma_{22} = \begin{pmatrix} A_{22} & B_2G_2 \\ N_2C_2 & M_2 + N_2DG_2 \end{pmatrix}.$$

在定理 7.1 和定理 7.2 同时成立的基础上, 下面给出整个奇摄动闭环系统 (7.24) 是强渐近稳定的充分条件.

定理 7.3 假设条件 (7.13)–(7.15) 和 (7.19)–(7.21) 同时成立, 则当小参数 $\varepsilon > 0$ 充分小时, 由动态输出反馈 (7.23) 构成的奇摄动闭环系统 (7.24) 是强渐近稳定的.

证明 对于奇摄动闭环系统 (7.24), 注意到 $\Lambda_f = \Gamma_{22}$ 为 Hurwitz 矩阵, 因此作如下非奇异变换[3]

$$\begin{pmatrix} \sigma(t) \\ \tau(t) \end{pmatrix} = T \begin{pmatrix} \xi(t) \\ v(t) \end{pmatrix}, \quad T = \begin{pmatrix} I_{2n_1} - \varepsilon ML & -\varepsilon M \\ L & I_{2n_2} \end{pmatrix},$$

$$T^{-1} = \begin{pmatrix} I_{2n_1} & \varepsilon M \\ -L & I_{2n_2} - \varepsilon LM \end{pmatrix},$$

其中

$$L = \Gamma_{22}^{-1}\Gamma_{21} + O(\varepsilon), \quad M = \Gamma_{12}\Gamma_{22}^{-1} + O(\varepsilon).$$

在上述变换下, 系统 (7.24) 可写成如下形式

$$\begin{pmatrix} \dot{\sigma}(t) \\ \varepsilon\dot{\tau}(t) \end{pmatrix} = \begin{pmatrix} E_s & O \\ O & E_f \end{pmatrix} \begin{pmatrix} \sigma(t) \\ \tau(t) \end{pmatrix}, \tag{7.25}$$

其中

$$E_s = \Gamma_{11} - \Gamma_{12}L = \Gamma_{11} - \Gamma_{12}\Gamma_{22}^{-1}\Gamma_{21} + O(\varepsilon), \tag{7.26}$$

$$E_f = \Gamma_{22} + \varepsilon L\Gamma_{12} = \Gamma_{22} + O(\varepsilon). \tag{7.27}$$

由 (7.27) 容易验证, 在定理 7.2 的条件下, 对充分小的 $\varepsilon > 0$, E_f 为 Hurwitz 矩阵.
对于 E_s 的稳定性, 由 (7.24) 可推出

$$\Gamma_{22}^{-1} = \begin{pmatrix} \Upsilon_{11} & \Upsilon_{12} \\ \Upsilon_{21} & (M_2 + N_2D_0G_2)^{-1} \end{pmatrix},$$

其中

$$\Upsilon_{11} = A_{22}^{-1}(I + B_2G_2(M_2 + N_2D_0G_2)^{-1}N_2C_2A_{22}^{-1}),$$

$$\Upsilon_{12} = -A_{22}^{-1}B_2G_2(M_2 + N_2D_0G_2)^{-1},$$

$$\Upsilon_{21} = -(M_2 + N_2D_0G_2)^{-1}N_2C_2A_{22}^{-1}.$$

将上式代入 (7.26), 通过进一步计算, 可得

$$E_s = \Gamma_{11} - \Gamma_{12}\Gamma_{22}^{-1}\Gamma_{21} + O(\varepsilon)$$

$$= \begin{pmatrix} A_{11} & B_1G_1 \\ N_1C_1 & M_1 + N_1DG_1 \end{pmatrix} - \begin{pmatrix} A_{12} & B_1G_2 \\ N_1C_2 & N_1DG_2 \end{pmatrix}$$

$$\times \begin{pmatrix} \Upsilon_{11} & \Upsilon_{12} \\ \Upsilon_{21} & (M_2 + N_2D_0G_2)^{-1} \end{pmatrix}$$

$$\times \begin{pmatrix} A_{21} & B_2G_1 \\ N_2C_1 & N_2(DG_1 - C_0 - D_0G_1) \end{pmatrix} + O(\varepsilon)$$

$$= \Lambda_0 + O(\varepsilon).$$

根据定理 7.1, Λ_0 为 Hurwitz 矩阵. 从而对充分小的 $\varepsilon > 0$, E_s 也是 Hurwitz 矩阵.

在组合动态输出反馈 (7.23), (7.11) 和 (7.17) 的作用下, 由于 Γ_{22} 是 Hurwitz 矩阵, 所以奇摄动闭环系统 (7.24) 是标准奇摄动. 当 $\varepsilon \to 0$ 时, 整个奇摄动闭环系统 (7.24) 则分段退化到相应的快慢闭子系统, 即在 $t > 0$ 的慢时标区间上退化为慢闭子系统 (7.12), 而在边界层内即 $\tau = \dfrac{t}{\varepsilon} > 0$ 的快时标上退化为快闭子系统 (7.18), 其中 $t > 0$, 充分小的范围内任意固定. 于是分别由定理 7.1 和定理 7.2 可知快慢子系统都是动态输出反馈可镇定的. 因此, 当 $\varepsilon \to 0$ 时, 奇摄动系统 (7.1)–(7.3) 的动态输出反馈的控制性质仍然保持, 即相应的隐式 Tikhonov 极限定理满足. 所以奇摄动系统 (7.1)–(7.3) 是强动态输出反馈可镇定的. 也就是在 Kokotovic 方法的框架内讨论的动态输出反馈可镇定性质是一致有效的. 证毕.

定理 7.3 为奇摄动系统 (7.1)–(7.3) 的动态反馈可镇定性提供了一个充分条件. 结果表明, 所构造的组合动态输出反馈仍然能够强镇定整个奇摄动系统, 即使其快子系统是开环不稳定的.

另外, 在 A_{22} 为 Hurwitz 矩阵的条件下, 即快子系统是开环稳定的, 只要镇定它的慢子系统 (7.7) 即可. 因此, 此时在奇摄动闭环系统 (7.24) 中可简单地令 $M_2 = 0$, $N_2 = 0$ 和 $G_2 = 0$. 从而可获得如下奇摄动闭环系统

$$\begin{pmatrix} \dot{\sigma}(t) \\ \varepsilon\dot{x}_2(t) \end{pmatrix} = \tilde{\Gamma}\begin{pmatrix} \sigma(t) \\ x_2(t) \end{pmatrix} = \begin{pmatrix} \tilde{\Gamma}_{11} & \tilde{\Gamma}_{12} \\ \tilde{\Gamma}_{21} & \tilde{\Gamma}_{22} \end{pmatrix}\begin{pmatrix} \sigma(t) \\ x_2(t) \end{pmatrix}, \qquad (7.28)$$

其中

$$\tilde{\Gamma}_{11} = \begin{pmatrix} A_{11} & B_1G_1 \\ N_1C_1 & M_1 + N_1DG_1 \end{pmatrix}, \quad \tilde{\Gamma}_{12} = \begin{pmatrix} A_{12} \\ N_1C_2 \end{pmatrix},$$

$$\tilde{\Gamma}_{21} = \left(\begin{array}{cc} A_{21}, & B_2G_1 \end{array} \right), \quad \tilde{\Gamma}_{22} = A_{22}.$$

根据定理 7.3, 可直接得到如下推论.

推论 7.1 如果 A_{22} 为 Hurwitz 矩阵, 并且条件 (7.13)-(7.15) 均满足, 则当小参数 $\varepsilon > 0$ 充分小时, 基于慢子系统 (7.7) 设计的动态输出反馈控制器 (M_1, N_1, G_1) 就能够强镇定整个奇摄动系统 (7.1)-(7.3).

上面的推论 7.1 表明, 当快子系统本身开环稳定, 基于慢子系统设计的动态输出反馈控制器对整个奇摄动系统具有鲁棒性. 即当快子系统变化足够快时, 在设计控制器时可简单地忽略它. 在控制器 (M_1, N_1, G_1) 的作用下, 整个奇摄动系统的动力学行为将渐近趋近于相应的慢子系统, 并且一致有效. 同时, 推论 7.1 也为整个奇摄动系统 (7.1)-(7.3) 的控制器设计在快子系统稳定情况下丢弃快系统部分的设计提供了理论依据.

7.3 应 用 例 子

本节将给出两个应用例子以验证本章所提方法的有效性.

例 7.1 考虑如下奇摄动系统

$$\left(\begin{array}{c} \dot{x}_1 \\ \dot{x}_2 \\ \varepsilon\dot{x}_3 \\ \varepsilon\dot{x}_4 \end{array} \right) = \left(\begin{array}{cccc} -3 & 4 & 3 & 4 \\ 0 & 2 & -1 & -2 \\ 1 & 2 & -2 & -3 \\ 0 & 2 & 0 & -3 \end{array} \right) \left(\begin{array}{c} x_1 \\ x_2 \\ x_3 \\ x_4 \end{array} \right) + \left(\begin{array}{c} 1 \\ -16 \\ 0 \\ -1 \end{array} \right) u; \quad (7.29)$$

$$y(t) = \left(\begin{array}{cc} 0 & 1 \\ 0 & 0 \end{array} \right) \left(\begin{array}{c} x_1(t) \\ x_2(t) \end{array} \right) + \left(\begin{array}{cc} 1 & 0 \\ 0 & 1 \end{array} \right) \left(\begin{array}{c} x_3(t) \\ x_4(t) \end{array} \right) + \left(\begin{array}{c} 0 \\ 1 \end{array} \right) u(t). \quad (7.30)$$

根据 (7.29)–(7.30), 慢子系统可表示为

$$\dot{x}_s(t) = \left(\begin{array}{cc} -1.5000 & 6.6667 \\ -0.5000 & 0.6667 \end{array} \right) x_s(t) + \left(\begin{array}{c} 1.1667 \\ -15.8333 \end{array} \right) u_s(t), \quad (7.31a)$$

$$y_s(t) = \left(\begin{array}{cc} 0.5000 & 1.0000 \\ 0 & 0.6667 \end{array} \right) x_s(t) + \left(\begin{array}{c} 0.5000 \\ 0.6667 \end{array} \right) u_s(t). \quad (7.31b)$$

注意到 $A_{22} = \left(\begin{array}{cc} -2 & -3 \\ 0 & -3 \end{array} \right)$ 是 Hurwitz 矩阵, 因此, 只需对慢子系统 (7.31) 设计动态输出反馈控制即可.

利用 LMI 工具箱. 通过求解 (7.13)–(7.15) 可得如下参数

$$X_1 = \begin{pmatrix} 51.6534 & 0 \\ 0 & 51.6534 \end{pmatrix}, \quad Y_1 = \begin{pmatrix} 53.1314 & 3.9281 \\ 3.9281 & 55.5489 \end{pmatrix},$$

$$\Phi_1 = \begin{pmatrix} 100.0000 & -509.3902 \\ -157.8711 & 143.9332 \end{pmatrix}, \quad \Psi_1 = (-21.8011, -3.9506).$$

相应的增益矩阵为

$$M_1 = \begin{pmatrix} -2.3411 & 1.8408 \\ -8.3417 & -1.1886 \end{pmatrix}, \quad N_1 = \begin{pmatrix} -1.9368 & 9.8654 \\ 3.0575 & -2.7878 \end{pmatrix},$$

$$G_1 = (0.4072, \quad 0.0423).$$

因此, 根据推论 7.1, 对于充分小的 $\varepsilon > 0$, 所设计的动态输出反馈可保证奇摄动系统 (7.29) 的强可镇定性.

例 7.2　考虑如图 7.1 所示的由简单机械系统描述的奇摄动系统[5]

$$m_1 \ddot{r}_1 = k(r_2 - r_1) + u,$$

$$m_2 \ddot{r}_2 = -k(r_2 - r_1),$$

其中 m_1 和 m_2 表示由一个无质量的长度为 l_0 和刚性系数为 $k > 0$ 的杆连接起来的两个有质量的物体, O_1 和 O_2 之间的距离为 l_0; u 为控制输入.

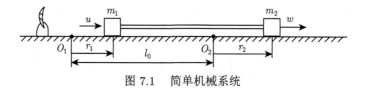

图 7.1　简单机械系统

选取 $\varepsilon \triangleq k^{-1/2} > 0$, 令

$$\begin{pmatrix} x_1 \\ x_2 \end{pmatrix} = \begin{pmatrix} r_2 \\ \dot{r}_2 \end{pmatrix}, \quad \begin{pmatrix} x_3 \\ x_4 \end{pmatrix} = \begin{pmatrix} k(r_2 - r_1) \\ k^{1/2}(\dot{r}_2 - \dot{r}_1) \end{pmatrix},$$

则

$$\begin{pmatrix} \dot{x}_1 \\ \dot{x}_2 \\ \varepsilon \dot{x}_3 \\ \varepsilon \dot{x}_4 \end{pmatrix} = \begin{pmatrix} 0 & 1 & 0 & 0 \\ 0 & 0 & -1/m_2 & 0 \\ 0 & 0 & 0 & 1 \\ 0 & 0 & -1/m_p & 0 \end{pmatrix} \begin{pmatrix} x_1 \\ x_2 \\ x_3 \\ x_4 \end{pmatrix} + \begin{pmatrix} 0 \\ 0 \\ 0 \\ -1/m_1 \end{pmatrix} u, \quad (7.32)$$

$$y(t) = \begin{pmatrix} -1 & 1 \\ 1 & 0 \end{pmatrix} \begin{pmatrix} x_1(t) \\ x_2(t) \end{pmatrix} + \begin{pmatrix} 1 & 0 \\ 0 & 1 \end{pmatrix} \begin{pmatrix} x_3(t) \\ x_4(t) \end{pmatrix} + \begin{pmatrix} 0 \\ 1 \end{pmatrix} u(t), \quad (7.33)$$

其中 $1/m_p = 1/m_1 + 1/m_2$.

通过两时标分解, 可获得如下慢子系统

$$\dot{x}_s = \begin{pmatrix} 0 & 1 \\ 0 & 0 \end{pmatrix} x_s + \begin{pmatrix} 0 \\ 1/m_t \end{pmatrix} u_s, \quad (7.34a)$$

$$y_s(t) = \begin{pmatrix} -1 & 1 \\ 1 & 0 \end{pmatrix} x_s(t) + \begin{pmatrix} -0.6667 \\ 1 \end{pmatrix} u_s(t), \quad (7.34b)$$

其中 $m_t = m_1 + m_2$. 而快子系统为

$$\dot{x}_f = \begin{pmatrix} 0 & 1 \\ -1/m_p & 0 \end{pmatrix} x_f + \begin{pmatrix} 0 \\ -1/m_1 \end{pmatrix} u_f, \quad (7.35a)$$

$$y_f(t) = \begin{pmatrix} 1 & 0 \\ 0 & 1 \end{pmatrix} \begin{pmatrix} x_3(t) \\ x_4(t) \end{pmatrix} + \begin{pmatrix} 0 \\ 1 \end{pmatrix} u(t). \quad (7.35b)$$

通过 MATLAB 中的 LMI 工具箱, 求解 LMI 条件 (7.13)–(7.15) 和 (7.19)–(7.21), 可获得如下参数

$$X_1 = \begin{pmatrix} 52.0408 & 0 \\ 0 & 52.0408 \end{pmatrix}, \quad Y_1 = \begin{pmatrix} 56.1224 & -14.0306 \\ -14.0306 & 56.1224 \end{pmatrix},$$

$$\Phi_1 = \begin{pmatrix} -553.8052 & -581.8664 \\ -28.0612 & 473.7032 \end{pmatrix}, \quad \Psi_1 = (168.3673 \quad 84.1837),$$

$$X_2 = \begin{pmatrix} 25.8608 & 0 \\ 0 & 25.8608 \end{pmatrix}, \quad Y_2 = \begin{pmatrix} 27.5823 & -6.8956 \\ -6.8956 & 27.5823 \end{pmatrix},$$

$$\Phi_2 = \begin{pmatrix} -13.7911 & -41.8646 \\ 54.7950 & -13.7911 \end{pmatrix}, \quad \Psi_2 = (13.7911, \quad -24.1345).$$

根据定理 7.1 中的 (7.16) 和定理 7.2 中的 (7.22), 计算可得

$$M_1 = \begin{pmatrix} 14.1749 & 0.1636 \\ -25.6292 & -24.0567 \end{pmatrix}, \quad N_1 = \begin{pmatrix} 10.6457 & 11.1842 \\ 0.5404 & -9.1048 \end{pmatrix},$$

$$G_1 = (-3.6000, \quad -2.4000). \quad G_2 = (-0.3000, \quad 0.8000),$$

$$M_2 = \begin{pmatrix} -0.0479 & -1.9197 \\ 1.0819 & -1.7629 \end{pmatrix}, \quad N_2 = \begin{pmatrix} 0.5333 & 1.6215 \\ -2.1218 & 0.5347 \end{pmatrix}.$$

相应地, 根据定理 7.3 可知, 由式 (7.23) 构造的组合动态输出反馈控制在小参数 $\varepsilon > 0$ 充分小的情况下强可镇定整个奇摄动系统.

为了验证奇摄动动态输出反馈控制的确如此, 若能求解验证最完美. 但方程求解在绝大多数情况下有相当难度. 因此通常利用仿真验证取而代之. 选定初始条件

$$(x_1(0), \quad x_2(0), \quad x_3(0), \quad x_4(0))^{\mathrm{T}} = (1, \quad 0.5, \quad -1, \quad -0.5)^{\mathrm{T}},$$

则奇摄动闭环系统 (7.24) 在所设计的动态输出反馈的作用下, 其仿真图像如图 7.2 所示. 从图中可以看出, 所设计的组合动态输出反馈控制 (7.23) 的确保证了奇摄动闭环系统的强渐近稳定性.

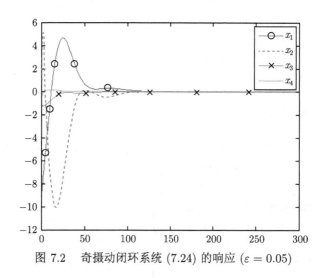

图 7.2   奇摄动闭环系统 (7.24) 的响应 ($\varepsilon = 0.05$)

7.4   小结与评注

本章在状态不可量测, 并且是标准奇摄动的条件下, 通过两时标的分解技巧, 讨论了连续时间线性奇摄动系统动态输出反馈的控制问题. 基于两个低维快慢子系统严真动态输出反馈控制, 组合得到了整个奇摄动系统的严真动态输出反馈控制律. 理论结果表明, 组合严真动态输出反馈, 即使快子系统是开环不稳定的情况下仍可强镇定整个奇摄动系统. 如果快子系统开环稳定, 基于慢子系统设计的严

真动态输出反馈控制器对整个奇摄动系统具有鲁棒性, 只要设计慢子系统的严真动态输出反馈即可. 最后, 两个应用例子说明了本章所述方法的有效性.

有关稳定界 $\varepsilon^* > 0$ 的问题本章没有涉及, 基于观察器的输出反馈在第 2 章中有详细讨论, 相应的鲁棒问题以及抗干扰问题仍是开放问题, 可以进一步研究. 本章设计的慢子系统动态输出反馈 (7.11) 和快子系统的动态输出反馈 (7.17) 都是严真的, 非严真的情况将在第 9 章继续讨论. 下一章讨论相应的离散时间奇摄动控制问题的严真动态输出反馈问题.

参 考 文 献

[1] 郑大钟. 线性系统理论. 2 版. 北京: 清华大学出版社, 2002.

[2] Kokotovic P V, Khalil H K, O'Reilly J. Singular Perturbation Methods in Control: Analysis and Design. London: Academic Press, 1986.

[3] Li T H S, Chiou J S, Kung F C. Stability bounds of singularly perturbed discrete systems. IEEE Trans. on Automatic Control, 1999, 44 (10): 1934-1938.

[4] Lu R, Zou H, Su H, Chu J, Xue A. Robust D-stability for a class of complex singularly perturbed systems. IEEE Trans. on Automatic Control, 2008, 55 (12): 1294-1298.

[5] Corless M, Grarofalo F, Glielmo L. New result on composite control of singularly perturbed uncertain linear systems. Automatica, 1993, 29: 387-400.

第 8 章　离散时间奇摄动系统的动态输出反馈

本章考虑离散时间的线性奇摄动系统的动态输出反馈问题. 它是第 7 章内容的离散部分. 我们仍然沿用 Kokotovic 奇摄动方法的框架, 利用两时标分解技巧和线性矩阵不等式技巧, 分别对快慢子系统的严真动态输出反馈控制器进行设计, 然后组合得到整个奇摄动系统的严真动态输出反馈控制律. 结果显示, 在此组合动态输出反馈的作用下, 当小参数 $\varepsilon > 0$ 充分小时, 整个离散时间的奇摄动系统可获得强镇定的结果[1-5].

8.1　问题描述

考虑如下离散时间线性奇摄动控制系统

$$x_1(k+1) = (I + \varepsilon A_{11})x_1(k) + \varepsilon A_{12}x_2(k) + \varepsilon B_1 u(k); \tag{8.1a}$$

$$x_2(k+1) = A_{21}x_1(k) + A_{22}x_2(k) + B_2 u(k); \tag{8.1b}$$

$$y(k) = C_1 x_1(k) + C_2 x_2(k) + D u(k), \tag{8.2}$$

其中 $x_1 \in R^{n_1}$ 和 $x_2 \in R^{n_2}(n_1+n_2 = n)$ 分别为系统的慢状态和快状态; $u \in R^q$ 为控制输入; $y \in R^p$ 为受控输出; $\varepsilon > 0$ 为奇摄动小参数; $x_1(0) = x_{10}$ 和 $x_2(0) = x_{20}$ 为初始条件.

对系统 (8.1)–(8.2) 作如下假设.

条件 8.1　假设 $I - A_{22}$ 可逆.

利用奇摄动方法, 把奇摄动系统 (8.1)–(8.2) 分解为相应的快慢子系统, 对于慢子系统. 令 $x_2(k+1) = x_2(k)$, 求解方程 (8.1b) 中的 $x_2(k)$ 可得如下式子, 并记为 $\bar{x}_2(k)$,

$$\bar{x}_2(k) = (I - A_{22})^{-1}(A_{21}x_s(k) + B_2 u_s(k)). \tag{8.3}$$

将 (8.3) 分别代入 (8.1a) 和 (8.2) 中, 则成立下式

$$x_s(k+1) = (I + \varepsilon A_s)x_s(k) + \varepsilon B_s u_s(t), \quad x_s(0) = x_{10}; \tag{8.4a}$$

$$y_s(k) = C_s x_s(k) + D_s u_s(k), \tag{8.4b}$$

其中

$$A_s = A_{11} + A_{12}(I - A_{22})^{-1}A_{21}, \quad B_s = B_1 + A_{12}(I - A_{22})^{-1}B_2,$$

$$C_s = C_1 + C_2(I - A_{22})^{-1}A_{21}, \quad D_s = D + C_2(I - A_{22})^{-1}B_2.$$

两边同时除以 $\varepsilon > 0$, 并令 $\varepsilon \to 0$, 可获得在慢时标 $t = \varepsilon k$ 下连续时间的慢子系统

$$\dot{x}_s(t) = A_s x_s(t) + B_s u_s(t), \quad x_s(0) = x_{10}; \tag{8.5a}$$

$$y_s(t) = C_s x_s(t) + D_s u_s(t). \tag{8.5b}$$

为了获得快子系统, 假定慢变量在快时标下为常量, 即 $x_s(k+1) = x_s(k)$, $\bar{x}_2(k+1) = \bar{x}_2(k)$, 从方程 (8.1b) 中提取 (8.3), 并令 $\varepsilon = 0$ 可得如下快子系统

$$x_f(k+1) = A_{22}x_f(k) + B_2 u_f(k), \quad x_f(0) = x_{20} - \bar{x}_2(0); \tag{8.6a}$$

$$y_f(k) = C_2 x_f(k) + D u_f(k). \tag{8.6b}$$

8.2 严真动态输出反馈控制

本节的目标是要通过建立快慢子系统的严真动态输出反馈, 进而得到整个奇摄动系统的组合动态输出反馈. 因此, 接下去的任务首先要设计相应快慢子系统的严真动态输出. 对于慢子系统 (8.5), 考虑如下严真的动态输出反馈控制律

$$\dot{\zeta}(t) = M_1\zeta(t) + N_1 y_s(t), \quad u_s(t) = G_1\zeta(t), \tag{8.7}$$

其中 $\zeta(t) \in R^{n_1}$ 为慢控制器状态, M_1, N_1 和 G_1 为待定的常数矩阵, 将控制律 (8.7) 代入慢子系统 (8.5) 中可得如下升维的慢闭子系统

$$\begin{pmatrix} \dot{x}_s(t) \\ \dot{\zeta}(t) \end{pmatrix} = \Lambda_s \begin{pmatrix} x_s(t) \\ \zeta(t) \end{pmatrix} = \begin{pmatrix} A_s & B_s G_1 \\ N_1 C_s & M_1 + N_1 D_s G_1 \end{pmatrix} \begin{pmatrix} x_s(t) \\ \zeta(t) \end{pmatrix}. \tag{8.8}$$

定理 8.1 对于连续时间的慢闭子系统 (8.8), 如果存在矩阵 $X_1 > 0$, $Y_1 > 0$, Φ_1 以及 Ψ_1 使得下面的 LMI 条件成立

$$\begin{pmatrix} X_1 & I \\ I & Y_1 \end{pmatrix} > 0; \tag{8.9}$$

$$A_s^{\mathrm{T}} X_1 + X_1^{\mathrm{T}} A_s + \Phi_1 C_s + C_s^{\mathrm{T}} \Phi_1^{\mathrm{T}} < 0; \tag{8.10}$$

$$A_s Y_1 + Y_1^{\mathrm{T}} A_s^{\mathrm{T}} - B_s \Psi_1 - \Psi_1^{\mathrm{T}} B_s^{\mathrm{T}} < 0, \tag{8.11}$$

则存在形如 (8.7) 的动态输出反馈控制律使得相应的慢闭子系统 (8.8) 是 Hurwitz 稳定. 在 (8.9)–(8.11) 成立的情况下, 相应控制增益矩阵可取为

$$M_1 = (X_1 - Y_1^{-1})^{-\mathrm{T}}(A_s^{\mathrm{T}} Y_1^{-1} + X_1^{\mathrm{T}} A_s - X_1^{\mathrm{T}} B_s \Psi_1 Y_1^{-1} + \Phi_1 C_s - \Phi_1 D_s \Psi_1 Y_1^{-1}),$$

$$N_1 = (Y_1^{-1} - X_1)^{-\mathrm{T}} \Phi_1, \quad G_1 = -\Psi_1 Y_1^{-1}. \tag{8.12}$$

证明　在 (8.9)–(8.11) 成立的条件下, 利用控制增益矩阵 (8.12) 可得如下形式的慢闭子系统

$$\begin{pmatrix} \dot{x}_s(t) \\ \dot{\zeta}(t) \end{pmatrix} = \begin{pmatrix} A_s & -B_s \Psi_1 Y_1^{-1} \\ (Y_1^{-1} - X_1)^{-\mathrm{T}} \Phi_1 C_s & \Xi \end{pmatrix} \begin{pmatrix} x_s(t) \\ \zeta(t) \end{pmatrix},$$

其中 $\Xi = (X_1 - Y_1^{-1})^{-\mathrm{T}}(A_s^{\mathrm{T}} Y_1^{-1} + X_1^{\mathrm{T}} A_s - X_1^{\mathrm{T}} B_s \Psi_1 Y_1^{-1} + \Phi_1 C_s)$. 令

$$P_s = \begin{pmatrix} X_1 & Y_1^{\mathrm{T}} - X_1 \\ Y_1^{\mathrm{T}} - X_1 & X_1 - Y_1^{-1} \end{pmatrix}.$$

注意到 $X_1 - (Y_1^{-1} - X_1)(X_1 - Y_1^{-1})^{-1}(Y_1^{-1} - X_1) = X_1 + Y_1^{-1} - X_1 > 0$, 由 Schur 补引理, 可得 $P_s > 0$. 进一步计算可得

$$\Lambda_s^{\mathrm{T}} P_s + P_s^{\mathrm{T}} \Lambda_s = \begin{pmatrix} \Delta_{11} & -\Delta_{11} \\ -\Delta_{11} & \Delta_{22} \end{pmatrix},$$

其中

$$\Delta_{11} = A_s^{\mathrm{T}} X_1 + X_1^{\mathrm{T}} A_s + \Phi_1 C_s + C_s^{\mathrm{T}} \Phi_1^{\mathrm{T}},$$

$$\Delta_{22} = \Delta_{11} + A_s^{\mathrm{T}} Y_1^{-1} + Y_1^{-\mathrm{T}} A_s - Y_1^{-\mathrm{T}}(B_s \Psi_1 + \Psi_1^{\mathrm{T}} B_s^{\mathrm{T}}) Y_1^{-1}.$$

对不等式 (8.11) 两边分别左乘 $Y_1^{-\mathrm{T}}$ 和右乘 Y_1^{-1} 后可得

$$A_s^{\mathrm{T}} Y_1^{-1} + Y_1^{-\mathrm{T}} A_s - Y_1^{-\mathrm{T}}(B_s \Psi_1 + \Psi_1^{\mathrm{T}} B_s^{\mathrm{T}}) Y_1^{-1} < 0.$$

由此并结合 (8.10) 表明 $\Delta_{22} < 0$. 注意到 $\Delta_{11} < 0$, $\Delta_{22} - \Delta_{11} < 0$, 再次利用 Schur 补引理成立

$$\begin{pmatrix} \Delta_{11} & -\Delta_{11} \\ -\Delta_{11} & \Delta_{22} \end{pmatrix} < 0,$$

即 $\Lambda_s^{\mathrm{T}} P_s + P_s^{\mathrm{T}} \Lambda_s < 0$, 于是 Λ_s 是 Hurwitz 矩阵. 因此, 连续时间的慢闭子系统 (8.8) 是 Hurwitz 稳定. 证毕.

根据慢子系统的离散时间和连续时间之间的对应关系, 相应离散时间的慢子系统 (8.4) 的动态输出反馈控制可表示为

$$u_s(k) = G_1 \tilde{x}_1(k), \tag{8.13}$$

其中慢控制器的离散状态 $\tilde{x}_1(k) \in R^{n_1}$ 由下式确定

$$\tilde{x}_1(k+1) = (I + \varepsilon M_1)\tilde{x}_1(k) + \varepsilon N_1 y_s(k). \tag{8.14}$$

这里 M_1, N_1 和 G_1 仍由 (8.12) 定义. 我们将利用 (8.14) 去构造整个离散时间奇摄动系统的组合动态输出反馈.

类似地, 对于离散时间的快子系统 (8.6), 定义如下严真的动态输出反馈

$$u_f(k) = G_2 \tilde{x}_2(k), \tag{8.15}$$

$$\tilde{x}_2(k+1) = M_2 \tilde{x}_2(k) + N_2 y_f(k), \tag{8.16}$$

其中 M_2, N_2 和 G_2 为待定的常数增益矩阵. 所产生的闭环快子系统可表示为

$$\begin{pmatrix} x_f(k+1) \\ \tilde{x}_2(k+1) \end{pmatrix} = \Lambda_f \begin{pmatrix} x_f(k) \\ \tilde{x}_2(k) \end{pmatrix} = \begin{pmatrix} A_{22} & B_2 G_2 \\ N_2 C_2 & M_2 + N_2 D G_2 \end{pmatrix} \begin{pmatrix} x_f(k) \\ \tilde{x}_2(k) \end{pmatrix}. \tag{8.17}$$

定理 8.2 考虑离散时间的快闭子系统 (8.17), 如果存在正定对称矩阵 $X_2 > 0$, $Y_2 > 0$ 和矩阵 Π, Φ_2, Ψ_2 满足如下 LMI 条件

$$\begin{pmatrix} -\Omega & H^{\mathrm{T}} \\ H & -\Omega \end{pmatrix} < 0, \tag{8.18}$$

其中

$$\Omega = \begin{pmatrix} X_2 & I \\ I & Y_2 \end{pmatrix}, \quad H = \begin{pmatrix} A_{22} X_2 + B_2 \Psi_2 & A_{22} \\ \Pi & Y_2 A_{22} + \Phi_2 C_2 \end{pmatrix},$$

则存在形如 (8.15)-(8.16) 的动态输出反馈使得快闭子系统 (8.17) 是 Schur 稳定. 在 (8.18) 成立的情况下, 其控制增益矩阵可选取为

$$M_2 = S^{-1}(\Pi - Y_2 A_{22} X_2 - \Phi_2 C_2 X_2 - Y_2 B_2 \Psi - \Phi_2 D \Psi_2) W^{-\mathrm{T}},$$

$$N_2 = S^{-1} \Phi_2, \quad G_2 = \Psi_2 W^{-\mathrm{T}}, \tag{8.19}$$

其中 S 和 W 为满足下式

$$SW^{\mathrm{T}} = I - Y_2 X_2 \tag{8.20}$$

的任意非奇异矩阵.

证明　根据 LMI 条件 (8.18), 容易证明 $\Omega > 0$. 这表明 $Y_2 - X_2^{-1} > 0$. 从而存在满足 (8.20) 的非奇异矩阵 S 和 W. 定义如下的非奇异矩阵

$$\Pi_1 = \begin{pmatrix} X_2 & I \\ W^{\mathrm{T}} & O \end{pmatrix}, \quad \Pi_2 = \begin{pmatrix} I & Y_2 \\ O & S^{\mathrm{T}} \end{pmatrix}. \tag{8.21}$$

记 $P_f = \Pi_2 \Pi_1^{-1}$, 则

$$P_f = \begin{pmatrix} Y_2 & S \\ S^{\mathrm{T}} & W^{-1} X_2 (Y_2 - X_2^{-1}) X_2 W^{-\mathrm{T}} \end{pmatrix}.$$

注意到

$$W^{-1} X_2 (Y_2 - X_2^{-1}) X_2 W^{-\mathrm{T}} - S^{\mathrm{T}} Y_2 S = S^{\mathrm{T}} (X_2 Y_2 - I)^{-1} (Y_2 - X_2^{-1}) (Y_2 X_2 - I)^{-1} S > 0.$$

从而通过 Schur 补引理可知 $P_f > 0$. 进一步计算整理, 不等式 (8.18) 可写成如下形式

$$\begin{pmatrix} -\Pi_1^{\mathrm{T}} P_f \Pi_1 & \Pi_1^{\mathrm{T}} \Lambda_f^{\mathrm{T}} \Pi_2 \\ \Pi_2^{\mathrm{T}} \Lambda_f \Pi_1^{\mathrm{T}} & -\Pi_2^{\mathrm{T}} P_f^{-1} \Pi_2 \end{pmatrix} < 0. \tag{8.22}$$

对于不等式 (8.22), 两边分别左乘 $\mathrm{diag}(\Pi_1^{-\mathrm{T}}, \Pi_2^{-\mathrm{T}})$ 和右乘 $\left(\mathrm{diag}(\Pi_1^{-\mathrm{T}}, \Pi_2^{-\mathrm{T}})\right)^{\mathrm{T}}$ 可得

$$\begin{pmatrix} -P_f & \Lambda_f^{\mathrm{T}} \\ \Lambda_f & -P_f^{-1} \end{pmatrix} < 0.$$

对于上述负定矩阵, 再次利用 Schur 补引理可得

$$\Lambda_f^{\mathrm{T}} P_f \Lambda_f - P_f < 0,$$

即 Λ_f 的特征值在单位圆内, 因此, 离散时间的快闭子系统 (8.17) 是 Schur 稳定. 证毕.

定理 8.1 和定理 8.2 分别为两个降维的快慢子系统提供了严真的动态输出反馈控制存在的充分条件. 值得注意的是, 相应的控制增益矩阵 M_i, N_i 和 $G_i(i = 1, 2)$ 可通过分别求解线性矩阵不等式 (8.9)–(8.11) 和 (8.18) 获得. 这些将为随后的组合动态输出反馈的构造奠定基础.

在快慢子系统的严真动态输出反馈设计的基础上, 可构造出整个奇摄动系统离散形式的组合动态输出反馈如下

$$u(k) = G_1\tilde{x}_1(k) + G_2\tilde{x}_2(k). \tag{8.23}$$

与上一章连续的情况一样, 组合动态输出反馈中需要快慢子系统的输出 y_f 和 y_s. 为达到此目的, 同样用 y 和 $y - (C_s x_1 + D_s G_1 \tilde{x}_1)$ 分别渐近近似替代 y_s 和 y_f, 从而由奇摄动系统 (8.1)–(8.2) 以及动态输出反馈 (8.13)–(8.14) 和 (8.15)–(8.16) 所产生的闭环系统为

$$\begin{pmatrix} \xi(k+1) \\ v(k+1) \end{pmatrix} = \Gamma \begin{pmatrix} \xi(k) \\ v(k) \end{pmatrix} = \begin{pmatrix} I + \varepsilon\Gamma_{11} & \varepsilon\Gamma_{12} \\ \Gamma_{21} & \Gamma_{22} \end{pmatrix} \begin{pmatrix} \xi(k) \\ v(k) \end{pmatrix}, \tag{8.24}$$

其中

$$\xi = \begin{pmatrix} x_1 \\ \tilde{x}_1 \end{pmatrix}, \quad v = \begin{pmatrix} x_2 \\ \tilde{x}_2 \end{pmatrix}, \quad \Gamma_{11} = \begin{pmatrix} A_{11} & B_1 G_1 \\ N_1 C_1 & M_1 + N_1 D G_1 \end{pmatrix},$$

$$\Gamma_{12} = \begin{pmatrix} A_{12} & B_1 G_2 \\ N_1 C_2 & N_1 D G_2 \end{pmatrix}, \quad \Gamma_{21} = \begin{pmatrix} A_{21} & B_2 G_1 \\ N_2 C_1 & N_2(DG_1 - C_s - D_s G_1) \end{pmatrix},$$

$$\Gamma_{22} = \begin{pmatrix} A_{22} & B_2 G_2 \\ N_2 C_2 & M_2 + N_2 D G_2 \end{pmatrix}.$$

下面给出整个离散时间的奇摄动闭环系统 (8.24) 是强 Schur 稳定的充分条件.

定理 8.3 在定理 8.1 和定理 8.2 成立的条件下, 当参数 $\varepsilon > 0$ 充分小时, 由动态输出反馈 (8.23), (8.13)–(8.14) 和 (8.15)–(8.16) 所构成的奇摄动闭环系统 (8.24) 是强 Schur 稳定.

证明 对于奇摄动闭环系统 (8.24), 由定理 8.2 可知 $\Lambda_f = \Gamma_{22}$ 是 Schur 稳定, 即 $(I - \Gamma_{22})^{-1}$ 存在. 作如下非奇异变换[1]

$$\begin{pmatrix} \sigma(k) \\ \tau(k) \end{pmatrix} = T \begin{pmatrix} \xi(k) \\ v(k) \end{pmatrix}, \quad T = \begin{pmatrix} I_{2n_1} + \varepsilon ML & \varepsilon M \\ L & I_{2n_2} \end{pmatrix},$$

$$T^{-1} = \begin{pmatrix} I_{2n_1} & -\varepsilon M \\ -L & I_{2n_2} + \varepsilon LM \end{pmatrix},$$

$$L = -(I - \Gamma_{22})^{-1}\Gamma_{21} + O(\varepsilon), \quad M = \Gamma_{12}(I - \Gamma_{22})^{-1} + O(\varepsilon).$$

于是, 系统 (8.24) 可进一步写为如下形式

$$
\begin{pmatrix} \sigma(k+1) \\ \tau(k+1) \end{pmatrix} = \begin{pmatrix} I + \varepsilon E_s & O \\ O & E_f \end{pmatrix} \begin{pmatrix} \sigma(k) \\ \tau(k) \end{pmatrix}, \tag{8.25}
$$

其中

$$
E_s = \Gamma_{11} - \Gamma_{12}L = \Gamma_{11} + \Gamma_{12}(I - \Gamma_{22})^{-1}\Gamma_{21} + O(\varepsilon), \tag{8.26}
$$

$$
E_f = \Gamma_{22} + \varepsilon L \Gamma_{12} = \Gamma_{22} + O(\varepsilon). \tag{8.27}
$$

根据 (8.27) 容易验证, 在定理 8.2 的条件下, 对充分小的 $\varepsilon > 0$, E_f 的特征值位于单位圆内, 即 E_f 是 Schur 稳定. 而对于 $I + \varepsilon E_s$ 的特征值, 由 (8.24) 可得

$$
(I - \Gamma_{22})^{-1} = \begin{pmatrix} \Upsilon_{11} & \Upsilon_{12} \\ \Upsilon_{21} & (I - M_2 - N_2 D_s G_2)^{-1} \end{pmatrix},
$$

其中

$$
\Upsilon_{11} = (I - A_{22})^{-1}(I + B_2 G_2(I - M_2 - N_2 D_s G_2)^{-1}N_2 C_2(I - A_{22})^{-1}),
$$

$$
\Upsilon_{12} = (I - A_{22})^{-1}B_2 G_2(I - M_2 - N_2 D_s G_2)^{-1},
$$

$$
\Upsilon_{21} = (I - M_2 - N_2 D_s G_2)^{-1}N_2 C_2(I - A_{22})^{-1}.
$$

将上式代入 (8.26), 进一步计算可得

$$
\begin{aligned}
E_s &= \Gamma_{11} + \Gamma_{12}(I - \Gamma_{22})^{-1}\Gamma_{21} + O(\varepsilon) \\
&= \begin{pmatrix} A_{11} & B_1 G_1 \\ N_1 C_1 & M_1 + N_1 D G_1 \end{pmatrix} \begin{pmatrix} \Upsilon_{11} & \Upsilon_{12} \\ \Upsilon_{21} & (I - M_2 - N_2 D_s G_2)^{-1} \end{pmatrix} \\
&\quad \times \begin{pmatrix} A_{21} & B_2 G_1 \\ N_2 C_1 & N_2(D G_1 - C_s - D_s G_1) \end{pmatrix} + O(\varepsilon) = \Lambda_s + O(\varepsilon).
\end{aligned}
$$

根据定理 8.1, 可知 Λ_s 是 Hurwitz 矩阵, 故 E_s 也是 Hurwitz 矩阵. 从而存在充分小的 $\varepsilon^* > 0$ 使得对任给的 $\varepsilon \in (0, \varepsilon^*]$, $I + \varepsilon E_s$ 的特征值位于单位圆内, 即 $I + \varepsilon E_s$ 是 Schur 稳定. 因此, 当 $\varepsilon \in (0, \varepsilon^*]$ 时, 奇摄动闭环系统 (8.24) 的系统矩阵 Γ 是 Schur 稳定.

由于在 Kokotovic 奇摄动方法的平台上讨论奇摄动控制问题, 因此当 $\varepsilon \to 0$ 时, 奇摄动闭环系统 (8.24) 在边界层内和慢时间段上分别退化至其快慢闭子系统. 因为慢闭子系统是 Hurwitz 稳定, 即对应的离散模型是 Schur 稳定, 而快闭子系统

也是 Schur 稳定. 因此极限过程隐含着 Tikhonov 极限定理成立, 即当 $\varepsilon \in (0, \varepsilon^*]$ 时, 奇摄动闭环系统 (8.24) 具有渐近稳定性, 并且是一致有效的. 所以其组合动态输出反馈可强镇定奇摄动系统 (8.1)–(8.2). 证毕.

定理 8.3 所构造的组合动态输出反馈能够镇定整个离散时间奇摄动系统, 即使快子系统是开环不稳定的. 值得注意的是, 文献 [3] 中考虑了离散时间奇摄动系统的静态输出反馈, 然而其组合控制中仍保留了快和慢子系统的输出, 在这对组合控制中不易操作. 因此本章的快慢输出渐近近似替代显得更容易操作.

此处再一次强调, 在 Kokotovic 的奇摄动方法的框架平台内讨论奇摄动控制问题的重要性, 它隐含地保证了 Tikhonov 极限定理成立. 若把小参数 $\varepsilon \in (0, \varepsilon^*]$ 看作一个静态参量, 即点点有效的局部性质时, 它未必能保证奇摄动闭环系统相关的控制性质当 $\varepsilon \to 0$ 时仍能保持, 甚至有时连最基本的极点配置的要求都不能满足. 请看下例.

例 8.1 考虑最简单的离散时间奇摄动系统的能控性[6].

$$\begin{pmatrix} x_1(k+1) \\ x_2(k+1) \end{pmatrix} = \begin{pmatrix} 1 & \varepsilon \\ 2 & -1 \end{pmatrix} \begin{pmatrix} x_1(k) \\ x_2(k) \end{pmatrix} + \begin{pmatrix} -\varepsilon \\ 2 \end{pmatrix} u.$$

记

$$G = \begin{pmatrix} 1 & \varepsilon \\ 2 & -1 \end{pmatrix}, \quad H = \begin{pmatrix} -\varepsilon \\ 2 \end{pmatrix}.$$

注意到

$$\mathrm{Rank}(H, GH) = \begin{pmatrix} -\varepsilon & \varepsilon \\ 2 & -2\varepsilon - 2 \end{pmatrix} = 2.$$

上式表明奇摄动是对每一给定充分小的 $\varepsilon > 0$ 都是能控的. 因此, 存在 $\varepsilon^* > 0$ 和控制律 $u = k_1 x_1 + k_2 x_2$ 使得对任给的 $\varepsilon \in (0, \varepsilon^*]$, 其所产生的奇摄动闭环系统是渐近稳定的, 然而, 当 $\varepsilon \to 0^+$ 时, 其慢子系统 $\dot{x}_s(t) = x_s(t)$ 是不能控的, 这说明整个奇摄动系统并不是强能控. 其根本原因是 Tikhonov 极限定理不成立. 另外, 通过简单计算, 离散时间奇摄动闭环系统的系数矩阵为

$$\begin{pmatrix} 1 - \varepsilon k_1 & \varepsilon(1 - k_2) \\ 2 + 2k_1 & -1 + 2k_2 \end{pmatrix}.$$

其极点的主部为 $1 + \varepsilon$ 和 $-1 + 2k_2$, 从中可以看到离散时间奇摄动闭环系统的极点不能任意配置.

对于估计稳定界 $\varepsilon^* > 0$ 的问题, 文献 [4] 已经给出了线性奇摄动控制系统求解精确稳定界的方法. 当增益矩阵 M_i, N_i 和 $G_i (i = 1, 2)$ 分别从定理 8.1 和定理

8.2 获取之后, 将文献 [4] 的方法应用到离散时间线性奇摄动闭环系统 (8.24) 上去即可. 这里不再赘述.

　　另外, 在 A_{22} 为 Schur 矩阵时, 仅仅需要镇定其慢子系统 (8.5) 可以了. 因此, 在奇摄动闭环系统 (8.24) 中可简单地令 $M_2 = 0$, $N_2 = 0$ 和 $G_2 = 0$. 从而可得如下离散时间的奇摄动闭环系统

$$\begin{pmatrix} \tilde{\xi}(k+1) \\ x_2(k+1) \end{pmatrix} = \tilde{\Gamma} \begin{pmatrix} \tilde{\xi}(k) \\ x_2(k) \end{pmatrix} = \begin{pmatrix} I + \varepsilon \tilde{\Gamma}_{11} & \varepsilon \tilde{\Gamma}_{12} \\ \tilde{\Gamma}_{21} & \tilde{\Gamma}_{22} \end{pmatrix} \begin{pmatrix} \tilde{\xi}(k) \\ x_2(k) \end{pmatrix}, \quad (8.28)$$

其中

$$\tilde{\xi} = \begin{pmatrix} x_1 \\ \tilde{x}_1 \end{pmatrix}, \quad \tilde{\Gamma}_{11} = \begin{pmatrix} A_{11} & B_1 G_1 \\ N_1 C_1 & M_1 + N_1 D G_1 \end{pmatrix}, \quad \tilde{\Gamma}_{12} = \begin{pmatrix} A_{12} \\ N_1 C_2 \end{pmatrix},$$

$$\tilde{\Gamma}_{21} = (A_{21}, B_2 G_1), \quad \tilde{\Gamma}_{22} = A_{22}.$$

于是根据定理 8.3, 可直接得到如下推论.

　　推论 8.1　如果 A_{22} 为 Schur 矩阵, 且定理 8.1 中的所有条件均满足. 则当参数 $\varepsilon > 0$ 充分小时, 基于慢子系统 (8.1) 设计的动态输出反馈 (M_1, N_1, G_1) 能够强镇定整个奇摄动控制系统 (8.1)–(8.2).

　　推论 8.1 表明基于慢子系统设计的动态输出反馈控制对整个奇摄动系统具有鲁棒性. 只要快子系统足够快 (即 Schur 稳定), 在动态输出反馈控制器的设计中可忽略它的存在. 在慢子系统基础上设计的动态输出反馈控制器的作用下, 整个奇摄动系统的动力学行为将渐近趋近于慢子系统的动力学行为. 并且这种渐近行为是一致有效的. 同时, 推论 8.1 也为整个奇摄动系统 (8.1)–(8.2) 的控制器设计中, 在快子系统 Schur 稳定的情况下丢弃快子系统的设计提供了理论依据. 然而, 对于静态输出反馈来讲, 无论快子系统稳定与否, 忽略慢子系统的设计, 都会破坏整个奇摄动系统的稳定性[1].

8.3　应用例子

　　本节将给出两个应用例子以验证本章所述方法的有效性.

　　例 8.2　考虑例 6.1 中的核反应模型的快采样离散化奇摄动模型.

$$x_1(k+1) = (1 - 0.3417\varepsilon)x_1(k) + 0.3417\varepsilon x_2(k) + 9.0021\varepsilon u(k); \quad (8.29a)$$

$$x_2(k+1) = 0.2733 x_1(k) + 0.7267 x_2(k) + 42.7983 u(k); \quad (8.29b)$$

$$y(k) = 2x_1(k) + x_2(k) + u(k). \quad (8.30)$$

根据离散时间的奇摄动系统 (8.29)–(8.30), 慢子系统可表示为

$$\dot{x}_s(t) = 62.5117 u_s(t); \tag{8.31a}$$

$$y_s(t) = 3x_s(t) + 157.5982 u_s(t). \tag{8.31b}$$

注意到 $A_{22} = 0.7267$ 的特征值在单位圆内, 它是 Schur 稳定. 因此, 根据推论 8.1, 只需对慢子系统 (8.31) 设计严真动态输出反馈控制即可.

利用 LMI 工具箱, 通过求解 (8.9)–(8.11) 可得如下矩阵参数

$$X_1 = 50.3350, \quad Y_1 = 51.0051, \quad \Phi_1 = -8.5009, \quad \Psi_1 = 0.4080.$$

相应的增益矩阵为

$$M_1 = -0.7941, \quad N_1 = 0.1690, \quad G_1 = -0.0080.$$

因此, 根据推论 8.1, 对于充分小的 $\varepsilon > 0$, 所设计的动态输出反馈可以保证整个奇摄动系统 (8.29)–(8.30) 是强 Schur 稳定. 进一步, 利用文献 [4] 中计算精确稳定界的方法可获得 $\varepsilon^* = 2.2061$.

为便于仿真, 给定初始条件 $(x_1(0), \quad x_2(0))^{\mathrm{T}} = (-0.5, \quad 1.5)^{\mathrm{T}}$, 则奇摄动闭环系统 (8.24) 的仿真如图 8.1 和图 8.2 所示, 离散时间奇摄动闭环系统是强 Schur 稳定.

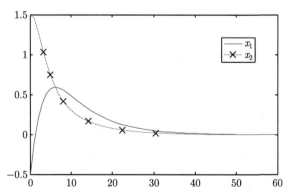

图 8.1 离散时间奇摄动闭环系统 (8.24) 的响应 ($\varepsilon = 0.1$)

例 8.3 上面的例子显示了在快子系统 Schur 稳定的情况下, 基于慢子系统设计的动态输出反馈控制 (M_1, N_1, G_1) 能够镇定整个离散时间的奇摄动系统 (8.29)–(8.30). 为了进一步说明本章所述方法的有效性, 考虑如下线性的 F-8 战斗机模型[1].

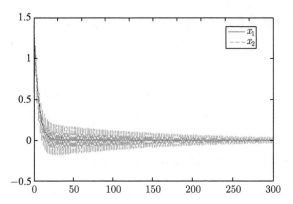

图 8.2　离散时间奇摄动闭环系统 (8.24) 的响应 ($\varepsilon = 2.2$)

$$
\begin{pmatrix} \dot{v}(t) \\ \dot{\theta}(t) \\ \dot{\alpha}(t) \\ \dot{q}(t) \end{pmatrix} = \begin{pmatrix} X_v & -\dfrac{g}{V_0} & \dfrac{X_\alpha}{V_0} & 0 \\ 0 & 0 & 0 & 1 \\ Z_v V_0 & 0 & Z_\alpha & 1 \\ M_v V_0 & 0 & M_\alpha & M_q \end{pmatrix} \begin{pmatrix} v(t) \\ \theta(t) \\ \alpha(t) \\ q(t) \end{pmatrix} + \begin{pmatrix} \dfrac{X_\delta}{V_0} \\ 0 \\ Z_\delta \\ M_\alpha \end{pmatrix} \delta(t), \quad (8.32)
$$

其中 θ, α, q 和 δ 分别表示增量螺旋角、攻击角、俯仰率和升降舵的位置; $v = (V - V_0)/V_0$ 代表标准增量速度. 系统参数的值 X_v, X_α, X_δ, Z_v, Z_α, Z_δ, M_v, M_α, M_δ, M_q, g 和 V_0 可参考文献 [1]. 令

$$
v(t) = x_1(t), \quad \theta(t) = x_2(t), \quad \alpha(t) = x_3(t), \quad q(t) = x_4(t), \quad \delta(t) = u(t).
$$

根据文献 [1], 通过合适的变换, 系统 (8.32) 可表达为如下连续奇摄动系统形式:

$$
\begin{pmatrix} \dot{x}_1(t) \\ \dot{x}_2(t) \\ \varepsilon \dot{x}_3(t) \\ \varepsilon \dot{x}_4(t) \end{pmatrix} = \begin{pmatrix} -0.1954 & -0.6765 & -0.9172 & 0.1090 \\ 1.4783 & 0 & 0 & 0 \\ -0.0516 & 0 & -0.3680 & 0.4380 \\ 0.0136 & 0 & -2.1026 & -0.2146 \end{pmatrix} \begin{pmatrix} x_1(t) \\ x_2(t) \\ x_3(t) \\ x_4(t) \end{pmatrix}
$$

$$
+ \begin{pmatrix} -0.0231 \\ -16.9450 \\ -0.0482 \\ -3.8110 \end{pmatrix} u(t); \quad (8.33)
$$

$$
y(t) = \begin{pmatrix} 0 & 1 \\ 0 & 0 \end{pmatrix} \begin{pmatrix} x_1(t) \\ x_2(t) \end{pmatrix} + \begin{pmatrix} 0.9210 & -0.1612 \\ 0 & 1.0000 \end{pmatrix} \begin{pmatrix} x_3(t) \\ x_4(t) \end{pmatrix}, \quad (8.34)
$$

其中 $y(t)$ 表示输出向量, 小参数 $\varepsilon^* = 0.0336$. 对系统进行采样离散化并且零阶保持[5]. 当选取采样周期为 $T = 0.03\mathrm{s}$ 时, 可得如下离散时间线性奇摄动系统:

$$A_{11} = \begin{pmatrix} -0.2090 & -0.6744 \\ 1.4737 & -0.0150 \end{pmatrix}, \quad A_{12} = \begin{pmatrix} -0.9126 & 0.1024 \\ -0.0203 & 0.0023 \end{pmatrix},$$

$$A_{22} = \begin{pmatrix} 0.9886 & 0.0130 \\ -0.0625 & 0.9932 \end{pmatrix}, \quad A_{21} = \begin{pmatrix} -0.0015 & 0 \\ 0.0005 & 0 \end{pmatrix},$$

$$B_1 = \begin{pmatrix} 0.1432 \\ -16.9431 \end{pmatrix}, \quad B_2 = \begin{pmatrix} -0.0022 \\ -0.1139 \end{pmatrix},$$

$$C_1 = \begin{pmatrix} 0 & 1 \\ 0 & 0 \end{pmatrix}, \quad C_2 = \begin{pmatrix} 0.9210 & -0.1612 \\ 0 & 1.0000 \end{pmatrix}, \quad D = 0.$$

接下来, 将通过快慢子系统的动态输出反馈控制为离散化的奇摄动系统构造一个组合离散时间动态输出反馈控制, 从而保证整个奇摄动系统在参数 $\varepsilon > 0$ 充分小时是强 Schur 稳定. 直接验证可知 A_{22} 是 Schur 矩阵. 于是由奇摄动系统的两时标性质, 可分别获得如下的慢子系统

$$\begin{pmatrix} \dot{x}_{1s}(t) \\ \dot{x}_{2s}(t) \end{pmatrix} = \begin{pmatrix} -0.2096 & -0.6744 \\ 1.4737 & -0.0150 \end{pmatrix} \begin{pmatrix} x_{1s}(t) \\ x_{2s}(t) \end{pmatrix} + \begin{pmatrix} 0.2409 \\ -16.9409 \end{pmatrix} u_s(t); \tag{8.35}$$

$$y_s(t) = \begin{pmatrix} 0.0007 & 1 \\ -0.0015 & 0 \end{pmatrix} \begin{pmatrix} x_{1s}(t) \\ x_{2s}(t) \end{pmatrix} + \begin{pmatrix} -0.0986 \\ -0.0010 \end{pmatrix} u_s(t) \tag{8.36}$$

和快子系统.

$$\begin{pmatrix} x_{1f}(k+1) \\ x_{2f}(k+1) \end{pmatrix} = \begin{pmatrix} 0.9886 & 0.0130 \\ -0.0625 & 0.9932 \end{pmatrix} \begin{pmatrix} x_{1f}(k) \\ x_{2f}(k) \end{pmatrix} + \begin{pmatrix} -0.0022 \\ -0.1139 \end{pmatrix} u_f(k); \tag{8.37}$$

$$y_f(k) = \begin{pmatrix} 0.9210 & -0.1612 \\ 0 & 1.0000 \end{pmatrix} \begin{pmatrix} x_{1f}(k) \\ x_{2f}(k) \end{pmatrix}. \tag{8.38}$$

通过 MATLAB 中的 LMI 工具箱, 分别求解 LMI 条件 (8.9)–(8.11) 和 (8.18), 可获得如下数据参数

$$X_1 = \begin{pmatrix} 51.1156 & 0 \\ 0 & 51.1156 \end{pmatrix}, \quad Y_1 = \begin{pmatrix} 54.9702 & 9.3268 \\ 9.3268 & 55.0202 \end{pmatrix},$$

$$\Phi_1 = \begin{pmatrix} -100.8727 & -173.3341 \\ -25.9066 & 537.7420 \end{pmatrix}, \quad \Psi_1 = \begin{pmatrix} -2.5474, & -2.3347 \end{pmatrix},$$

$$X_2 = \begin{pmatrix} 6.2496 & -0.1304 \\ -0.1304 & 7.1202 \end{pmatrix}, \quad Y_2 = \begin{pmatrix} 30.6950 & -0.0040 \\ -0.0040 & 32.3858 \end{pmatrix},$$

$$\Phi_2 = \begin{pmatrix} -33.9928 & -5.8841 \\ 2.1504 & -32.3531 \end{pmatrix}, \quad \Psi_2 = (-2.2935, 63.3632),$$

$$\Pi = \begin{pmatrix} 0.9187 & -0.0177 \\ -0.0174 & -0.2246 \end{pmatrix}.$$

由 (8.12) 即可得

$$M_1 = \begin{pmatrix} -0.1790 & -2.3449 \\ 1.4469 & -1.5834 \end{pmatrix}, \quad N_1 = \begin{pmatrix} 1.9741 & 3.3929 \\ 0.5069 & -10.5242 \end{pmatrix},$$

$$G_1 = \begin{pmatrix} 0.0403, & 0.0356 \end{pmatrix}.$$

为了利用定理 8.2 获得合适的动态输出反馈控制器, 选择

$$S = \begin{pmatrix} -5.7000 & 0.4000 \\ 0.4000 & -7.6000 \end{pmatrix}, \quad W = \begin{pmatrix} 33.5546 & 1.0756 \\ 1.2420 & 30.2750 \end{pmatrix}$$

使得等式 (8.20) 成立. 从而可得

$$M_2 = \begin{pmatrix} -0.0302 & -0.0957 \\ 0.0639 & -1.0400 \end{pmatrix}, \quad N_2 = \begin{pmatrix} 5.9658 & 1.3360 \\ 0.0310 & 4.3273 \end{pmatrix},$$

$$G_2 = \begin{pmatrix} -0.1356 & 2.0985 \end{pmatrix}.$$

相应地, 根据定理 8.3 可知, 由公式 (8.23) 构造的组合动态输出反馈控制在参数 $\varepsilon > 0$ 充分小时将强镇定整个离散时间奇摄动系统. 进一步, 利用文献 [4] 的方法可获得奇摄动闭环系统的精确稳定界为 $\varepsilon^* = 0.1268$, 这比估计的参数 $\varepsilon = 0.0336$ 要大许多. 因此, 所设计的组合动态输出反馈控制均满足要求. 给定初始条件

$$(x_1(0), \quad x_2(0), \quad x_3(0), \quad x_4(0))^{\mathrm{T}} = (1, 0.5, -1, -0.5)^{\mathrm{T}},$$

则奇摄动系统 (8.32) 在所设计的动态输出反馈作用下的闭环形式的仿真图像如图 8.3 和图 8.4 所示. 从图中可以看出, 所设计的组合动态输出反馈控制 (8.23) 保证了奇摄动闭环系统的强 Schur 稳定性.

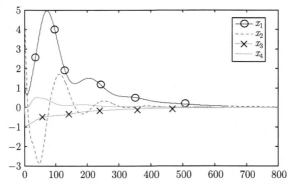

图 8.3　离散时间奇摄动闭环系统 (8.24) 的响应 ($\varepsilon = 0.05$)

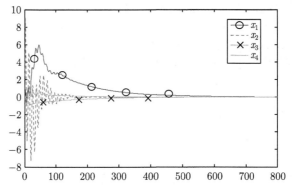

图 8.4　离散时间奇摄动闭环系统 (8.24) 的响应 ($\varepsilon = 0.12$)

8.4　小结与评注

本章通过两时标分解技巧讨论了离散时间奇摄动系统严真的动态输出反馈控制问题. 基于两个降维的快慢子系统设计的严真动态输出反馈控制率, 利用组合方法得到了整个奇摄动系统的动态输出反馈控制律. 结果表明, 组合动态输出反馈即使在快子系统是开环不稳定的情况下仍能一致有效地镇定整个离散时间的奇摄动系统. 最后, 应用两个例子说明了本章所阐述方法的有效性.

对于离散时间的奇摄动输出反馈, 静态输出应避免, 动态输出反馈的讨论在主流文献中不多见[2]. 文献 [2] 讨论了慢采样离散时间的奇摄动的动态输出反馈,而快采样离散时间的奇摄动动态输出反馈是个有意义的话题, 值得进一步深入讨论. 本章讨论动态输出反馈具有严真的结构, 而非严真的结构将在第 10 章中继续讨论.

　　与第 7 章一样, 本章没有考虑外部干扰与内部不确定性的奇摄动模型的鲁棒动态输出反馈问题, 如何解决也值得思考.

参 考 文 献

[1] Kokotovic P V, Khalil H K, O'Reilly J. Singular Perturbation Methods in Control: Analysis and Design. London: Academic Press, 1986.

[2] Li T H S, Wang M S, Sun Y Y. Dynamic output feedback design for singularly perturbed discrete systems. IMA Journal of Mathematical Control & Information, 1996, 13: 105-115.

[3] Oloomi H, Alyatim A, Sawan M E. Output feedback design of singularly perturbed discrete-time systems. Proceedings of the American Control Conference, Seattle, WA, 1986: 1987-1988.

[4] Li T H S, Chiou J S, Kung F C. Stability bounds of singularly perturbed discrete systems. IEEE Trans. on Automatic Control, 1999, 44 (10): 1934-1938.

[5] Dong J, Yang G H. H_∞ control for fast sampling discrete-time singularly perturbed systems. Automatica, 2008, 44: 1385-1393.

[6] 许可康. 控制系统中的奇异摄动. 北京: 科学出版社, 1986.

第 9 章　连续时间奇摄动系统的动态输出反馈 (续)

本章继续研究连续时间的奇摄动系统动态输出反馈的控制问题, 其中动态输出反馈控制是非严真的[1-8]. 首先通过慢子系统的非严真动态输出反馈与其构建的辅助系统的严真动态输出反馈之间建立等价性. 这样原问题的非严真动态输出反馈的控制问题就转化为对慢子系统的辅助系统严真动态输出反馈的设计, 同时设法保证快子系统足够快的组合问题. 因此, 建立辅助系统严真动态输出反馈的充要条件的同时. 设计静态输出反馈使得快子系统 Hurwitz 稳定来满足足够快的要求, 或者快子系统本身就是 Hurwitz 稳定. 结果显示, 这样的非严真动态输出反馈的设计思路能够保证整个奇摄动系统的强可镇定性, 而且本章的充分条件不仅易于验证, 还可以有效回避第 7 章中对动态输出反馈严真的限制.

9.1　问 题 描 述

考虑如下的连续时间奇摄动控制系统

$$\dot{x}_1(t) = A_{11}x_1(t) + A_{12}x_2(t) + B_1 u(t), \quad x_1(0) = x_{10}; \tag{9.1a}$$

$$\varepsilon \dot{x}_2(t) = A_{21}x_1(t) + A_{22}x_2(t) + B_2 u(t), \quad x_2(0) = x_{20}; \tag{9.1b}$$

$$y(t) = C_1 x_1(t) + C_2 x_2(t), \tag{9.2}$$

其中 $x_1 \in R^{n_1}$ 和 $x_2 \in R^{n_2}(n_1 + n_2 = n)$ 分别为系统的慢状态和快状态; $u \in R^q$ 为控制输入; $y \in R^p$ 为受控输出; $\varepsilon > 0$ 为奇摄动参数; $x_1(0) = x_{10}$ 和 $x_2(0) = x_{20}$ 为初始条件. 假设矩阵 A_{22} 可逆.

根据系统 (9.1) 的两时标性质, 它的慢子系统为

$$\dot{x}_s(t) = A_0 x_s(t) + B_0 u_s(t), \quad x_s(0) = x_{10}, \tag{9.3a}$$

$$y_s(t) = C_0 x_s(t) + D_0 u_s(t) \tag{9.3b}$$

和快子系统可表示为

$$\dot{x}_f(\tau) = A_{22}x_f(\tau) + B_2 u_f(\tau), \quad x_f(0) = x_{20} + A_{22}^{-1}A_{21}x_{10}, \tag{9.4a}$$

$$y_f(\tau) = C_2 x_f(\tau), \tag{9.4b}$$

其中

$$A_0 = A_{11} - A_{12}A_{22}^{-1}A_{21}, \quad B_0 = B_1 - A_{12}A_{22}^{-1}B_2,$$

$$C_0 = C_1 - C_2A_{22}^{-1}A_{21}, \quad D_0 = -C_2A_{22}^{-1}B_2.$$

在获得慢子系统 (9.3) 的过程中, 令 $\varepsilon = 0$, 通过求解方程 (9.1b) 可得

$$\bar{x}_2 = -A_{22}^{-1}(A_{21}x_1 + B_2u). \tag{9.5}$$

将 (9.5) 式代入 (9.1a) 和 (9.2) 中去, 即可得到慢子系统 (9.3).

基于近似模型的慢子系统 (9.3) 设计的非严真动态输出反馈能否保证整个奇摄动系统的可镇定性? 下面来讨论这个问题.

对于慢子系统 (9.3), 考虑如下的非严真动态输出反馈

$$\dot{\zeta}(t) = M\zeta(t) + Ny_s(t), \quad u_s(t) = G\zeta(t) + Hy_s(t), \tag{9.6}$$

其中 $\zeta(t) \in R^{n_1}$ 为慢控制器状态, M, N, G 和 H 为待定的常数矩阵. 由于 (9.6) 使得 (9.3b) 中存在关于 $u_s(t)$ 的直接传输项, 为了保证 y_s 的输出值能够唯一确定, 则要求 $(I - D_0H)^{-1}$ 存在. 将动态输出反馈 (9.6) 代入慢子系统 (9.3) 中可得如下慢闭子系统

$$\begin{pmatrix} \dot{x}_s(t) \\ \dot{\zeta}(t) \end{pmatrix} = \Lambda_s \begin{pmatrix} x_s(t) \\ \zeta(t) \end{pmatrix}, \tag{9.7}$$

其中

$$\Lambda_s = \begin{pmatrix} A_0 + B_0H(I - D_0H)^{-1}C_0 & B_0G + B_0H(I - D_0H)^{-1}D_0G \\ N(I - D_0H)^{-1}C_0 & M + N(I - D_0H)^{-1}D_0G \end{pmatrix}.$$

如果将非严真动态输出反馈 (9.6) 作用到整个奇摄动系统上去, 注意到输入输出的渐近近似, 相应的动态输出反馈可以表示为如下形式

$$u(t) = G\xi(t) + Hy(t), \tag{9.8}$$

其中控制器状态 $\xi(t) \in R^{n_1}$ 由如下方程确定

$$\dot{\xi}(t) = M\xi(t) + Ny(t). \tag{9.9}$$

于是所产生的整个奇摄动系统 (9.1) 的闭环形式为

$$\begin{pmatrix} \dot{v}(t) \\ \varepsilon\dot{x}_2(t) \end{pmatrix} = \Gamma \begin{pmatrix} v(t) \\ x_2(t) \end{pmatrix} = \begin{pmatrix} \Gamma_{11} & \Gamma_{12} \\ \Gamma_{21} & \Gamma_{22} \end{pmatrix} \begin{pmatrix} v(t) \\ x_2(t) \end{pmatrix}, \tag{9.10}$$

其中

$$v = \begin{pmatrix} x_1 \\ \xi \end{pmatrix}, \quad \Gamma_{11} = \begin{pmatrix} A_{11} + B_1 H C_1 & B_1 G \\ N C_1 & M \end{pmatrix}, \quad \Gamma_{12} = \begin{pmatrix} A_{12} + B_1 H C_2 \\ N C_2 \end{pmatrix}.$$

$$\Gamma_{21} = (A_{21} + B_2 H C_1, \quad B_2 G), \quad \Gamma_{22} = A_{22} + B_2 H C_2.$$

为了表示慢闭子系统 (9.7) 和奇摄动闭环系统 (9.10) 之间的关系, 利用如下的非奇异变换 [1]

$$\begin{pmatrix} \sigma(t) \\ \tau(t) \end{pmatrix} = T \begin{pmatrix} v(t) \\ x_2(t) \end{pmatrix}, \quad T = \begin{pmatrix} I_{2n_1} + \varepsilon H R & \varepsilon H \\ R & I_{n_2} \end{pmatrix},$$

$$T^{-1} = \begin{pmatrix} I_{2n_1} & -\varepsilon H \\ -R & I_{n_2} + \varepsilon R H \end{pmatrix},$$

其中

$$R = -\Gamma_{22}^{-1}\Gamma_{21} + O(\varepsilon), \quad H = \Gamma_{12}\Gamma_{22}^{-1} + O(\varepsilon). \tag{9.11}$$

注意到奇摄动闭环系统 (9.10) 可以写成如下快慢变量分离的形式

$$\begin{pmatrix} \dot{\sigma}(t) \\ \varepsilon \dot{\tau}(t) \end{pmatrix} = \begin{pmatrix} E_s & O \\ O & E_f \end{pmatrix} \begin{pmatrix} \sigma(t) \\ \tau(t) \end{pmatrix}, \tag{9.12}$$

其中

$$E_s = \Gamma_{11} - \Gamma_{12}R = \Gamma_{11} + \Gamma_{12}\Gamma_{22}^{-1}\Gamma_{21} + O(\varepsilon), \tag{9.13}$$

$$E_f = \Gamma_{22} + \varepsilon R\Gamma_{12} = \Gamma_{22} + O(\varepsilon) = A_{22} + B_2 H C_2 + O(\varepsilon). \tag{9.14}$$

从 (9.11) 中可以看出矩阵 Γ_{22} 要求可逆. 但是在 $I - D_0 H$ 可逆的条件下, 可以证明 Γ_{22} 的确是可逆的. 事实上, 利用等式

$$\Gamma_{22} = A_{22} + B_2 H C_2$$

可得

$$I = A_{22}^{-1}(\Gamma_{22} - B_2 H C_2). \tag{9.15}$$

故

$$C_2 A_{22}^{-1}\Gamma_{22} = C_2 A_{22}^{-1}(A_{22} + B_2 H C_2) = (I + C_2 A_{22}^{-1} B_2 H)C_2. \tag{9.16}$$

由 (9.4b) 中的等式可知 $D_0 = -C_2 A_{22}^{-1} B_2$, 代入 (9.16) 可得

$$C_2 A_{22}^{-1}\Gamma_{22} = (I - D_0 H)C_2.$$

于是在 $I - D_0H$ 可逆的条件下有

$$(I - D_0H)^{-1}C_2A_{22}^{-1}\Gamma_{22} = C_2. \tag{9.17}$$

进一步地, 将 (9.17) 代入 (9.15) 立即可得

$$I = A_{22}^{-1}\{I - B_2H(I - D_0H)^{-1}C_2A_{22}^{-1}\}\Gamma_{22}.$$

上式表明 Γ_{22}^{-1} 存在, 即 Γ_{22} 可逆, 并且成立

$$\Gamma_{22}^{-1} = A_{22}^{-1}\{I - B_2H(I - D_0H)^{-1}C_2A_{22}^{-1}\}.$$

对于矩阵 E_s 亦类似, 通过仔细冗长的计算, 成立如下渐近等式

$$E_s = \Gamma_{11} + \Gamma_{12}\Gamma_{22}^{-1}\Gamma_{21} + O(\varepsilon) = \Lambda_s + O(\varepsilon). \tag{9.18}$$

从 (9.12) 容易看出, 奇摄动闭环系统 (9.10) 的渐近稳定性需要下面两个条件同时成立来保证:

(1) $\text{Re}\{\lambda(\Lambda_s)\} < 0$;   (2) $\text{Re}\{\lambda(\Gamma_{22})\} < 0$. $\qquad$ (9.19)

由等式 (9.18) 可知, 如果慢闭子系统 (9.7) 是渐近稳定的, 则可保证上述条件 (1) 成立. 然而, 从 (9.14) 中不难看出, 即使矩阵 A_{22} 稳定, 条件 (2) 仍然未必成立. 除非满足如下几种情况之一:

1) $\text{Re}\{\lambda(A_{22})\} < 0$, $B_2 = 0$ 或 $\text{Re}\{\lambda(A_{22})\} < 0$, $C_2 = 0$;

2) $\text{Re}\{\lambda(A_{22})\} < 0$, $H = 0$, 即动态输出反馈 (9.8)–(9.9) 中不含有静态输出反馈;

3) (A_{22}, B_2) 可控且 C_2 满秩.

前两种情况相当于要求基于慢子系统设计的动态输出反馈是严真的, 或者奇摄动系统具有一个特殊的结构. 对于第三种情况, 所提的条件具有一般性. 根据文献 [2], 设计控制增益矩阵 H 使得几乎任意接近地配置 $\min\{n_1, p\}$ 个极点即可. 事实上, 这方面的问题已有很多的研究结果, 并且提出了各种各样的方法, 可参见文献 [3-6]. 有关静态输出反馈极点配置的最新进展可参见综述文献 [7] 以及其中的参考文献.

综上所述, 慢子系统的非严真动态输出反馈设计做不到镇定整个奇摄动控制系统.

9.2 非严真动态输出反馈

为了设计合适的非严真动态输出反馈, 考虑慢子系统如下的辅助系统

$$\dot{\tilde{x}}_s = \tilde{A}_0 \tilde{x}_s + \tilde{B}_0 \tilde{u}_s, \quad \tilde{y}_s = \tilde{C}_0 \tilde{x}_s + \tilde{D}_0 \tilde{u}_s, \tag{9.20}$$

其中

$$\tilde{A}_0 = A_0 + B_0 H (I - D_0 H)^{-1} C_0, \quad \tilde{B}_0 = B_0 + B_0 H (I - D_0 H)^{-1} D_0,$$

$$\tilde{C}_0 = (I - D_0 H)^{-1} C_0, \quad \tilde{D}_0 = (I - D_0 H)^{-1} D_0.$$

从中可以看出, 慢子系统 (9.3) 设计一个非严真的动态输出反馈 (9.6) 的控制问题等价于对其辅助系统 (9.20) 设计如下严真的动态输出反馈

$$\dot{\tilde{\zeta}}(t) = M \tilde{\zeta}(t) + N \tilde{y}_s(t), \quad \tilde{u}_s(t) = G \tilde{\zeta}(t), \tag{9.21}$$

其中 M, N 和 G 由 (9.6) 定义.

注意到 (9.19) 和 (9.20), 可以看出本章所考虑的动态输出反馈控制的鲁棒性指的是要找到合适的充分条件, 对静态输出反馈控制的增益矩阵 H 和严真动态输出反馈的增益矩阵 M, N 和 G 进行极点配置使得快子系统 (9.4) 和辅助系统 (9.20) 同时达到渐近镇定, 并且当该非严真动态输出反馈应用到整个奇摄动系统时, 其渐近镇定仍可保证.

对于辅助系统 (9.20) 严真的动态输出反馈设计, 我们有如下的充要条件.

定理 9.1 在严真动态输出反馈 (9.21) 的作用下, 辅助系统 (9.20) 是渐近可镇定的充要条件是存在矩阵 $X > 0$, $Y > 0$, Φ 和 Ψ 满足下面的 LMI 条件

$$\begin{pmatrix} X & I \\ I & Y \end{pmatrix} \geqslant 0, \tag{9.22}$$

$$\tilde{A}_0^{\mathrm{T}} X + X^{\mathrm{T}} \tilde{A}_0 + \Phi \tilde{C}_0 + \tilde{C}_0^{\mathrm{T}} \Phi^{\mathrm{T}} < 0, \tag{9.23}$$

$$\tilde{A}_0 Y + Y^{\mathrm{T}} \tilde{A}_0^{\mathrm{T}} - \tilde{B}_0 \Psi - \Psi^{\mathrm{T}} \tilde{B}_0^{\mathrm{T}} < 0. \tag{9.24}$$

在条件 (9.22)–(9.24) 成立的情况下, 总可以找到非奇异矩阵 $Y^{-1} - X$, 并且动态输出反馈控制器 (9.21) 的相应参数可表示为

$$M = (X - Y^{-1})^{-\mathrm{T}} (\tilde{A}_0^{\mathrm{T}} Y^{-1} + X^{\mathrm{T}} \tilde{A}_0 - X^{\mathrm{T}} \tilde{B}_0 \Psi Y^{-1} + \Phi \tilde{C}_0 - \Phi \tilde{D}_0 \Psi Y^{-1}),$$

$$N = (Y^{-1} - X)^{-\mathrm{T}} \Phi, \quad G = -\Psi Y^{-1}. \tag{9.25}$$

证明　(充分性) 其证明过程类似于定理 7.1, 故省略.

(必要性) 如果存在形如 (9.21) 的动态输出反馈的控制使得相应的闭环辅助系统 (9.20) 是渐近稳定的, 则存在正定矩阵 $Q_s > 0$, 使得

$$\Lambda_s^{\mathrm{T}} Q_s + Q_s^{\mathrm{T}} \Lambda_s < 0. \tag{9.26}$$

记

$$Q_s = \begin{pmatrix} Q_{s1} & Q_{s2} \\ Q_{s3} & Q_{s4} \end{pmatrix}.$$

容易看出 $Q_{s1} > 0$, $Q_{s2} > 0$ 且 $\Pi = Q_{s1} - Q_{s2} Q_{s4}^{-1} Q_{s3} > 0$. 对于 (9.26) 第 1 行和第 1 列的分块矩阵, 有

$$\tilde{A}_0^{\mathrm{T}} Q_{s1} + Q_{s1}^{\mathrm{T}} \tilde{A}_0 + Q_{s3}^{\mathrm{T}} N \tilde{C}_0 + \tilde{C}_0^{\mathrm{T}} N^{\mathrm{T}} Q_{s3} < 0.$$

令 $X = Q_{s1}$, $\Phi = Q_{s3}^{\mathrm{T}} N$, 则矩阵不等式 (9.23) 成立. 记

$$\Upsilon = \begin{pmatrix} I & O \\ -Q_{s4}^{-1} Q_{s3} & I \end{pmatrix}.$$

对 (9.26), 分别左乘矩阵 Υ^{T} 和右乘矩阵 Υ 后可得

$$\Pi^{\mathrm{T}} \tilde{A}_0 + \tilde{A}_0^{\mathrm{T}} \Pi - \Pi^{\mathrm{T}} \tilde{B}_0 G Q_{s4}^{-1} Q_{s3} - Q_{s3}^{\mathrm{T}} Q_{s4}^{-\mathrm{T}} G^{\mathrm{T}} \tilde{B}_0^{\mathrm{T}} \Pi < 0.$$

记 $Y = \Pi^{-1}$, $\Psi = G Q_{s4}^{-1} Q_{s3} Y$, 并对上式分别左乘 Y^{T} 和右乘 Y, 可知矩阵不等式 (9.24) 也成立. 注意到 $X > 0$ 和 $X - Y^{-1} = Q_{s2} Q_{s4}^{-1} Q_{s3} > 0$. 根据 Schur 补引理, 可得不等式条件 (9.22) 成立. 因此得证. 证毕.

定理 9.1 给出了基于慢子系统的辅助系统所设计的严真动态输出反馈, 其增益矩阵可通过求解相应的 LMI 获取. 注意到给出的条件是充分必要的.

9.3　应 用 例 子

例 9.1　考虑如下连续时间的奇摄动系统

$$\begin{pmatrix} \dot{x}_1 \\ \dot{x}_2 \\ \varepsilon \dot{x}_3 \\ \varepsilon \dot{x}_4 \end{pmatrix} = \begin{pmatrix} 0 & 1 & 0 & 0 \\ 0 & 0 & -1 & 0 \\ 0 & 0 & 0 & -1 \\ 0 & 0 & -2 & 0 \end{pmatrix} \begin{pmatrix} x_1 \\ x_2 \\ x_3 \\ x_4 \end{pmatrix} + \begin{pmatrix} 0 \\ 0 \\ 0 \\ -1 \end{pmatrix} u, \tag{9.27}$$

$$y(t) = \begin{pmatrix} -1 & 1 \\ 1 & 0 \end{pmatrix} \begin{pmatrix} x_1(t) \\ x_2(t) \end{pmatrix} + \begin{pmatrix} 1 & 0 \\ 0 & 1 \end{pmatrix} \begin{pmatrix} x_3(t) \\ x_4(t) \end{pmatrix}, \tag{9.28}$$

根据 (9.27)–(9.28), 慢子系统和快子系统分别为

$$\dot{x}_s = \begin{pmatrix} 0 & 1 \\ 0 & 0 \end{pmatrix} x_s + \begin{pmatrix} 0 \\ \dfrac{1}{2} \end{pmatrix} u_s; \tag{9.29a}$$

$$y_s(t) = \begin{pmatrix} -1 & 1 \\ 1 & 0 \end{pmatrix} x_s(t) + \begin{pmatrix} -0.5 \\ 0 \end{pmatrix} u_s(t) \tag{9.29b}$$

和

$$\dot{x}_f = \begin{pmatrix} 0 & -1 \\ -2 & 0 \end{pmatrix} x_f + \begin{pmatrix} 0 \\ -1 \end{pmatrix} u_f; \tag{9.30a}$$

$$y_f(t) = \begin{pmatrix} 1 & 0 \\ 0 & 1 \end{pmatrix} \begin{pmatrix} x_3(t) \\ x_4(t) \end{pmatrix}. \tag{9.30b}$$

首先, 利用文献 [7] 中的定理 6, 可获得快子系统的静态输出反馈控制增益为 $H = (-6.1320, \quad 1.0730)$. 即快闭子系统的解状态变化可以足够快.

进一步地, 利用 LMI 工具箱求解线性矩阵不等式 (9.22)–(9.24) 可得如下参数

$$X = \begin{pmatrix} 25.8608 & 0 \\ 0 & 25.8608 \end{pmatrix}, \quad Y = \begin{pmatrix} 27.5823 & -6.8956 \\ -6.8956 & 27.5823 \end{pmatrix},$$

$$\Phi = \begin{pmatrix} 10.7277 & -21.7694 \\ 107.7816 & -55.7326 \end{pmatrix}, \quad \Psi = (127.0439, \quad -275.8020).$$

从而, 有

$$M = \begin{pmatrix} -0.7616 & 1.7492 \\ -2.5236 & 6.7153 \end{pmatrix}, \quad N = \begin{pmatrix} -0.4170 & 0.8439 \\ -4.1742 & 2.1586 \end{pmatrix},$$

$$G = (\ -2.2466 \quad 9.4376\ ).$$

因此, 根据定理 9.1, 基于慢子系统的辅助系统所设计的严真动态输出反馈能够镇定奇摄动系统 (9.27). 至于小参数的稳定界, 利用文献 [8] 的方法, 可获得精确稳定界为 $\varepsilon^* = 1.1906$. 给定初始条件 $(x_1(0), \quad \xi(0), \quad x_2(0))^{\mathrm{T}} = (\ -1.5, \quad -1.5, \quad 1.5\ )^{\mathrm{T}}$, 奇摄动闭环系统的仿真如图 9.1 和图 9.2 所示. 从图中看出, 奇摄动闭环系统是渐近稳定的.

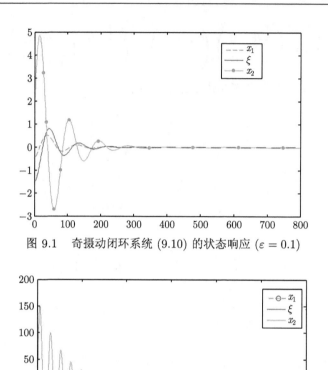

图 9.1　奇摄动闭环系统 (9.10) 的状态响应 ($\varepsilon = 0.1$)

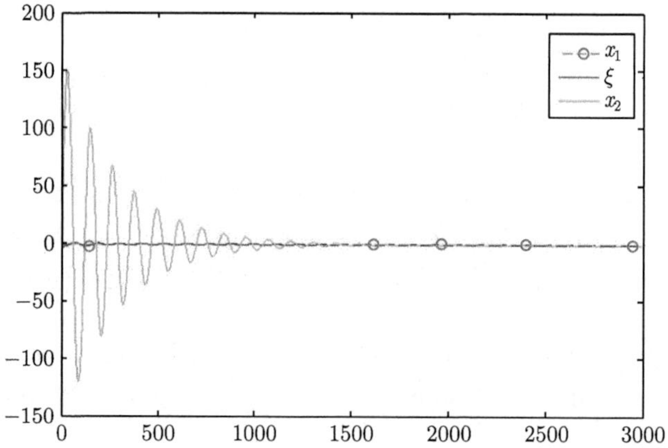

图 9.2　奇摄动闭环系统 (9.10) 的状态响应 ($\varepsilon = 1.3$)

9.4　小结与评注

本章讨论了连续时间的奇摄动系统非严真动态输出反馈控制的问题. 鉴于严真情况的漂亮结果, 因此对于非严真的情况, 可行的思路是将慢子系统非严真的动态输出反馈转化为一个与其等价的辅助系统的严真动态输出反馈问题. 因此, 整个问题就转化为基于慢子系统的辅助系统所设计的严真动态输出反馈控制的鲁棒性问题. 只要对快子系统设计静态输出反馈使其为 Hurwitz 稳定即可. 从而避免了对动态输出反馈需要严真的限制. 这是本章与现有文献的主要差别. 最后, 应用例子验证了本章所述方法的有效性.

参 考 文 献

[1] Li T H S, Chiou J S, Kung F C. Stability bounds of singularly perturbed discrete systems. IEEE Trans. on Automatic Control, 1999, 44(10): 1934-1938.

[2] Oloomi H, Sawan M E. The observer-based controller design of discrete-time singularly perturbed systems. IEEE Trans. on Automatic Control, 1987, 32 (3): 246-248.

[3] Garcia G, Pradin B, Zeng F. Stabilization of discrete time linear systems by static output feedback. IEEE Trans. on Automatic Control, 2001, 46 (12): 1954-1958.

[4] Cao Y Y, Sun Y X. Static output feedback simultaneous stabilization: ILMI approach. International Journal of Control, 1998, 70 (5): 803-814.

[5] Crusius C A R, Trofino A. Sufficient LMI conditions for output feedback control problems. IEEE Trans. on Automatic Control, 1999, 44 (5): 1053-1057.

[6] Xu J. Output feedback control of discrete-time LTI systems: Scaling LMI approaches. Discrete Time Systems. Shanghai: Intech, 2011.

[7] Syrmos V L, Abdallah C T, Dorato P, Grigoriadis K. Static output feedback: A survey. Proceedings of the 33rd Conference on Decision and Control, 1994, FL, 1994: 837-842.

[8] Bara G I, Boutayeb M. Static output feedback stabilization with H_∞ performance for linear discrete-time systems. IEEE Trans. on Automatic Control, 2005, 50 (2): 250-254.

第 10 章　离散时间奇摄动系统的动态输出反馈 (续)

对于离散时间的线性奇摄动系统, 如何避免在设计中非严真动态输出反馈的情况以及实现严真动态反馈设计的优越性之间这一对矛盾是本章讨论的焦点. 我们仍然延续第 9 章的思想方法, 通过慢子系统的非严真动态输出反馈与其构建的辅助系统严真动态输出反馈与之间建立等价性, 将离散时间奇摄动系统非严真动态输出反馈转化为其慢子系统的辅助系统严真的动态输出反馈, 再加上其快子系统的 Schur 稳定性, 或者静态输出镇定等形成有效的输出反馈设计. 结果显示, 所提出的设计方法使得非严真动态输出反馈能够保证整个奇摄动闭环系统是 Schur 稳定, 从而避免了第 8 章中离散时间奇摄动动态输出反馈对严真要求的限制[1-8].

10.1　问 题 描 述

考虑如下离散时间线性奇摄动控制系统

$$x_1(k+1) = (I + \varepsilon A_{11})x_1(k) + \varepsilon A_{12}x_2(k) + \varepsilon B_1 u(k); \tag{10.1a}$$

$$x_2(k+1) = A_{21}x_1(k) + A_{22}x_2(k) + B_2 u(k); \tag{10.1b}$$

$$y(k) = C_1 x_1(k) + C_2 x_2(k), \tag{10.2}$$

其中 $x_1 \in R^{n_1}$ 和 $x_2 \in R^{n_2}$ $(n_1 + n_2 = n)$ 分别为系统的慢状态和快状态; $u \in R^q$ 为控制输入; $y \in R^p$ 为受控输出; $\varepsilon > 0$ 为奇摄动小参数; $x_1(0) = x_{10}$ 和 $x_2(0) = x_{20}$ 为初始条件. 与第 8 章一样, 仍假设矩阵 $I - A_{22}$ 可逆.

根据奇摄动系统 (10.1) 的两时标性质, 它的慢子系统可表示连续形式

$$\dot{x}_s(t) = A_s x_s(t) + B_s u_s(t), \quad x_s(0) = x_{10}; \tag{10.3a}$$

$$y_s(t) = C_s x_s(t) + D_s u_s(t) \tag{10.3b}$$

和快子系统仍表示离散形式

$$x_f(k+1) = A_{22}x_f(k) + B_2 u_f(k), \quad x_f(0) = x_{20} - \bar{x}_2(0); \tag{10.4a}$$

$$y_f(k) = C_2 x_f(k), \tag{10.4b}$$

其中

$$A_s = A_{11} + A_{12}(I - A_{22})^{-1}A_{21}, \quad B_s = B_1 + A_{12}(I - A_{22})^{-1}B_2,$$

$$C_s = C_1 + C_2(I - A_{22})^{-1}A_{21}, \quad D_s = C_2(I - A_{22})^{-1}B_2.$$

在获得慢子系统的过程中, 我们需要令 $x_2(k+1) = x_2(k)$, 并令 $t = \varepsilon k$. 两边同时除以 ε 后, 然后取 $\varepsilon \to 0$, 即可得到在慢时标 t 下的连续时间慢子系统形式 (10.3), 其中在条件 $I - A_{22}$ 可逆的情况下, 可解出

$$\bar{x}_2(t) = (I - A_{22})^{-1}(A_{21}x_s(t) + B_s u_s(t)). \tag{10.5}$$

因为慢子系统 (10.3) 仅仅是系统 (10.1) 的近似模型, 倘若快子系统是 Schur 稳定或者静态输出可镇定, 基于慢子系统 (10.3) 设计的非严真动态输出反馈能否保证整个奇摄动系统也能渐近镇定是本章主要关心的话题. 接下来详细讨论.

对于慢子系统 (10.3), 考虑如下非严真动态输出反馈的控制

$$\dot{\zeta}(t) = M\zeta(t) + Ny_s(t), \quad u_s(t) = G\zeta(t) + Hy_s(t), \tag{10.6}$$

其中 $\zeta(t) \in R^{n_1}$ 为控制器状态; M, N, G 和 H 为待定的常数矩阵. 因为 (10.3b) 中有关于 $u_s(t)$ 的直接传输项, 为了保证 y_s 能被唯一确定, 假设 $I - D_s H$ 可逆即可. 将动态输出反馈 (10.6) 代入慢子系统 (10.3) 可得如下慢闭子系统

$$\begin{pmatrix} \dot{x}_s(t) \\ \dot{\zeta}(t) \end{pmatrix} = \Lambda_s \begin{pmatrix} x_s(t) \\ \zeta(t) \end{pmatrix}, \tag{10.7}$$

其中

$$\Lambda_s = \begin{pmatrix} A_s + B_s H(I - D_s H)^{-1}C_s & B_s G + B_s H(I - D_s H)^{-1}D_s G \\ N(I - D_s H)^{-1}C_s & M + N(I - D_s H)^{-1}D_s G \end{pmatrix}.$$

相应地, 慢子系统 (10.3) 的动态输出反馈 (10.6) 的离散版本可表示为如下形式

$$u(k) = G\xi(k) + Hy(k), \tag{10.8}$$

其中控制器状态 $\xi(k) \in R^{n_1}$ 满足

$$\xi(k+1) = (I + \varepsilon M)\xi(k) + \varepsilon Ny(k), \tag{10.9}$$

于是相应的奇摄动系统 (10.1) 的闭环系统可表示为

$$\begin{pmatrix} v(k+1) \\ x_2(k+1) \end{pmatrix} = \Gamma \begin{pmatrix} v(k) \\ x_2(k) \end{pmatrix} = \begin{pmatrix} I + \varepsilon\Gamma_{11} & \varepsilon\Gamma_{12} \\ \Gamma_{21} & \Gamma_{22} \end{pmatrix} \begin{pmatrix} v(k) \\ x_2(k) \end{pmatrix}, \tag{10.10}$$

其中

$$v = \begin{pmatrix} x_1 \\ \xi \end{pmatrix}, \quad \Gamma_{11} = \begin{pmatrix} A_{11} + B_1 H C_1 & B_1 G \\ N C_1 & M \end{pmatrix}, \quad \Gamma_{12} = \begin{pmatrix} A_{12} + B_1 H C_2 \\ N C_2 \end{pmatrix},$$

$$\Gamma_{21} = \begin{pmatrix} A_{21} + B_2 H C_1, & B_2 G \end{pmatrix}, \quad \Gamma_{22} = A_{22} + B_2 H C_2,$$

为了显示慢闭子系统 (10.7) 和奇摄动闭环系统 (10.10) 之间的联系, 作如下的非奇异变换 [1]

$$\begin{pmatrix} \sigma(k) \\ \tau(k) \end{pmatrix} = T \begin{pmatrix} v(k) \\ x_2(k) \end{pmatrix}, \quad T = \begin{pmatrix} I_{2n_1} + \varepsilon H R & \varepsilon H \\ R & I_{n_2} \end{pmatrix},$$

$$T^{-1} = \begin{pmatrix} I_{2n_1} & -\varepsilon H \\ -R & I_{n_2} + \varepsilon R H \end{pmatrix},$$

其中

$$R = -(I - \Gamma_{22})^{-1} \Gamma_{21} + O(\varepsilon), \quad H = \Gamma_{12}(I - \Gamma_{22})^{-1} + O(\varepsilon). \tag{10.11}$$

所以奇摄动闭环系统 (10.10) 可改写成如下快慢变量分离的对角块形式

$$\begin{pmatrix} \sigma(k+1) \\ \tau(k+1) \end{pmatrix} = \begin{pmatrix} I + \varepsilon E_s & O \\ O & E_f \end{pmatrix} \begin{pmatrix} \sigma(k) \\ \tau(k) \end{pmatrix}, \tag{10.12}$$

其中

$$E_s = \Gamma_{11} - \Gamma_{12} R = \Gamma_{11} + \Gamma_{12}(I - \Gamma_{22})^{-1} \Gamma_{21} + O(\varepsilon), \tag{10.13}$$

$$E_f = \Gamma_{22} + \varepsilon R \Gamma_{12} = \Gamma_{22} + O(\varepsilon) = A_{22} + B_2 H C_2 + O(\varepsilon). \tag{10.14}$$

从 (10.11) 中可以看出, 矩阵 $I - \Gamma_{22}$ 要求可逆, 在 $I - D_s H$ 可逆的条件下, 可以证明 $I - \Gamma_{22}$ 是可逆的. 事实上, 利用等式 $\Gamma_{22} = A_{22} + B_2 H C_2$ 可得

$$I - A_{22} - B_2 H C_2 = I - \Gamma_{22}.$$

进而成立

$$I = (I - A_{22})^{-1} \{(I - \Gamma_{22}) + B_2 H C_2\}. \tag{10.15}$$

在 (10.15) 两边左乘矩阵 C_2 后可得到如下:

$$C_2 = C_2(I - A_{22})^{-1}(I - \Gamma_{22}) + C_2(I - A_{22})^{-1} B_2 H C_2,$$

整理上式后

$$C_2(I - A_{22})^{-1}(I - \Gamma_{22}) = \left\{ I - C_2(I - A_{22})^{-1}B_2H \right\} C_2.$$

代入 (10.4) 中的 $D_s = C_2(I - A_{22})^{-1}B_2$ 到上式可得

$$C_2(I - A_{22})^{-1}(I - \Gamma_{22}) = (I - D_sH)C_2. \tag{10.16}$$

于是有

$$(I - D_sH)^{-1}C_2(I - A_{22})^{-1}(I - \Gamma_{22}) = C_2. \tag{10.17}$$

进一步地, 将 (10.17) 代入 (10.15) 可得

$$I = (I - A_{22})^{-1} \left\{ I + B_2H(I - D_sH)^{-1}C_2(I - A_{22})^{-1} \right\} (I - \Gamma_{22}).$$

上式表明, $I - \Gamma_{22}$ 可逆, 并且

$$(I - \Gamma_{22})^{-1} = (I - A_{22})^{-1} \left\{ I + B_2H(I - D_sH)^{-1}C_2(I - A_{22})^{-1} \right\}.$$

类似地, 对于矩阵 E_s, 通过细致冗长的计算亦可推出

$$E_s = \Gamma_{11} + \Gamma_{12}(I - \Gamma_{22})^{-1}\Gamma_{21} + O(\varepsilon) = \Lambda_s + O(\varepsilon). \tag{10.18}$$

从 (10.12) 容易看出, 奇摄动闭环系统 (10.10) 的渐近稳定性需要下面两个条件同时成立:

$$(1)\ \text{Re}\{\lambda(\Lambda_s)\} < 0; \quad (2)\ |\lambda(\Lambda_f)| < 1. \tag{10.19}$$

由等式 (10.18) 可知, 如果慢闭子系统 (10.7) 是 Hurwitz 稳定, 则条件 (1) 成立. 然而, 又由 (10.14) 不难看出, 即使 A_{22} 是稳定矩阵, 条件 (2) 一般也未必成立, 除非满足如下几种情况之一:

1) $|\lambda(\Lambda_{22})| < 1$, $B_2 = 0$ 或 $|\lambda(\Lambda_{22})| < 1$, $C_2 = 0$;

2) $|\lambda(\Lambda_{22})| < 1$, $H = 0$, 即输出反馈 (10.8)–(10.9) 中不含有静态输出反馈;

3) (A_{22}, B_2) 可控且 C_2 满秩.

前两种情况相当于要求基于慢子系统设计的动态输出反馈是严真的, 或者奇摄动系统具有一种特殊结构. 对于第 3) 种情况, 所提的条件更具有一般性. 然而并没有给出一般有效的设计方法. 如何获取这些控制增益仍需要做进一步研究.

10.2 动态输出反馈控制的鲁棒性

为了给出合适的非严真动态输出反馈, 考虑如下慢子系统的辅助系统

$$\dot{\tilde{x}}_s = \tilde{A}_s\tilde{x}_s + \tilde{B}_s\tilde{u}_s, \quad \tilde{y}_s = \tilde{C}_s\tilde{x}_s + \tilde{D}_s\tilde{u}_s, \tag{10.20}$$

其中

$$\tilde{A}_s = A_s + B_s H (I - D_s H)^{-1} C_s, \quad \tilde{B}_s = B_s + B_s H (I - D_s H)^{-1} D_s,$$

$$\tilde{C}_s = (I - D_s H)^{-1} C_s, \quad \tilde{D}_s = (I - D_s H)^{-1} D_s.$$

容易看出, 慢子系统 (10.3) 的非严真动态输出反馈控制问题等价于对辅助系统 (10.20) 设计的如下严真动态输出反馈

$$\dot{\tilde{\zeta}}(t) = M \tilde{\zeta}(t) + N \tilde{y}_s(t), \quad \tilde{u}_s(t) = G \tilde{\zeta}(t), \tag{10.21}$$

其中 M, N 和 G 满足 (10.6).

　　注意到 (10.19) 和 (10.20), 可以看出本章所考虑的动态输出反馈控制的鲁棒性是指要找到合适的充分条件对静态输出反馈控制增益矩阵 H 和严真动态输出反馈增益矩阵 M, N 和 G 进行极点配置, 使得快子系统 (10.4) 和辅助系统 (10.20) 同时达到渐近镇定, 并且当此非严真动态输出反馈被应用到原奇摄动系统时, 其渐近镇定仍可保证.

　　对于快子系统 (10.4), 根据文献 [2], 可设计控制增益矩阵 H 使得几乎任意接近地配置 $\min\{n_1, p\}$ 个极点. 事实上, 这方面的问题已有很多的研究结果, 并且提出了各种各样的方法[3-7]. 有关静态输出反馈极点配置研究的最新进展可参见综述文献 [8] 和其中的参考文献.

　　对于辅助系统 (10.20) 的严真动态输出反馈设计, 有下面的充要条件.

　　定理 10.1　在严真动态输出反馈 (10.21) 的作用下, 辅助系统 (10.20) 渐近镇定的充要条件是存在矩阵 $X > 0$, $Y > 0$, Φ 和 Ψ 满足下面的 LMI 条件

$$\begin{pmatrix} X & I \\ I & Y \end{pmatrix} \geqslant 0, \tag{10.22}$$

$$\tilde{A}_s^{\mathrm{T}} X + X^{\mathrm{T}} \tilde{A}_s + \Phi \tilde{C}_s + \tilde{C}_s^{\mathrm{T}} \Phi^{\mathrm{T}} < 0, \tag{10.23}$$

$$\tilde{A}_s Y + Y^{\mathrm{T}} \tilde{A}_s^{\mathrm{T}} - \tilde{B}_s \Psi - \Psi^{\mathrm{T}} \tilde{B}_s^{\mathrm{T}} < 0. \tag{10.24}$$

在条件 (10.22)–(10.24) 成立的情况下, 可以使得矩阵 $Y^{-1} - X$ 非奇异, 并且动态输出反馈控制器 (10.21) 的相应参数可表示为

$$M = (X - Y^{-1})^{-\mathrm{T}} (\tilde{A}_s^{\mathrm{T}} Y^{-1} + X^{\mathrm{T}} \tilde{A}_s - X^{\mathrm{T}} \tilde{B}_s \Psi Y^{-1} + \Phi \tilde{C}_s - \Phi \tilde{D}_s \Psi Y^{-1}),$$

$$N = (Y^{-1} - X)^{-\mathrm{T}} \Phi, \quad G = -\Psi Y^{-1}. \tag{10.25}$$

　　证明　(充分性) 其证明过程类似于定理 8.1, 故省略.

(必要性) 如果存在形如 (10.21) 的严真动态输出反馈控制使得辅助系统 (10.20) 是渐近镇定, 则存在正定矩阵 $Q_s > 0$, 使得

$$\Lambda_s^\mathrm{T} Q_s + Q_s^\mathrm{T} \Lambda_s < 0. \tag{10.26}$$

记

$$Q_s = \begin{pmatrix} Q_{s1} & Q_{s2} \\ Q_{s3} & Q_{s4} \end{pmatrix},$$

容易看出 $Q_{s1} > 0$, $Q_{s2} > 0$ 且 $\Pi = Q_{s1} - Q_{s2} Q_{s4}^{-1} Q_{s3} > 0$. 对于 (10.26) 第 1 行和第 1 列的分块矩阵, 有

$$\tilde{A}_s^\mathrm{T} Q_{s1} + Q_{s1}^\mathrm{T} \tilde{A}_s + Q_{s3}^\mathrm{T} N \tilde{C}_s + \tilde{C}_s^\mathrm{T} N^\mathrm{T} Q_{s3} < 0.$$

令 $X = Q_{s1}$, $\Phi = Q_{s3}^\mathrm{T} N$, 则 (10.23) 成立. 记

$$\Upsilon = \begin{pmatrix} I & O \\ -Q_{s4}^{-1} Q_{s3} & I \end{pmatrix}.$$

对 (10.26) 分别左乘和右乘 Υ^T, 并转置可得

$$\Pi^\mathrm{T} \tilde{A}_s + \tilde{A}_s^\mathrm{T} \Pi - \Pi^\mathrm{T} \tilde{B}_s G Q_{s4}^{-1} Q_{s3} - Q_{s3}^\mathrm{T} Q_{s4}^{-\mathrm{T}} G^\mathrm{T} \tilde{B}_s^\mathrm{T} \Pi < 0.$$

记 $Y = \Pi^{-1}$, $\Psi = G Q_{s4}^{-1} Q_{s3} Y$, 并对上式分别左乘和右乘 Y^T, 转置可得 (10.24). 注意到 $X > 0$ 和 $X - Y^{-1} = Q_{s2} Q_{s4}^{-1} Q_{s3} \geqslant 0$. 根据 Schur 补引理, 可得 (10.22) 成立. 证毕.

定理 10.1 给出了基于慢子系统的辅助系统严真动态输出反馈的设计方法, 它与慢子系统的非严真动态输出反馈等价, 并且所要求的增益矩阵可通过求解相应的线性矩阵不等式获取. 注意到给出的条件是充分必要的, 在慢子系统的非严真动态输出反馈和其辅助系统的严真动态输出反馈之间实现了等价转换, 因此所提的方法具有较小的保守性.

10.3 应用例子

例 10.1 仍然考虑例 8.1 中的核反应模型

$$x_1(k+1) = (1 - 0.3417\varepsilon)x_1(k) + 0.3417\varepsilon x_2(k) + 9.0021\varepsilon u(k); \tag{10.27a}$$

$$x_2(k+1) = 0.2733 x_1(k) + 0.7267 x_2(k) + 42.7983 u(k); \tag{10.27b}$$

$$y(k) = 2x_1(k) + x_2(k). \tag{10.28}$$

根据 (10.27)–(10.28), 慢子系统为

$$\dot{x}_s(t) = 62.5117u_s(t), \tag{10.29a}$$

$$y_s(t) = 3x_s(t) + 156.5982u_s(t) \tag{10.29b}$$

和快子系统为

$$x_f(k+1) = 0.7267x_f(k) + 42.7983u_f(k), \tag{10.30a}$$

$$y_f(k) = x_f(k). \tag{10.30b}$$

首先给出慢子系统如下形式的动态输出反馈

$$\dot{\zeta}(t) = 0.3\zeta(t) - 0.2y_s(t),$$

$$u_s(t) = -0.008\zeta(t) + 0.05y_s(t),$$

其极点为 $\{-0.5548 + 2.3812i, -0.5548, -2.3812i\}$, 可以看出慢子系统 (10.29) 在上述非严真动态输出反馈的作用下是渐近稳定的. 当把上述控制器应用到整个奇摄动控制系统 (10.27)–(10.28) 时, 可得如下奇摄动闭环系统

$$\begin{pmatrix} x_1(k+1) \\ \xi(k+1) \\ x_2(k+1) \end{pmatrix} = \begin{pmatrix} 1 + \varepsilon 0.5585 & -0.072 & 0.7918 \\ -0.4 & 1 + \varepsilon 0.3 & -0.2 \\ 4.5531 & -0.3424 & 2.8666 \end{pmatrix} \begin{pmatrix} x_1(k) \\ \xi(k) \\ x_2(k) \end{pmatrix}.$$

此时奇摄动闭环系统是不稳定的, 因为 $\Gamma_{22} = A_{22} + B_2HC_2 = 2.8667 > 1$.

　　考虑本章基于慢子系统等价的辅助系统严真动态输出反馈的设计方法, 首先, 利用文献 [7] 的定理 6, 可获得快子系统的静态输出反馈控制增益为 $H = -0.017$, 即快闭子系统是 Schur 稳定.

　　进一步地, 利用 LMI 工具箱求解系列线性矩阵不等式 (10.22)–(10.24), 可得如下参数

$$X = 5.2782 \times 10^8, \quad Y = 5.2782 \times 10^8, \quad \Phi = 2.3875 \times 10^8, \quad \Psi = -1.1458 \times 10^7.$$

从而有

$$M = -0.1214, \quad N = -0.4523, \quad G = 0.0217.$$

因此, 根据推论 8.1, 基于慢子系统的辅助系统设计的严真动态输出反馈能强镇定整个奇摄动系统 (10.27), 因为此时快闭子系统足够快. 因此根据定理 10.1, 由慢子系统与其辅助系统动态输出反馈之间的等价性可知, 基于慢子系统的非严真动

态反馈, 在快子系统静态输出可镇定的情况下能强镇定整个奇摄动系统. 对于小参数的稳定上界, 通过利用文献 [2] 的方法, 可获得精确稳定界为 $\varepsilon^* = 1.1906$.

给定初始条件 $(x_1(0),\ \xi(0),\ x_2(0))^{\mathrm{T}} = (-1.5,\ -1.5,\ 1.5)^{\mathrm{T}}$, 奇摄动闭环系统 (10.10) 的仿真如图 10.1 和图 10.2 所示. 从图中可以看出, 奇摄动闭环系统的确是 Schur 稳定.

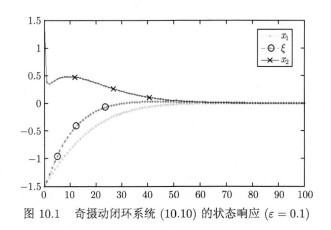

图 10.1　奇摄动闭环系统 (10.10) 的状态响应 ($\varepsilon = 0.1$)

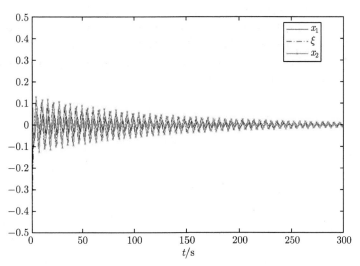

图 10.2　奇摄动闭环系统 (10.10) 的状态响应 ($\varepsilon = 1.18$)

10.4　小结与评注

本章讨论了离散时间奇摄动控制系统基于慢子系统的辅助系统设计的严真动态输出反馈控制的鲁棒性问题. 在证明了慢子系统的非严真动态输出反馈与其辅

助系统严真动态输出反馈等价性的基础上, 设计了慢子系统的辅助系统严真动态输出反馈的同时, 设计快子系统的静态输出反馈使得快闭子系统足够快, 从而避免了对动态输出反馈严真的要求. 这就是本章与现有文献的主要差别. 最后, 应用例子验证了本章所提方法的先进性和有效性.

参 考 文 献

[1] Oloomi H, Sawan M E. Combined filtering and stochastic control of discrete-time linear singularly perturbed systems. Proceedings of 29th Midwest Symp. Circuits Systems, Lincoln, NE, 1986.

[2] Mahmoud M S, Chen Y, Singh M G. A two-stage output feedback design. IEE Proceedings, 1986, 133 (6): 279-284.

[3] Bara G I, Boutayeb M. Static output feedback stabilization with H_∞ performance for linear discrete-time systems. IEEE Trans. on Automatic Control, 2005, 50 (2): 250-254.

[4] Garcia G, Pradin B, Zeng F. Stabilization of discrete time linear systems by static output feedback. IEEE Trans. on Automatic Control, 2001, 46 (12): 1954-1958.

[5] Cao Y Y, Sun Y X. Static output feedback simultaneous stabilization: ILMI approach. International Journal of Control, 1998, 70 (5): 803-814.

[6] Crusius C A R, Trofino A. Sufficient LMI conditions for output feedback control problems. IEEE Trans. on Automatic Control, 1999, 44 (5): 1053-1057.

[7] Xu J. Output feedback control of discrete-time LTI systems: Scaling LMI approaches. Discrete Time Systems. Shanghai: In Tech, 2011.

[8] Syrmos V L, Abdallah C T, Dorato P, Grigoriadis K. Static output feedback: A survey. Proceedings of the 33rd Conference on Decision and Control, Florida, 1994: 837-842.

第 11 章 奇摄动最优控制

11.1 引 言

最优控制作为控制理论的重要分支, 在实际工程问题中发挥着非常重要的作用. 随着研究的深入, 越来越多的学者开始关注奇摄动最优控制问题. 众所周知, 奇摄动最优控制问题的关键是如何寻找最优解的渐近解及其相应的组合控制. 其一般步骤是: 首先利用变分法或庞特里亚金极值原理获得最优性条件, 注意此时是小参数依赖的. 其次将渐近分析直接应用到最优性条件获得渐近解. 根据相应的极限定理, 这样的渐近解必须一致有效. 自 20 世纪 70 年代开始, Kokotovic 提出的奇摄动方法运用于控制理论的研究[1,2], 并一直伴随着控制理论的发展而发展. 对于奇摄动最优控制, 也发展出许多具体的方法, 较常见的有两步法、特征向量法、LMI 方法和基于积分流形的几何方法等传统的方法[3-18].

本章将针对一般非线性奇摄动最优控制问题, 采用基于边界层函数法之上的直接展开法[19-21], 抛砖引玉来处理几类非线性奇摄动最优控制问题. 直接展开法的思想是首先将性能指标、状态方程和边界条件按快慢尺度分离, 然后按小参数进行展开. 通过直接展开, 得到一系列极小化控制序列, 每一个新的控制序列都简化了原问题的性能指标. 需要指出的是, 直接展开法不但容易找到渐近解之间的关系, 而且很清楚地体现了奇摄动最优控制问题的一些本质.

11.2 非线性奇摄动最优控制问题的边界层解

考虑如下一般非线性奇摄动最优控制问题:

$$
\begin{cases}
J_\varepsilon[u] = G(x(T), y(T)) + \displaystyle\int_0^T F(x, y, u, t) dt \to \min_u, \\[2mm]
\dfrac{dx}{dt} = f(x, y, u, t), \\[2mm]
\varepsilon \dfrac{dy}{dt} = g(x, y, u, t), \\[2mm]
x(0) = x^0, \quad y(T) = y^0,
\end{cases}
\tag{11.1}
$$

其中 $x(t) \in R^N$, $y(t) \in R^M$, $u(t) \in R^r$, $t \in [0, T]$, $\varepsilon > 0$ 是小参数, N, M, r 是正整数. 为了方便问题的讨论, 给出如下假设条件.

条件 11.1　设函数 $G(x,y), F(x,y,u,t), f(x,y,u,t), g(x,y,u,t)$ 在区域

$$D = \left\{ (x,y,u,t) \big| \|x\| < A, \|y\| < B, u \in R^r, 0 \leqslant t \leqslant T \right\}$$

上是充分光滑的, 其中 $A > 0, B > 0$ 为某常数.

根据边界层函数法, 设奇摄动最优控制问题 (11.1) 的形式渐近级数为

$$z(t,\varepsilon) = \sum_{k=0}^{\infty} \varepsilon^k \big(\bar{z}_k(t) + L_k z(\tau_0) + R_k z(\tau_1) \big), \quad 0 \leqslant t \leqslant T, \tag{11.2}$$

其中 $z = (x,y,u)^{\mathrm{T}}$, $\tau_0 = t\varepsilon^{-1}$, $\tau_1 = (t-T)\varepsilon^{-1}$, $\bar{z}_k(t)$ 称为正则项系数, $L_k z(\tau_0)$ 称为左边界层项系数, $R_k z(\tau_1)$ 称为右边界层项系数. 利用边界层函数法可知, 左右边界层项的所有系数都满足指数小性质, 即对任意的 $k = 0, 1, \cdots, N, \cdots$, 都有

$$\lim_{\tau_0 \to +\infty} L_k z(\tau_0) = 0, \quad \lim_{\tau_1 \to -\infty} R_k z(\tau_1) = 0.$$

11.2.1　直接展开法

直接展开法的思想是: 首先将性能指标、状态方程和边界条件按快慢尺度分离, 然后按照小参数 $\varepsilon > 0$ 进行展开. 通过直接展开, 将得到一系列简化的极小化控制序列, 这些简化的极小化序列比原问题要简单和易求. 将 (11.2) 代入 (11.1), 按尺度 t, τ_0, τ_1 分离, 同时比较 $\varepsilon > 0$ 的同次幂, 可得

$$J_\varepsilon[u] = J_0 + \varepsilon J_1 + \cdots + \varepsilon^m J_m + O(\varepsilon^{m+1}). \tag{11.3}$$

考虑到边界层函数指数小的性质, 同时利用 (11.1) 的状态方程可得

$$\frac{dL_0 x}{d\tau_0} = 0, \quad \frac{dR_0 x}{d\tau_1} = 0,$$

进而有 $L_0 x = 0, R_0 x = 0$. 先给出零次正则项 $\bar{z}_0(t)$ 所满足的问题 P_0,

$$P_0 : \begin{cases} G(\bar{x}_0(T), \bar{y}_0^1) + \displaystyle\int_0^T F(\bar{x}_0, \bar{y}_0, \bar{u}_0, t) dt \to \min_{\bar{u}_0}, \\[2mm] \dfrac{d\bar{x}_0}{dt} = f(\bar{x}_0, \bar{y}_0, \bar{u}_0, t), \\[2mm] 0 = g(\bar{x}_0, \bar{y}_0, \bar{u}_0, t), \\[2mm] \bar{x}_0(0) = x^0, \end{cases}$$

其中 $\bar{y}_0^1 = \arg\min_y G(\bar{x}_0(T), y)$. P_0 是零次正则项的最优控制问题, 它是零次渐近解的主项[19].

假设 $(\bar{y}_0, \bar{u}_0)$ 是最优控制问题 P_0 的解, 则 $(\bar{y}_0, \bar{u}_0)$ 满足最优性条件

$$\bar{H}_y = H_y(\bar{z}_0, \bar{p}, \bar{q}, t) = 0, \quad \bar{H}_u = H_u(\bar{z}_0, \bar{p}, \bar{q}, t) = 0, \tag{11.4}$$

其中

$$\begin{cases} H(z, p, q, t) = p^{\mathrm{T}} f(x, y, u, t) + q^{\mathrm{T}} g(x, y, u, t) - F(x, y, u, t), \\ \dfrac{d\bar{p}}{dt} = -\bar{H}_x(\bar{z}_0, \bar{p}, \bar{q}, t), \quad \bar{p}(T) = -G_x(\bar{x}_0(T), \bar{y}_0^1), \end{cases} \tag{11.5}$$

p, q 是拉格朗日 (Lagrange) 乘子. 利用 (11.4), (11.5) 和边值条件

$$\bar{y}_0(0) + L_0 y(0) = y^0, \quad \bar{y}_0(T) + R_0 y(0) = \bar{y}_0^1, \quad G_y(\bar{x}_0(T), \bar{y}_0^1) = 0,$$

可以定义 J_1 的精确表达式 $\tilde{J}_1$ 为

$$\tilde{J}_1 = \bar{q}^{\mathrm{T}}(T)\bar{y}_0^1 - \bar{q}^{\mathrm{T}}(0)y^0 - \int_0^T \dot{\bar{q}}^{\mathrm{T}} \bar{y}_0 dt - \int_0^{+\infty} (H(\tau_0) - \bar{H}(0)) d\tau_0$$
$$- \int_0^{-\infty} (H(\tau_1) - \bar{H}(T)) d\tau_1,$$

其中

$$H(\tau_0) = H(\bar{z}_0(0) + L_0 z(\tau_0), \bar{p}(0), \bar{q}(0), 0),$$

$$H(\tau_1) = H(\bar{z}_0(T) + R_0 z(\tau_1), \bar{p}(T), \bar{q}(T), T).$$

$\tilde{J}_1$ 依赖于边界层项 $L_0 z(\tau_0)$ 和 $R_0 z(\tau_1)$. 现给出零次左右边界层的判别问题

$$L_0 P : \begin{cases} -\displaystyle\int_0^{\infty} (H(\tau_0) - \bar{H}(0)) d\tau_0 \to \min_{L_0 u}, \\ \dfrac{dL_0 y}{d\tau_0} = g(\bar{x}_0(0), \bar{y}_0(0) + L_0 y, \bar{u}_0(0) + L_0 u, 0), \\ L_0 y(0) = y^0 - \bar{y}_0(0). \end{cases}$$

$$R_0 P : \begin{cases} \displaystyle\int_0^{-\infty} (H(\tau_1) - \bar{H}(T)) d\tau_1 \to \min_{R_0 u}, \\ \dfrac{dR_0 y}{d\tau_0} = g(\bar{x}_0(T), \bar{y}_0(T) + R_0 y, \bar{u}_0(T) + R_0 u, 0), \\ R_0 y(0) = \bar{y}_0^1 - \bar{y}_0(T). \end{cases}$$

这样就得到了确定零次主项 $\bar{z}_0(t)$, $L_0z(\tau_0)$ 和 $R_0z(\tau_1)$ 的方程和条件. 为了保证解的存在性, 需给出如下一些假设条件.

条件 11.2　设问题 P_0 的最优控制 $(\bar{y}_0, \bar{u}_0)$ 存在, 且是 (11.4) 和 (11.5) 的唯一解.

条件 11.3　矩阵

$$
\begin{pmatrix} \bar{H}_{yy} & \bar{H}_{yu} \\ \bar{H}_{uy} & \bar{H}_{uu} \end{pmatrix} < 0, \quad \bar{H}_{xx} \leqslant 0, \quad G_{yy}(\bar{x}_0(T), y_0^1) > 0, \quad G_{xx}(\bar{x}_0(T), y_0^1) \geqslant 0,
$$

其中函数 $\bar{H}_{xx}$, $\bar{H}_{yy}$, $\bar{H}_{yu}$, $\bar{H}_{uy}$, $\bar{H}_{uu}$ 在 $(\bar{x}_0(t), \bar{y}_0(t), \bar{u}_0(t), t)$ 上取值.

条件 11.4　矩阵 $g_y(\bar{x}_0(t), \bar{y}_0(t), \bar{u}_0(t), t), g_u(\bar{x}_0(t), \bar{y}_0(t), \bar{u}_0(t), t)$ 在 $[0, T]$ 上能控.

条件 11.5　$y^0 - \bar{y}_0(0)$ 和 $\bar{y}_0^1 - \bar{y}_0(T)$ 分别属于问题 L_0P 和 R_0P 的影响域.

类似于边界层函数法, 对于 n 阶项而言, 其判定依赖于前 $n-1$ 阶的已知项, 通过计算可得如下引理.

引理 11.1　若 $m = 2n+1$, 则

$$
\min\left\{ \sum_{i=0}^{m} \varepsilon^i J_i + O(\varepsilon^{m+1}) \right\} = \sum_{i=0}^{m} \varepsilon^i \min \tilde{J}_i + O(\varepsilon^{m+1}).
$$

引理 11.2　关于 $\bar{z}_n(t)$, $L_nz(\tau_0)$ 和 $R_nz(\tau_1)$, $n = 0, 1, 2, \cdots$ 分别满足最优控制问题 P_n, L_nP 和 R_nP, 故有

$$
P_n : \begin{cases} G(\bar{x}_n^1, \bar{y}_n^1) + \displaystyle\int_0^T F\left(\frac{1}{2} \bar{z}_n^{\mathrm{T}} \bar{H}_{zz} \bar{z}_n + \bar{H}_n^{\mathrm{T}} \bar{z}_n \right) dt \to \min_{\bar{u}_n}, \\[2mm] \dfrac{d\bar{x}_n}{dt} = f_z(\bar{x}_0, \bar{y}_0, \bar{u}_0, t)\bar{z}_n + \bar{f}_n(t), \\[2mm] 0 = g_z(\bar{x}_0, \bar{y}_0, \bar{u}_0, t)\bar{z}_n + \bar{g}_n(t), \\[2mm] \bar{x}_n(0) = -L_n x(0), \quad \bar{x}_n^1 = \bar{x}_n(T) + R_n x(0), \\[2mm] \bar{y}_n^1 = \arg\min \bar{G}_n(\bar{x}_n^1, y), \end{cases}
$$

其中函数 $\bar{H}_n(t), \bar{f}_n(t), \bar{g}_n(t)$ 和 $\bar{G}_n(t)$ 是依赖于前 $n-1$ 次项的已知函数.

$$
L_nP : \begin{cases}
-\int_0^\infty \left\{ \left(\frac{1}{2}L_n z\right)^{\mathrm{T}} H_{zz}(\tau_0) L_n z + \bar{L}_n^{\mathrm{T}}(\tau_0) L_n z \right\} d\tau_0 \to \min_{L_n u}, \\
\dfrac{dL_n x}{d\tau_0} = f_z(\bar{x}_0(0), \bar{y}_0(0) + L_0 y, \bar{u}_0(0) + L_0 u, 0) L_{n-1} z + f_n(\tau_0), \\
\dfrac{dL_n y}{d\tau_0} = g_z(\bar{x}_0(0), \bar{y}_0(0) + L_0 y, \bar{u}_0(0) + L_0 u, 0) L_n z + g_n(\tau_0), \\
L_0 y(0) = -\bar{y}_n(0),
\end{cases}
$$

其中 $H_{zz}(\tau_0)$ 是问题 L_0P 的哈密顿 (Hamilton) 函数, $\bar{L}_n(\tau_0), f_n(\tau_0)$ 和 $g_n(\tau_0)$ 是依赖于前 $n-1$ 阶项的已知函数.

$$
R_nP : \begin{cases}
\int_0^{-\infty} \left\{ \left(\frac{1}{2}R_n z\right)^{\mathrm{T}} H_{zz}(\tau_1) R_n z + \bar{R}_n^{\mathrm{T}}(\tau_0) R_n z \right\} d\tau_1 \to \min_{R_n u}, \\
\dfrac{dR_n x}{d\tau_1} = f_z(\bar{x}_0(T), \bar{y}_0(T) + R_0 y, \bar{u}_0(T) + R_0 u, T) R_{n-1} z + f_n(\tau_1), \\
\dfrac{dR_n y}{d\tau_1} = g_z(\bar{x}_0(T), \bar{y}_0(T) + R_0 y, \bar{u}_0(T) + R_0 u, T) R_n z + g_n(\tau_1), \\
R_0 y(0) = \bar{y}_n^1 - \bar{y}_n(T),
\end{cases}
$$

其中 $H_{zz}(\tau_1)$ 是问题 R_0P 的 Hamilton 函数, 函数 $\bar{R}_n(\tau_1), f_n(\tau_1)$ 和 $g_n(\tau_1)$ 是依赖于前 $n-1$ 阶项的已知函数.

在具体求解过程中, 首先求解零次正则项方程. 利用零次正则项的解, 依次可求解零次左右边界层项的解; 进一步, 依次可以得到 n 阶渐近解, $n = 1, 2, \cdots$. 利用 n 阶控制序列, 可得

$$
\tilde{u}_k(t, \varepsilon) = u_0(t, \varepsilon) + \varepsilon u_1(t, \varepsilon) + \cdots + \varepsilon^k u_k(t, \varepsilon), \quad k = 0, 1, \cdots, n, \tag{11.6}
$$

其中 $u_i(t, \varepsilon) = \bar{u}_i(t) + L_i u(\tau_0) + R_i u(\tau_1), i = 0, 1, \cdots, k$.

利用 $\tilde{u}_k(t, \varepsilon)$ 的表达式以及 (11.1) 的状态方程和初值条件可以确定解 $\tilde{x}_k(t, \varepsilon)$ 和 $\tilde{y}_k(t, \varepsilon)$. 进一步, 利用直接展开法和渐近表达式 $\tilde{x}_k(t, \varepsilon), \tilde{y}_k(t, \varepsilon), \tilde{u}_k(t, \varepsilon)$ 可得如下定理.

定理 11.1 对于充分小的 $\varepsilon > 0$, 有

$$
J_\varepsilon(\bar{u}_0) \geqslant J_\varepsilon(\tilde{u}_0) \geqslant \cdots \geqslant J_\varepsilon(\bar{u}_k) \geqslant J_\varepsilon(\tilde{u}_k + \varepsilon^{k+1}\bar{u}_{k+1}) \geqslant \cdots \geqslant J_\varepsilon(\tilde{u}_n). \tag{11.7}
$$

11.2.2 渐近估计

引理 11.3[24] 若条件 11.1 至条件 11.5 成立, 则问题 L_0P 和 R_0P 分别存在稳定和不稳定流形. 同时 $y^0 - \bar{y}_0(0)$ 和 $\bar{y}_0^1 - \bar{y}_0(T)$ 分别属于问题 L_0P 和 R_0P 的

影响域, 并且 L_0P 和 R_0P 的解存在唯一, 满足估计

$$||L_0z|| \leqslant Ce^{-a\tau_0}$$

和

$$||R_0z|| \leqslant Ce^{a\tau_1}.$$

其中 $C > 0, a > 0$ 为某一正常数.

引理 11.4[24]　若条件 11.1 至条件 11.5 成立, m 为正整数, 则对于 $n \leqslant m$, n 阶渐近解存在唯一, 并且满足估计

$$||L_nz|| \leqslant Ce^{-a\tau_0}$$

和

$$||R_nz|| \leqslant Ce^{a\tau_1}.$$

其中 $C > 0, a > 0$ 为某一正常数.

根据引理 11.3 和引理 11.4, 可以证明如下定理[24].

定理 11.2　若条件 11.1 至条件 11.5 成立, $m > 0$, 则对于任意的 $n \leqslant m$. 对于充分小的 $\varepsilon > 0$, 有

$$||z^* - \tilde{z}_n|| \leqslant C\varepsilon^{n+1}, \quad t \in [0,T],$$

$$J_\varepsilon(\tilde{u}_n) \leqslant J_\varepsilon(\tilde{u}_{n-1}), \quad J_\varepsilon(\tilde{u}_n) - J_\varepsilon^* \leqslant C\varepsilon^{2n+2},$$

其中 z^*, J_ε^* 是问题 P_ε 的最优解, $\tilde{u}_n(t, \varepsilon)$ 由表达式 (11.6) 确定, $\tilde{x}_n, \tilde{y}_n$ 是状态方程 (11.1) 对应于 $\tilde{u}_n$ 的解.

例 11.1　考虑如下最优控制问题

$$\begin{cases} J_\varepsilon[u] = \dfrac{1}{2}x(1) + \dfrac{1}{2}(y(1) - 1)^2 + \dfrac{1}{2}\displaystyle\int_0^1 u^2 dt \to \min_u, \\ \dfrac{dx}{dt} = x + y^2, \\ \varepsilon\dfrac{dy}{dt} = -y + u, \\ x(0) = 0, \quad y(0) = 2, \end{cases} \tag{11.8}$$

其中 $x, y \in R, \varepsilon > 0$. 令 $z = (x, y, u)^{\mathrm{T}}$. 容易验证满足条件 11.1 至条件 11.5. 设形式渐近解的表示为

$$z(t, \varepsilon) = \sum_{k=0}^\infty \varepsilon^k(\bar{z}_k(t) + L_kz(\tau_0) + R_kz(\tau_1)), \quad 0 \leqslant t \leqslant 1,$$

其中 $\tau_0 = \dfrac{t}{\varepsilon}$, $\tau_1 = \dfrac{t-1}{\varepsilon}$.

接下来给出零次渐近级数所满足的问题, 其中 Hamilton 函数

$$H(z, p, q, t) = p(x + y^2) + q(-y + u) - \frac{1}{2}u^2.$$

零次正则项满足的方程和条件为

$$P_0 : \begin{cases} \dfrac{1}{2}\bar{x}_0(1) + \dfrac{1}{2}(\bar{y}_0^1 - 1)^2 + \dfrac{1}{2}\displaystyle\int_0^1 \bar{u}_0^2 dt \to \min_{\bar{u}_0}, \\[2mm] \dfrac{d\bar{x}_0}{dt} = \bar{x}_0 + \bar{y}_0^2, \\[2mm] 0 = -\bar{y}_0 + \bar{u}_0, \bar{x}_0(0) = 0, \end{cases}$$

其中 $\bar{y}_0^1 = \arg\min\limits_y \left(\dfrac{1}{2}\bar{x}_0(1) + \dfrac{1}{2}(y-1)^2 \right) = 1$. 利用最优性条件, 可知零次正则项满足

$$\begin{cases} \dfrac{d\bar{x}_0}{dt} = \bar{x}_0 + \bar{y}_0^2, 0 = -\bar{y}_0 + \bar{u}_0, \\[2mm] 0 = \bar{q} - \bar{u}_0, \dfrac{d\bar{p}}{dt} = -\bar{p}, \dfrac{d\bar{q}}{dt} = 2\bar{p}\bar{y}_0 - \bar{q}, \\[2mm] \bar{x}_0(0) = 0, \bar{p}(1) = -\dfrac{1}{2}, \bar{q}(1) = 0. \end{cases}$$

计算可得

$$\bar{x}_0(t) = \bar{y}_0(t) = \bar{u}_0(t) = 0, \quad \bar{p}(t) = -\frac{1}{2}e^{1-t}, \quad \bar{q}(t) = 0.$$

零次左边界层项满足的方程和条件为

$$L_0 P : \begin{cases} \dfrac{1}{2}\displaystyle\int_0^\infty \left(e(L_0 y)^2 + (L_0 u)^2 \right) d\tau_0 \to \min_{L_0 u}, \\[2mm] \dfrac{dL_0 y}{d\tau_0} = -L_0 y + L_0 u, \\[2mm] L_0 y(0) = 2, \quad L_0 y(+\infty) = 0, \quad L_0 u(+\infty) = 0. \end{cases}$$

利用最优性条件, 可知零次左边界层项满足

$$\begin{cases} \dfrac{dL_0 y}{d\tau_0} = -L_0 y + L_0 u, \\[2mm] \dfrac{dL_0 u}{d\tau_0} = L_0 u + eL_0 y, \\[2mm] L_0 y(0) = 2, \quad L_0 y(+\infty) = 0, \quad L_0 u(+\infty) = 0. \end{cases}$$

计算可得

$$L_0 y = 2e^{-(\sqrt{1+e})\tau_0}, \quad L_0 u = -2\left(-1+\sqrt{1+e}\right)e^{-(\sqrt{1+e})\tau_0}.$$

零次右边界层项满足的方程和条件为

$$R_0 P : \begin{cases} -\dfrac{1}{2}\displaystyle\int_0^{-\infty}\left((R_0 y)^2 + (R_0 u)^2\right)d\tau_1 \to \min_{R_0 u}, \\[2mm] \dfrac{dR_0 y}{d\tau_1} = -R_0 y + R_0 u, \\[2mm] R_0 y(0) = 1, \quad R_0 y(-\infty) = 0, \quad R_0 u(-\infty) = 0. \end{cases}$$

利用最优性条件, 可知零次右边界层项满足

$$\begin{cases} \dfrac{dR_0 y}{d\tau_1} = -R_0 y + R_0 u, \\[2mm] \dfrac{dR_0 u}{d\tau_1} = R_0 u + R_0 y, \\[2mm] R_0 y(0) = 1, \quad R_0 y(-\infty) = 0, \quad R_0 u(-\infty) = 0. \end{cases}$$

计算可得

$$R_0 y = e^{(\sqrt{2})\tau_1}, \quad R_0 u = \left(1+\sqrt{2}\right)e^{(\sqrt{2})\tau_1}.$$

利用上述结果, 可以构造控制序列

$$\tilde{u}_0(t,\varepsilon) = -2\left(-1+\sqrt{1+e}\right)e^{-(\sqrt{1+e})\tau_0} + \left(1+\sqrt{2}\right)e^{(\sqrt{2})\tau_1}.$$

例如 $\varepsilon = 0.1$ 时, 有

$$J_\varepsilon(\bar{u}_0) = 0.7588 > J_\varepsilon(\tilde{u}_0) = 0.3063$$

为最优性能泛函.

庞特里亚金极值原理是求解奇摄动最优控制问题的经典方法[25-27], 主要求解过程是首先利用极值原理得到一阶最优性条件; 然后应用边界层函数法求解相应的边值问题, 得出一致有效的渐近最优解. 需要指出, 利用边界层函数法求解一阶最优性边值问题过程中会要求函数满足一定的假设条件, 而这些条件往往是针对边值问题所提出的, 不能很好地反映函数条件在原最优控制问题中的具体含义. 本章将引用直接展开法, 首先将原奇摄动最优控制问题按照小参数和不同快慢尺度进行展开, 得到一系列原问题简化的最优控制问题. 进一步, 对每一个简化的问

题利用极值原理得到最优性条件, 进而得出相应的最优解. 最后, 将简化问题的渐近解进行组合, 从而得到原问题一致有效的渐近最优解. 直接展开法的优点在于将原问题简化成了一系列简单的最优控制问题, 分别进行计算, 弱化了问题的难度, 同时也提高了计算的效率. 同时, 在直接展开法应用中关于函数满足的条件是根据原奇摄动最优控制问题的退化问题限定的, 能够在很大程度上反映函数在最优控制问题中的具体含义. 需要指出的是直接展开法不仅可以应用于奇摄动最优控制, 也可以应用于空间对照 (内部层) 问题, 以及右端不连续、稳定性交替和具有重根的较为复杂的奇摄动最优控制问题, 因此具有广泛的可应用性.

11.3 具有小参数的变分问题中的空间对照结构

为了让读者对奇摄动最优控制问题中的空间对照结构有更深入的了解, 首先考虑一类带有小参数的变分问题中的空间对照结构. 具体研究过程如下: 首先证明空间对照结构解的存在性; 根据解的结构, 将性能指标、状态方程和边界条件按照小参数 $\varepsilon > 0$ 展开, 得到一系列极小化序列, 针对这些极小化序列应用最优控制理论得出最优解. 需要指出的是极小化序列简化了原问题, 揭示了奇摄动最优控制问题的本质.

考虑带有小参数的变分问题

$$\begin{cases} J[y] = \int_0^T f\left(y, \varepsilon \frac{dy}{dt}, t\right) dt \to \min_y, \\ y(0, \varepsilon) = y^0, \quad y(T, \varepsilon) = y^1, \end{cases} \tag{11.9}$$

其中 $y \in R, \varepsilon > 0$ 是小参数.

为了讨论方便起见, 把问题 (11.9) 转化为如下奇摄动问题:

$$\begin{cases} J[y] = \int_0^T f(y, z, t) dt \to \min_y, \\ \varepsilon \frac{dy}{dt} = z, \\ y(0, \varepsilon) = y^0, \quad y(T, \varepsilon) = y^1. \end{cases} \tag{11.10}$$

本节作如下假设.

条件 11.6 设函数 $f(y, z, t)$ 在区域 $D = \{(y, z, t) \mid |y| < A, |z| < B, 0 \leqslant t \leqslant T\}$ 上充分光滑, 其中 $A > 0, B > 0$ 是常数.

条件 11.7 在区域 D 上 $f_{zz}(y, z, t) > 0$.

在 (11.10) 中令 $\varepsilon = 0$, 可得退化问题

$$J[\bar{y}] = \int_0^T f(\bar{y}, \bar{z}, t)dt \to \min_{\bar{y}}, \quad \bar{z} = 0. \tag{11.11}$$

问题 (11.11) 可改写为等价形式

$$J[\bar{y}] = \int_0^T f(\bar{y}, 0, t)dt \to \min_{\bar{y}}.$$

条件 11.8 存在两个孤立根 $\bar{y} = \varphi_1(t), \bar{y} = \varphi_2(t)$, 满足

$$\min_{\bar{y}} f(\bar{y}, 0, t) = \begin{cases} f(\varphi_1(t), 0, t), & 0 \leqslant t \leqslant t_0, \\ f(\varphi_2(t), 0, t), & t_0 \leqslant t \leqslant T, \end{cases} \tag{11.12}$$

$$\lim_{t \to t_0^-} \varphi_1(t) \neq \lim_{t \to t_0^+} \varphi_2(t).$$

条件 11.9 存在转移点 t_0 使得

$$f(\varphi_1(t_0), 0, t_0) = f(\varphi_2(t_0), 0, t_0).$$

同时

$$\frac{d}{dt}f(\varphi_1(t_0), 0, t_0) \neq \frac{d}{dt}f(\varphi_2(t_0), 0, t_0),$$

$$\begin{cases} f_y(\varphi_1(t), 0, t) = 0, & f_{yy}(\varphi_1(t), 0, t) > 0, & 0 \leqslant t \leqslant t_0, \\ f_y(\varphi_2(t), 0, t) = 0, & f_{yy}(\varphi_2(t), 0, t) > 0, & t_0 \leqslant t \leqslant T. \end{cases} \tag{11.13}$$

利用变分法可得极值条件为

$$\begin{cases} \varepsilon \dfrac{d}{dt} f_z(y, z, t) - f_y(y, z, t) = 0, \\ y(0, \varepsilon) = y^0, \quad y(T, \varepsilon) = y^1. \end{cases} \tag{11.14}$$

进一步整理, 可得如下奇摄动边值问题

$$\begin{cases} \varepsilon \dfrac{dy}{dt} = z, \\ \varepsilon \dfrac{dz}{dt} = zA(y, z, t) + B(y, z, t) - \varepsilon C(y, z, t), \\ y(0, \varepsilon) = y^0, \quad y(T, \varepsilon) = y^1, \end{cases} \tag{11.15}$$

其中

$$A(y,z,t) = -\frac{f_{yz}}{f_{zz}}, \quad B(y,z,t) = \frac{f_y}{f_{zz}}, \quad C(y,z,t) = \frac{f_{zt}}{f_{zz}}.$$

关于非线性问题 (11.15) 的一般形式已在文献 [22] 中详细研究过, 它证明了空间对照结构解的存在性. 本节将利用文献 [22] 的主要结果, 证明变分问题 (11.9) 的空间对照结构解的存在性. 接下来, 给出文献 [22] 的主要结果. 这是证明奇摄动最优控制问题空间对照结构解的主要理论依据.

定理 11.3　考虑边值问题

$$\begin{cases} \varepsilon \dfrac{dy}{dt} = F(y,z,t,\varepsilon), \\[2mm] \varepsilon \dfrac{dz}{dt} = G(y,z,t,\varepsilon), \\[2mm] y(0,\varepsilon) = y^0, y(T,\varepsilon) = y^1. \end{cases} \tag{11.16}$$

假设如下的条件成立.

条件 B_1　退化系统

$$\begin{cases} F(\bar{y},\bar{z},t,0) = 0, \\ G(\bar{y},\bar{z},t,0) = 0 \end{cases}$$

有两个孤立根 $(\varphi_1(t),\psi_1(t))$ 和 $(\varphi_2(t),\psi_2(t))$.

条件 B_2　在相空间 $(\tilde{y},\tilde{z})$ 内, 点 $M_1(\varphi_1(t),\psi_1(t))$ 和点 $M_2(\varphi_2(t),\psi_2(t))$ 是辅助系统

$$\begin{cases} \dfrac{d\tilde{y}}{d\tau} = F(\tilde{y},\tilde{z},\bar{t},0), \\[2mm] \dfrac{d\tilde{y}}{d\tau} = G(\tilde{y},\tilde{z},\bar{t},0) \end{cases} \tag{11.17}$$

的鞍点, 其中 $\bar{t}$ 视为一个参数. 系统 (11.17) 具有过平衡点 $M_i, i = 1,2$ 的首次积分

$$\Omega_i(\tilde{y},\tilde{z},\bar{t}) = C_i,$$

其中 C_i 是和 $\varphi_i(\bar{t}),\psi_i(\bar{t})$ 相关的常数.

条件 B_3　首次积分 $\Omega_i(\tilde{y},\tilde{z},\bar{t}) = C$ 关于变量 $\tilde{z}$ 可解:

$$S_{M_1}: \quad \tilde{z}^{(-)} = V(\tilde{y},\varphi_1(\bar{t}),\psi_1(\bar{t}),\bar{t}),$$

$$S_{M_2}: \quad \tilde{z}^{(+)} = V(\tilde{y},\varphi_2(\bar{t}),\psi_2(\bar{t}),\bar{t}).$$

条件 B_4　方程 $H(\bar t) = \tilde z^{(+)} - \tilde z^{(-)} = 0$ 存在解 $\bar t = t_0 \in (0, T)$ 满足 $\dfrac{d}{dt} H(t_0) \neq 0$.

从而边值问题 (11.16) 存在阶梯状空间对照结构解, 且

$$\lim_{\varepsilon \to 0} y(t, \varepsilon) = \begin{cases} \varphi_1(t), & t < t_0, \\ \varphi_2(t), & t > t_0. \end{cases} \qquad \lim_{\varepsilon \to 0} z(t, \varepsilon) = \begin{cases} \psi_1(t), & t < t_0, \\ \psi_2(t), & t > t_0. \end{cases}$$

11.3.1　阶梯状空间对照结构解的存在性

综上所述, 问题 (11.15) 是 (11.16) 的特殊情形, 因此, 在一定条件下 (11.15) 存在阶梯状的极值轨线.

问题 (11.15) 的辅助系统为

$$\begin{cases} \dfrac{dy}{d\tau} = z, \\ \dfrac{dz}{d\tau} = zA(y, z, \bar t) + B(y, z, \bar t), \end{cases} \tag{11.18}$$

其中 $\tau = \varepsilon^{-1}(t - \bar t)$ 是 $\bar t \in [0, T]$ 的一个参数.

现在给出一些引理, 用来证明阶梯状空间对照结构解的存在性.

引理 11.5　如果条件 11.6 至条件 11.9 成立, 则辅助系统 (11.18) 存在两个鞍点

$$M_i(\varphi_i(\bar t), 0), \quad i = 1, 2.$$

证明　令

$$\begin{cases} H(y, z, \bar t) = z, \\ G(y, z, \bar t) = zA(y, z, \bar t) + B(y, z, \bar t). \end{cases}$$

显然, $M_i(\varphi_i(\bar t), 0), i = 1, 2$ 是退化系统

$$\begin{cases} H(y, z, \bar t) = 0, \\ G(y, z, \bar t) = 0 \end{cases}$$

的两个孤立根. 进一步, (11.18) 的特征方程为

$$\lambda^2 - (\bar A + \bar B_z)\lambda - \bar B_y = 0,$$

其中 $\bar A, \bar B_z, \bar B_y$ 在 $(\varphi_i(\bar t), 0, \bar t), i = 1, 2$ 取值. 利用假设条件可知

$$\lambda^2 = (\bar A + \bar B_z)\lambda - \bar B_y > 0,$$

因此, 在相空间 (y, z) 内, $(\varphi_i(\bar{t}), 0, \bar{t}), i = 1, 2$ 是两个鞍点. 证毕.

引理 11.6 对于固定的 $\bar{t} \in [0, T]$, 辅助系统 (11.18) 存在首次积分

$$z f_z(y, z, \bar{t}) - f(y, z, \bar{t}) = C, \tag{11.19}$$

其中 C 是任意常数.

证明 令 $y' = \dfrac{dy}{d\tau}, z' = \dfrac{dz}{d\tau}$, 则 (11.18) 的第二个方程可改写为

$$f_{zz}(y, z, \bar{t}) z' = f_{yz}(y, z, \bar{t}) z + f_y(y, z, \bar{t}). \tag{11.20}$$

利用 (11.18) 的第一个方程, 计算可得

$$f_{zz}(y, z, \bar{t}) z' + f_{yz}(y, z, \bar{t}) z = f_y(y, z, \bar{t}). \tag{11.21}$$

从而

$$\frac{d}{d\tau}(z f_z(y, z, \bar{t}) - f(y, z, \bar{t})) = 0.$$

因此 (11.18) 的首次积分为

$$z f_z(y, z, \bar{t}) - f(y, z, \bar{t}) = C,$$

其中 C 是任意常数. 证毕.

引理 11.7 如果条件 11.6 至条件 11.9 和 $z \neq 0$ 成立, 则对于固定的 $\bar{t} \in [0, T]$, 首次积分 (11.19) 关于变量 z 是可解的.

证明 令

$$g(y, z, \bar{t}) = z f_z(y, z, \bar{t}) - f(y, z, \bar{t}) - C.$$

显然

$$g_z(y, z, \bar{t}) = z f_{zz}(y, z, \bar{t}) \neq 0.$$

利用隐函数定理, 可知方程 $g(y, z, \bar{t}) = 0$ 关于变量 z 是可解的, 同时

$$z = h(y, \bar{t}, C), \quad (y, \bar{t}) \in D_1, \tag{11.22}$$

其中 $D_1 = \{(y, \bar{t}) | |y| \leqslant A, 0 \leqslant \bar{t} \leqslant T\}$.

接下来, 继续验证定理 11.3. 显然存在两个分别通过平衡点 M_1 和 M_2 的轨道 S_{M_1} 和 S_{M_2}, 满足

$$S_{M_1}: \quad z f_z(y, z, \bar{t}) - f(y, z, \bar{t}) = -f(\varphi_1(\bar{t}), 0, \bar{t}), \tag{11.23}$$

$$S_{M_2}: \quad z f_z(y, z, \bar{t}) - f(y, z, \bar{t}) = -f(\varphi_2(\bar{t}), 0, \bar{t}). \tag{11.24}$$

利用 (11.22) 可得

$$z^{(-)}(\tau, \bar{t}) = h^{(-)}(y^{(-)}, \varphi_1(\bar{t}), \bar{t}), \tag{11.25}$$

$$z^{(+)}(\tau, \bar{t}) = h^{(+)}(y^{(+)}, \varphi_2(\bar{t}), \bar{t}). \tag{11.26}$$

令

$$H(\bar{t}) = z^{(-)}(0, \bar{t}) - z^{(-)}(0, \bar{t}) = h^{(-)}(y^{(-)}(0), \varphi_1(\bar{t}), \bar{t}) - h^{(+)}(y^{(+)}(0), \varphi_2(\bar{t}), \bar{t}),$$

其中 $y^{(-)}(0) = y^{(+)}(0) = \dfrac{1}{2}(\varphi_1(\bar{t}) + \varphi_2(\bar{t})) = \beta(\bar{t})$. 证毕.

引理 11.8　如果条件 11.6 至条件 11.9 成立, 则

$$h_y(\varphi_i(\bar{t}), \bar{t}) = \pm\sqrt{f_{yy} \cdot f_{zz}^{-1}}, \quad i = 1, 2,$$

其中 f_{yy}, f_{zz}^{-1} 在 $(\varphi_i(\bar{t}), 0, \bar{t})$ 取值, $i = 1, 2$.

证明　表达式 (11.22) 对变量 y 进行求导, 可得

$$h_y(y, \bar{t}) = \frac{dz}{dy} = \frac{-z f_{yz} + f_y}{z f_{zz}}.$$

利用条件 11.7 至条件 11.8 和洛必达法则, 计算可得在鞍点 $(\varphi_i(\bar{t}), 0, \bar{t}), i = 1, 2$ 附近, 有

$$h_y(\varphi_i(\bar{t}), \bar{t}) = \pm\sqrt{f_{yy} \cdot f_{zz}^{-1}}, \quad i = 1, 2.$$

证毕.

引理 11.9　设条件 11.6 至条件 11.9 成立, 则 $H(t_0) = 0$ 的充分必要条件为

$$f(\varphi_1(t_0), 0, t_0) = f(\varphi_2(t_0), 0, t_0).$$

证明　令表达式 (11.23) 和 (11.24) 中 $\tau = 0, \bar{t} = t_0$, 可得

$$h^{(-)}(t_0) f_z(\beta(t_0), h^{(-)}(t_0), t_0) - f(\beta(t_0), h^{(-)}(t_0), t_0) = -f(\varphi_1(t_0), 0, t_0), \tag{11.27}$$

$$h^{(+)}(t_0) f_z(\beta(t_0), h^{(+)}(t_0), t_0) - f(\beta(t_0), h^{(+)}(t_0), t_0) = -f(\varphi_2(t_0), 0, t_0), \tag{11.28}$$

其中

$$h^{(-)}(t_0) = h^{(-)}(\beta(t_0), \varphi_1(t_0), t_0), \quad h^{(+)}(t_0) = h^{(+)}(\beta(t_0), \varphi_2(t_0), t_0).$$

则必要条件可以由 (11.27) 和 (11.28) 直接计算确定, 充分条件可以由 (11.22) 计算可得. 证毕.

引理 11.10 设条件 11.6 至条件 11.9 成立, 则 $\dfrac{d}{dt}H(t_0) \neq 0$ 充分必要条件为

$$\frac{d}{d\bar{t}}f(\varphi_1(t_0),0,t_0) \neq \frac{d}{d\bar{t}}f(\varphi_2(t_0),0,t_0).$$

证明 在表达式 (11.23) 和 (11.24) 中, 令 $\tau = 0$ 可得

$$h^{(-)}(\bar{t})f_z(\beta(\bar{t}),h^{(-)}(\bar{t}),\bar{t}) - f(\beta(\bar{t}),h^{(-)}(\bar{t}),\bar{t}) = -f(\varphi_1(\bar{t}),0,\bar{t}), \quad (11.29)$$

$$h^{(+)}(\bar{t})f_z(\beta(\bar{t}),h^{(+)}(\bar{t}),\bar{t}) - f(\beta(\bar{t}),h^{(+)}(\bar{t}),\bar{t}) = -f(\varphi_2(\bar{t}),0,\bar{t}), \quad (11.30)$$

其中

$$h^{(-)}(\bar{t}) = h^{(-)}(\beta(\bar{t}),\varphi_1(\bar{t}),\bar{t}), \quad h^{(+)}(\bar{t}) = h^{(+)}(\beta(\bar{t}),\varphi_2(\bar{t}),\bar{t}).$$

表达式 (11.29) 和 (11.30) 关于 $\bar{t}$ 求导, 计算可得

$$\frac{d}{d\bar{t}}h^{(-)}(\bar{t})f_z(\beta(\bar{t}),h^{(-)}(\bar{t}),\bar{t}) + h^{(-)}(\bar{t})\frac{d}{d\bar{t}}f_z(\beta(\bar{t}),h^{(-)}(\bar{t}),\bar{t})$$

$$- \frac{d}{d\bar{t}}f(\beta(\bar{t}),h^{(-)}(\bar{t}),\bar{t})$$

$$= -\frac{d}{d\bar{t}}f(\varphi_1(\bar{t}),0,\bar{t}).$$

$$\frac{d}{d\bar{t}}h^{(+)}(\bar{t})f_z(\beta(\bar{t}),h^{(+)}(\bar{t}),\bar{t}) + h^{(+)}(\bar{t})\frac{d}{d\bar{t}}f_z(\beta(\bar{t}),h^{(+)}(\bar{t}),\bar{t})$$

$$- \frac{d}{d\bar{t}}f(\beta(\bar{t}),h^{(+)}(\bar{t}),\bar{t})$$

$$= -\frac{d}{d\bar{t}}f(\varphi_2(\bar{t}),0,\bar{t}).$$

代入 $\bar{t} = t_0$ 可得

$$h^{(-)}(t_0)f_{zz}(\beta(t_0),h(t_0),t_0)\frac{d}{d\bar{t}}H(t_0) = -\frac{d}{d\bar{t}}f(\varphi_1(t_0),0,t_0) + \frac{d}{d\bar{t}}f(\varphi_2(t_0),0,t_0).$$

借助于条件 11.6 和条件 11.7, 同时不同的轨线在点 $y = \beta(t_0)$ 不可能同时相交, 因此 $\dfrac{d}{dt}H(t_0) \neq 0$ 充分必要条件为

$$\frac{d}{d\bar{t}}f(\varphi_1(t_0),0,t_0) \neq \frac{d}{d\bar{t}}f(\varphi_2(t_0),0,t_0).$$

证毕.

利用上述主要结果, 易得如下的引理.

引理 11.11　若条件 11.6 至条件 11.9 成立, 则辅助系统 (11.18) 在点 $\bar{t} = t_0$ 存在连接鞍点 $M_1(\varphi_1(t_0), 0)$ 和 $M_2(\varphi_2(t_0), 0)$ 的异宿轨道.

综上所述, 边值问题 (11.15) 满足定理 11.3 的全部条件. 则奇摄动变分问题 (11.9) 存在阶梯状空间对照结构的极值轨线.

定理 11.4　如果条件 11.6 至条件 11.9 成立, 则对于充分小的 $\varepsilon > 0$, 奇摄动变分问题 (11.9) 存在阶梯状空间对照结构的极值轨线 $y(t, \varepsilon)$, 满足

$$\lim_{\varepsilon \to 0} y(t, \varepsilon) = \begin{cases} \varphi_1(t), & 0 < t < t_0, \\ \varphi_2(t), & t_0 < t < T. \end{cases}$$

11.3.2　渐近解的构造

奇摄动变分问题 (11.10) 的渐近解形式为

$$y(t, \varepsilon) = \begin{cases} \displaystyle\sum_{k=0}^{\infty} \varepsilon^k [\bar{y}_k^{(-)}(t) + L_k y(\tau_0) + Q_k^{(-)} y(\tau)], & 0 \leqslant t \leqslant t^*, \\ \displaystyle\sum_{k=0}^{\infty} \varepsilon^k [\bar{y}_k^{(+)}(t) + Q_k^{(+)} y(\tau) + R_k y(\tau_1)], & t^* \leqslant t \leqslant T. \end{cases} \tag{11.31}$$

$$z(t, \varepsilon) = \begin{cases} \displaystyle\sum_{k=0}^{\infty} \varepsilon^k [\bar{z}_k^{(-)}(t) + L_k z(\tau_0) + Q_k^{(-)} z(\tau)], & 0 \leqslant t \leqslant t^*, \\ \displaystyle\sum_{k=0}^{\infty} \varepsilon^k [\bar{z}_k^{(+)}(t) + Q_k^{(+)} z(\tau) + R_k z(\tau_1)], & t^* \leqslant t \leqslant T, \end{cases} \tag{11.32}$$

其中 $\tau_0 = t\varepsilon^{-1}, \tau = (t - t^*)\varepsilon^{-1}, \tau_1 = (t - T)\varepsilon^{-1}, \bar{y}_k^{(\mp)}(t)$ 和 $\bar{z}_k^{(\mp)}(t)$ 是正则项级数系数, $L_k y(\tau_0)$ 和 $L_k z(\tau_0)$ 是 $t = 0$ 处的左边界层项系数, $R_k y(\tau_1)$ 和 $R_k z(\tau_1)$ 是 $t = T$ 处的右边界层项系数, $Q_k^{(\mp)} y(\tau)$ 和 $Q_k^{(\mp)} z(\tau)$ 是 $t = t^*$ 处的左右内部层项系数.

内部转移层点 $t^*(\varepsilon) \in [0, T]$ 事先未知, 假设 t^* 的渐近表达式为

$$t^* = t_0 + \varepsilon t_1 + \cdots + \varepsilon^k t_k + \cdots.$$

上述系数将在渐近解的构造过程中逐一确定.

文献 [20] 中给出了如下主要结果

$$\min_u J[u] = \min_{u_0} J[u_0] + \sum_{i=1}^{n} \varepsilon^i \min_{u_i} \tilde{J}[u_i] + \cdots,$$

其中 $\tilde{J}_i(u_i) = J_i(u_i, \tilde{u}_{i-1}, \cdots, \tilde{u}_0)$, $\tilde{u}_k = \arg(\min\limits_{u_k} \tilde{J}_k(u_k))$, $0 \leqslant k \leqslant i-1$.

利用直接展开法, 将 (11.31) 和 (11.32) 代入问题 (11.10), 按照变量 t, τ_0, τ 和 τ_1 进行尺度分离, 比较 ε 的同次幂, 可以得到确定 $\{\bar{y}_k^{(\mp)}(t), \bar{z}_k^{(\mp)}(t)\}, \{L_k y(\tau_0),$ $L_k z(\tau_0)\}, \{Q_k^{(\mp)} y(\tau_0), Q_k^{(\mp)} z(\tau_0)\}, \{R_k y(\tau_1), R_k z(\tau_1)\}, k \geqslant 0$ 的方程和条件. 确定零次正则项 $\{\bar{y}_0^{(\mp)}(t), \bar{z}_0^{(\mp)}(t)\}$ 的方程和条件为

$$\begin{cases} J_0(\bar{y}_0^{(\mp)}) = \int_0^T f(\bar{y}_0^{(\mp)}, 0, t)dt \to \min\limits_{\bar{y}_0^{(+)}}, \\ 0 = \bar{z}_0^{(\mp)}. \end{cases}$$

由条件 11.8 可得

$$\bar{y}_0^{(\mp)} = \begin{cases} \varphi_1(t), & 0 \leqslant t < t_0, \\ \varphi_2(t), & t_0 < t \leqslant T, \end{cases} \qquad \bar{z}_0^{(\mp)} = \begin{cases} 0, & 0 \leqslant t < t_0, \\ 0, & t_0 < t \leqslant T. \end{cases}$$

确定零次左右内部层项 $\{Q_0^{(\mp)} y(\tau), Q_0^{(\mp)} z(\tau)\}$ 的方程和条件为

$$\begin{cases} Q_0^{(\mp)} J = \int_{-\infty(0)}^{0(+\infty)} \Delta_0^{(\mp)} f(\varphi_{1,2}(t_0) + Q_0^{(\mp)} y, Q_0^{(\mp)} z, t_0)d\tau \to \min\limits_{Q_0^{(+)} y}, \\ \dfrac{d}{d\tau} Q_0^{(\mp)} y = Q_0^{(\mp)} z, \\ Q_0^{(\mp)} y(0) = \beta(t_0) - \varphi_{1,2}(t_0), \quad Q_0^{(\mp)} y(\mp\infty) = 0, \end{cases} \tag{11.33}$$

其中

$$\Delta_0^{(\mp)} f = f(\varphi_{1,2}(t_0) + Q_0^{(\mp)} y, Q_0^{(\mp)} z, t_0) - f(\varphi_{1,2}(t_0), 0, t_0).$$

作变量代换

$$\tilde{y}^{(\mp)} = \varphi_{1,2}(t_0) + Q_0^{(\mp)} y(\tau), \quad z^{(\mp)} = Q_0^{(\mp)} z(\tau).$$

计算可得

$$\begin{cases} Q_0^{(\mp)} J = \int_{-\infty(0)}^{0(+\infty)} \Delta_0^{(\mp)} \tilde{f}(\tilde{y}^{(\mp)}(\tau), \tilde{z}_0^{(\mp)}(\tau), t_0)d\tau \to \min\limits_{\tilde{y}^{(+)}}, \\ \dfrac{d}{d\tau} \tilde{y}^{(\mp)} = \tilde{z}^{(\mp)}, \\ \tilde{y}^{(\mp)}(0) = \beta(t_0), \quad \tilde{y}^{(\mp)}(\mp\infty) = \varphi_{1,2}(t_0), \end{cases} \tag{11.34}$$

利用变量代换

$$\frac{d\tilde{y}^{(\mp)}}{\tilde{z}^{(\mp)}} = d\tau,$$

可获得不依赖于变量 τ 的最优控制问题为

$$Q_0^{(\mp)}J = \int_{\varphi_1(t_0)(\beta(t_0))}^{\beta(t_0)(\varphi_2(t_0))} \frac{\Delta_0 \tilde{f}(\tilde{y}^{(\mp)}, \tilde{z}^{(\mp)}, t_0)}{\tilde{z}^{(\mp)}} d\tilde{y} \to \min_{\tilde{z}^{(+)}}. \tag{11.35}$$

利用变分法可得最优性条件

$$\tilde{z}^{(\mp)} f_z(\tilde{y}^{(\mp)}, \tilde{z}^{(\mp)}, t_0) - f(\tilde{y}^{(\mp)}, \tilde{z}^{(\mp)}, t_0) = -f(\varphi_{1,2}(t_0), 0, t_0). \tag{11.36}$$

利用相关引理结果可知 $\tilde{z}^{(\mp)} = h^{(\mp)}(\tilde{y}^{(\mp)}, t_0)$ 是极值解.

确定 $Q_0^{(\mp)}y$ 的方程和条件为

$$\frac{dQ_0^{(\mp)}y}{d\tau} = h^{(\mp)}(\varphi_{1,2}(t_0) + Q_0^{(\mp)}y, t_0).$$

条件 11.10 设初值问题

$$\begin{cases} \dfrac{dQ_0^{(\mp)}y}{d\tau} = h^{(\mp)}(\varphi_{1,2}(t_0) + Q_0^{(\mp)}y, t_0), \\ Q_0^{(\mp)}y(0) = \beta(t_0) - \varphi_{1,2}(t_0) \end{cases}$$

具有连续可微的解 $Q_0^{(\mp)}y(\tau), -\infty < \tau < +\infty$.

将 $Q_0^{(\mp)}y(\tau)$ 代入 (11.33), 容易计算出 $Q_0^{(\mp)}z(\tau)$, 至此 $Q_0^{(\mp)}y(\tau)$ 和 $Q_0^{(\mp)}z(\tau)$ 得以确定. 利用鞍点的相关性质和 $h_y^{(-)}(\varphi_1(t_0), t_0) > 0, h_y^{(+)}(\varphi_2(t_0), t_0) < 0$, 可得如下结果

$$|Q_0^{(-)}y(\tau)| \leqslant C_0^{(-)} e^{k_0\tau}, \quad k_0 > 0, \quad \tau < 0,$$

$$|Q_0^{(+)}y(\tau)| \leqslant C_0^{(+)} e^{-k_1\tau}, \quad k_1 > 0, \quad \tau > 0,$$

$$|Q_0^{(-)}z(\tau)| \leqslant C_1^{(-)} e^{k_0\tau}, \quad k_0 > 0, \quad \tau < 0,$$

$$|Q_0^{(+)}z(\tau)| \leqslant C_1^{(+)} e^{-k_1\tau}, \quad k_1 > 0, \quad \tau > 0.$$

接下来, 给出确定零次左边界层项 $\{L_0y(\tau_0), L_0z(\tau_0)\}$ 的方程和条件

$$\begin{cases} L_0 J = \displaystyle\int_0^{+\infty} \Delta_0 f(\varphi_1(0) + L_0 y, L_0 z, 0) d\tau \to \min_{L_0 z}, \\ \dfrac{d}{d\tau_0} L_0 y = L_0 z, \\ L_0 \tilde{y}(0) = y^0 - \varphi_1(0), \quad L_0 y(+\infty) = 0, \end{cases}$$

其中

$$\Delta_0 f = f(\varphi_1(0) + L_0 y, L_0 z, 0) - f(\varphi_1(0), 0, 0).$$

确定零次右边界层项 $\{R_0 y(\tau_1), R_0 z(\tau_1)\}$ 的方程和条件为

$$\begin{cases} R_0 J = \displaystyle\int_{-\infty}^{0} \Delta_0 f(\varphi_2(T) + R_0 y, R_0 z, T) d\tau_1 \to \min_{R_0 z}, \\ \dfrac{d}{d\tau_1} R_0 y = R_0 z, \\ R_0 y(0) = y^1 - \varphi_2(T), \quad R_0 y(-\infty) = 0, \end{cases}$$

其中

$$\Delta_0 f = f(\varphi_2(T) + R_0 y, R_0 z, T) - f(\varphi_2(T), 0, T).$$

条件 11.11 设边界值 $y^0 - \varphi_1(0)$ 和 $y^1 - \varphi_2(T)$ 在问题 $L_0 J$ 和 $R_0 J$ 的影响域内.

至此, 渐近解的主项

$$\{y_0^{(\mp)*}(t), z_0^{(\mp)*}(t)\}, \quad \{L_0 y^*(\tau_0), L_0 z^*(\tau_0)\},$$

$$\{Q_0 y^*(\tau), Q_0 z^*(\tau)\}, \quad \{R_0 y^*(\tau_1), R_0 z^*(\tau_1)\}$$

都已确定. 另外, 也得到了判断渐近解主项的最优控制问题 $J_0^*, L_0 J^*, Q_0^{(\mp)} J^*, R_0 J^*$, 其中

$$J_0^*(\bar z_0) = \int_0^T f(\bar y_0^{(\mp)*}, \bar z_0^{(\mp)*}, t) dt; \quad L_0 J^* = \int_{y^0}^{\varphi_1(0)} \frac{\Delta_0^{(\mp)} f(\breve y^*, \breve z^*, 0)}{\breve z^*} d\breve y;$$

$$Q_0^{(\mp)} J^* = \pm \int_{\varphi_{1,2}(t_0)}^{\beta(t_0)} \frac{\Delta_0^{(\mp)} f(\tilde y^{(\mp)*}, \tilde u^{(\mp)*}, t_0)}{\tilde z^{(\mp)*}} d\tilde y; \quad R_0 J^* = \int_{\varphi_2(T)}^{y^1} \frac{\Delta_0^{(\mp)} f(\widehat y^*, \widehat u^*, T)}{\widehat z^*} d\widehat y,$$

其中

$$\breve y^* = \varphi_1(0) + L_0 y^*(\tau_0), \quad \breve z^* = L_0 z^*(\tau_0),$$

$$\widehat y^* = \varphi_2(T) + R_0 y^*(\tau_1), \quad \widehat z^* = R_0 z^*(\tau_1).$$

定理 11.5 设条件 11.6 至条件 11.11 成立, 则对于充分小的 $\varepsilon > 0$ 奇摄动变分问题 (11.9) 存在阶梯状空间对照结构解 $y(t, \varepsilon)$, 其满足

$$y(t, \varepsilon) = \begin{cases} \varphi_1(t) + L_0 y(\tau_0) + Q_0^{(-)} y(\tau) + O(\varepsilon), & 0 \leqslant t \leqslant t_0, \\ \varphi_2(t) + R_0 y(\tau_1) + Q_0^{(+)} y(\tau) + O(\varepsilon), & t_0 \leqslant t \leqslant T. \end{cases}$$

11.4　两端固定的奇摄动最优控制问题的空间对照结构

上一节讨论的变分问题, 可以看作是一种特殊情形的最优控制问题, 本节将讨论一种线性状态约束的最优控制问题, 证明空间对照结构解的存在性, 并构造其一致有效的渐近解.

11.4.1　问题描述

考虑如下的线性奇摄动最优控制问题

$$\begin{cases} J[u] = \displaystyle\int_0^T f(y,u,t)dt \to \min_u, \\ \varepsilon\dfrac{dy}{dt} = a(t) + b(t)u, \\ y(0,\varepsilon) = y^0, \quad y(T,\varepsilon) = y^1, \end{cases} \tag{11.37}$$

其中 $y \in R, u \in R, \varepsilon > 0$ 是奇摄动小参数.

本节假设如下条件成立.

条件 11.12　设函数 $f(y,u,t)$ 在区域 $D = \{(y,u,t)\,|\,|y| < A, u \in R, 0 \leqslant t \leqslant T\}$ 上充分光滑, 其中 $A > 0$ 是常数.

条件 11.13　设在区域 D 上 $f_{uu}(y,u,t) > 0$.

在 (11.37) 中令 $\varepsilon = 0$, 可得如下退化问题

$$J[\bar{u}] = \int_0^T f(\bar{y},\bar{u},t)dt \to \min_{\bar{u}}, \quad \bar{u}(t) = -b^{-1}(t)a(t). \tag{11.38}$$

问题 (11.38) 可改写为等价形式

$$J[\bar{u}] = \int_0^T F(\bar{y},t)dt \to \min_{\bar{y}},$$

其中 $F(\bar{y},t) = f(\bar{y}, -b^{-1}(t)a(t), t)$.

条件 11.14　设存在两个孤立根 $\bar{y} = \varphi_1(t)$ 和 $\bar{y} = \varphi_2(t)$ 满足

$$\min_{\bar{y}} F(\bar{y},t) = \begin{cases} F(\varphi_1(t),t), & 0 \leqslant t \leqslant t_0, \\ F(\varphi_2(t),t), & t_0 \leqslant t \leqslant T, \end{cases} \tag{11.39}$$

$$\lim_{t \to t_0^-} \varphi_1(t) \neq \lim_{t \to t_0^+} \varphi_2(t).$$

条件 11.15 设存在转移点 t_0 使得 $F(\varphi_1(t_0), t_0) = F(\varphi_2(t_0), t_0)$, 且

$$\frac{d}{dt}F(\varphi_1(t_0), t_0) \neq \frac{d}{dt}F(\varphi_2(t_0), t_0),$$

$$\begin{cases} F_y(\varphi_1(t_0), t_0) = 0, & F_{yy}(\varphi_1(t_0), t_0) > 0, & 0 \leqslant t \leqslant t_0, \\ F_y(\varphi_2(t_0), t_0) = 0, & F_{yy}(\varphi_2(t_0), t_0) > 0, & t_0 \leqslant t \leqslant T. \end{cases} \tag{11.40}$$

由退化问题可知

$$\bar{u}(t) = -b^{-1}(t)a(t), \quad 0 \leqslant t \leqslant T.$$

考虑 Hamilton 函数

$$H(y, u, \lambda, t) = f(y, u, t) + \lambda \varepsilon^{-1}[a(t) + b(t)u],$$

其中 λ 是 Lagrange 乘子. 利用最优性条件可得

$$\begin{cases} \varepsilon y' = a(t) + b(t)u, \\ \lambda' = -f_y(y, u, t), \\ \varepsilon f_u(y, u, t) + \lambda(t)b(t) = 0, \\ y(0, \varepsilon) = y^0, y(T, \varepsilon) = y^1. \end{cases} \tag{11.41}$$

整理 (11.41), 可得如下奇摄动边值问题:

$$\begin{cases} \varepsilon y' = a(t) + b(t)u, \\ \varepsilon u' = g_1(y, u, t) + \varepsilon g_2(y, u, t), \\ y(0, \varepsilon) = y^0, y(T, \varepsilon) = y^1, \end{cases} \tag{11.42}$$

其中

$$g_1 = b(t)f_{uu}^{-1}f_y - f_{uu}^{-1}f_{uy}(a(t) + b(t)u),$$

$$g_2 = b^{-1}(t)b'(t)f_{uu}^{-1}f_u - f_{uu}^{-1}f_{ut}.$$

关于非线性问题 (11.42) 的一般形式已在文献 [22] 中研究过, 它证明了空间对照结构解的存在性. 本节将利用文献 [22] 的主要结果, 证明最优控制问题 (11.37) 空间对照结构解的存在性. 上一节中已给出文献 [22] 的主要结果, 这里不再赘述.

11.4.2 阶梯状空间对照结构解的存在性

综上所述, 问题 (11.42) 是文献 [22] 主要结果的特殊情形, 因此, 在一定条件下边值问题 (11.42) 存在阶梯状的极值轨线.

问题 (11.42) 的辅助系统为

$$
\begin{cases}
\dfrac{du}{d\tau} = b(\bar t)f_{uu}^{-1}f_y - f_{uu}^{-1}f_{uy}(a(\bar t) + b(\bar t)u), \\[2mm]
\dfrac{dy}{d\tau} = a(\bar t) + b(\bar t)u,
\end{cases}
\tag{11.43}
$$

其中 $\tau = (t - \bar t)\varepsilon^{-1}$, $\bar t \in [0, T]$ 是一个参数.

现在给出一些引理, 用来证明阶梯状空间对照结构解的存在性.

引理 11.12 若条件 11.12 至条件 11.15 均成立, 则辅助系统 (11.43) 存在两个鞍点

$$
M_i(\varphi_i(\bar t), \alpha(\bar t)), \quad i = 1, 2,
$$

其中 $\alpha(\bar t) = -a(\bar t)b^{-1}(\bar t)$.

证明 令

$$
\begin{cases}
H(y, u, \bar t) = b(\bar t)f_{uu}^{-1}f_y - f_{uu}^{-1}f_{uy}(a(\bar t) + b(\bar t)u), \\
G(y, u, \bar t) = a(\bar t) + b(\bar t)u.
\end{cases}
$$

显然, $M_i(\varphi_i(\bar t), \alpha(\bar t)), i = 1, 2$ 是系统

$$
\begin{cases}
H(y, u, \bar t) = 0, \\
G(y, u, \bar t) = 0
\end{cases}
$$

的两个孤立根. 进一步, (11.43) 的特征方程为

$$
\lambda^2 - b^2(\bar t)\bar f_{uu}^{-1}\bar f_{yy} = 0,
\tag{11.44}
$$

其中 $\bar f_{uu}^{-1}\bar f_{yy}$ 在 $(\varphi_i(\bar t), \alpha(\bar t)), i = 1, 2$ 上取值. 利用假设条件 11.15, 可知

$$
\lambda^2 = b^2(\bar t)\bar f_{uu}^{-1}\bar f_{yy} > 0.
$$

因此, 在相空间 (y, u) 内, $M_i(\varphi_i(\bar t), \alpha(\bar t)), i = 1, 2$ 是两个鞍点. 证毕.

引理 11.13 对于固定的 $\bar t \in [0, T]$, 辅助系统 (11.43) 存在首次积分

$$
(a(\bar t) + b(\bar t)u)f_u(y, u, \bar t) - b(\bar t)f(y, u, \bar t) = C,
\tag{11.45}
$$

其中 C 是常数.

证明 令 $y' = \dfrac{dy}{d\tau}, u' = \dfrac{du}{d\tau}$, 则 (11.43) 的第一个方程可改写为

$$
f_{uu}(y, u, \bar t)u' = b(\bar t)f_y(y, u, \bar t) - f_{uy}(a(\bar t) + b(\bar t)u).
\tag{11.46}
$$

利用 (11.43) 的第二个方程, 计算可得

$$f_{uu}(y, u, \bar{t})u' - b(\bar{t})f_y(y, u, \bar{t}) + a(\bar{t})f_u(y, u, \bar{t}) + f_{uy}y' = 0. \tag{11.47}$$

由于 $y'' = b(t)u'$, 故有

$$\frac{d}{d\tau}(y'f_u(y, u, \bar{t}) - b(\bar{t})f(y, u, \bar{t})) = 0.$$

因此, (11.43) 的首次积分为

$$(a(\bar{t}) + b(\bar{t})u)f_u(y, u, \bar{t}) - b(\bar{t})f(y, u, \bar{t}) = C,$$

其中 C 是常数. 证毕.

引理 11.14 如果条件 11.12 至条件 11.15 均成立, 并且 $u \neq -a(\bar{t})b^{-1}(\bar{t})$, 则对于固定的 $\bar{t} \in [0, T]$, 首次积分 (11.45) 关于变量 u 是可解的.

证明 令

$$g(y, u, \bar{t}) = (a(\bar{t}) + b(\bar{t})u)f_u(y, u, \bar{t}) - b(\bar{t})f(y, u, \bar{t}) - C.$$

显然

$$g_u(y, u, \bar{t}) = b(\bar{t})f_u(y, u, \bar{t}) + (a(\bar{t}) + b(\bar{t})u)f_{uu}(y, u, \bar{t}) - b(\bar{t})f_u(y, u, \bar{t})$$

$$= (a(\bar{t}) + b(\bar{t})u)f_{uu}(y, u, \bar{t}) \neq 0,$$

利用隐函数定理, 可知方程 $g(y, u, \bar{t}) = 0$ 关于变量 u 是可解的. 同时

$$u = h(y, \bar{t}, C), \quad (y, \bar{t}) \in D_1, \tag{11.48}$$

其中 $D_1\{(y, t) \,|\, |y| \leqslant A, 0 \leqslant t \leqslant T\}$. 证毕.

接下来, 继续验证定理 11.3, 显然存在两个分别通过平衡点 M_1 和 M_2 的轨道 S_{M_1} 和 S_{M_2}, 满足

$$S_{M_1}: (a(\bar{t}) + b(\bar{t})u)f_u(y, u, \bar{t}) - b(\bar{t})f(y, u, \bar{t}) = -b(\bar{t})f(\varphi_1(\bar{t}), \alpha(\bar{t}), \bar{t}), \tag{11.49}$$

$$S_{M_2}: (a(\bar{t}) + b(\bar{t})u)f_u(y, u, \bar{t}) - b(\bar{t})f(y, u, \bar{t}) = -b(\bar{t})f(\varphi_2(\bar{t}), \alpha(\bar{t}), \bar{t}), \tag{11.50}$$

计算可得

$$u^{(-)}(\tau, \bar{t}) = h^{(-)}(y^{(-)}, \bar{t}, \varphi_1, (\bar{t})), \tag{11.51}$$

$$u^{(+)}(\tau, \bar{t}) = h^{(+)}(y^{(+)}, \bar{t}, \varphi_2(\bar{t})). \tag{11.52}$$

令

$$H(t) = u^{(-)}(0, \bar{t}) - u^{(+)}(0, \bar{t}) = h^{(-)}(y^{(-)}(0), \bar{t}, \varphi_1(\bar{t})) - h^{(+)}(y^{(+)}(0), \bar{t}, \varphi_2(\bar{t})),$$

其中 $y^{(-)}(0) = y^{(+)}(0) = \dfrac{1}{2}(\varphi_1(\bar{t}) + \varphi_2(\bar{t})) = \beta(t)$. 证毕.

引理 11.15 如果条件 11.12 至条件 11.15 均成立, 则

$$h_y(\varphi_i(\bar{t}), \bar{t}) = \pm\sqrt{b^2(t)f_{yy}f_{uu}^{-1}}, \quad i = 1, 2,$$

其中 f_{yy} 和 f_{uu}^{-1} 在 $((\varphi_i(\bar{t}), \alpha(\bar{t}), \bar{t}), i = 1, 2)$ 上取值.

证明 表达式 (11.48) 对变量 y 进行求导, 可得

$$h_y(y, \bar{t}) = \frac{du}{dy} = \frac{b(\bar{t})f_y - (a(\bar{t}) + b(\bar{t})u(\bar{t}))f_{yu}}{(a(\bar{t}) + b(\bar{t})u(\bar{t}))f_{uu}}.$$

利用条件 11.13 和条件 11.14, 计算可得在鞍点 $((\varphi_i(\bar{t}), \alpha(\bar{t}), \bar{t}), i = 1, 2)$ 附近, 有

$$h_y(\varphi_i(\bar{t}), \bar{t}) = \pm\sqrt{b^2(t)f_{yy}f_{uu}^{-1}}, \quad i = 1, 2.$$

证毕.

引理 11.16 如果条件 11.12 至条件 11.15 均成立, 则 $H(t_0) = 0$ 充分必要条件为

$$f(\varphi_1(t_0), \alpha(t_0), t_0) = f(\varphi_2(t_0), \alpha(t_0), t_0).$$

证明 在表达式 (11.49) 和条件 (11.50) 中令 $\tau = 0, \bar{t} = t_0$, 可得

$$(a(t_0) + b(t_0)h^{(-)}(t_0))f_u(\beta(t_0), h^{(-)}(t_0), t_0) - b(t_0)f(\beta(t_0), h^{(-)}(t_0), t_0)$$

$$= -b(t_0)f(\varphi_1(t_0), \alpha(t_0), t_0), \tag{11.53}$$

$$(a(t_0) + b(t_0)h^{(+)}(t_0))f_u(\beta(t_0), h^{(+)}(t_0), t_0) - b(t_0)f(\beta(t_0), h^{(+)}(t_0), t_0)$$

$$= -b(t_0)f(\varphi_2(t_0), \alpha(t_0), t_0), \tag{11.54}$$

其中

$$h^{(-)}(t_0) = h^{(-)}(\beta(t_0), \varphi_1(t_0), t_0), \quad h^{(+)}(t_0) = h^{(+)}(\beta(t_0), \varphi_2(t_0), t_0).$$

于是, 必要条件可以由 (11.53) 和 (11.54) 直接计算确定, 充分条件可以由 (11.48) 计算可得. 证毕.

引理 11.17 如果条件 11.12 至条件 11.15 均成立, 则 $\dfrac{d}{d\bar{t}}H(t_0) \neq 0$ 的充分必要条件为

$$\frac{d}{d\bar{t}}f(\varphi_1(t_0), \alpha(t_0), t_0) \neq \frac{d}{d\bar{t}}f(\varphi_2(t_0), \alpha(t_0), t_0).$$

证明 在表达式 (11.49) 和条件 (11.50) 中令 $\tau = 0$ 即可得

$$(a(\bar{t}) + b(\bar{t})h^{(-)}(\bar{t}))f_u(\beta(\bar{t}), h^{(-)}(\bar{t}), \bar{t}) - b(\bar{t})f(\beta(\bar{t}), h^{(-)}(\bar{t}), \bar{t})$$

$$= -b(\bar{t})f(\varphi_1(\bar{t}), \alpha(\bar{t}), \bar{t}), \tag{11.55}$$

$$(a(\bar{t}) + b(\bar{t})h^{(+)}(\bar{t}))f_u(\beta(\bar{t}), h^{(+)}(\bar{t}), \bar{t}) - b(\bar{t})f(\beta(\bar{t}), h^{(+)}(\bar{t}), \bar{t})$$

$$= -b(\bar{t})f(\varphi_2(\bar{t}), \alpha(\bar{t}), \bar{t}), \tag{11.56}$$

其中

$$h^{(-)}(\bar{t}) = h^{(-)}(\beta(\bar{t}), \varphi_1(\bar{t}), \bar{t}), \quad h^{(+)}(\bar{t}) = h^{(+)}(\beta(\bar{t}), \varphi_2(\bar{t}), \bar{t}).$$

表达式 (11.55)–(11.56) 关于 $\bar{t}$ 求导, 计算可得

$$\frac{d\left(a(\bar{t}) + b(\bar{t})h^{(-)}(\bar{t})\right)}{d\bar{t}}f_u\left(\beta(\bar{t}), h^{(-)}(\bar{t}), \bar{t}\right)$$

$$+ \left(a(\bar{t}) + b(\bar{t})h^{(-)}(\bar{t})\right)\frac{d}{d\bar{t}}f_u\left(\beta(\bar{t}), h^{(-)}(\bar{t}), \bar{t}\right)$$

$$- \left\{b'(\bar{t})f\left(\beta(\bar{t}), h^{(-)}(\bar{t}), \bar{t}\right) + b(\bar{t})\frac{d}{d\bar{t}}f\left(\beta(\bar{t}), h^{(-)}(\bar{t}), \bar{t}\right)\right\}$$

$$= -\left\{b'(\bar{t})f\left(\varphi_1(\bar{t}), \alpha(\bar{t}), \bar{t}\right) + \frac{d}{d\bar{t}}f\left(\varphi_1(\bar{t}), \alpha(\bar{t}), \bar{t}\right)\right\},$$

$$\frac{d\left(a(\bar{t}) + b(\bar{t})h^{(+)}(\bar{t})\right)}{d\bar{t}}f_u\left(\beta(\bar{t}), h^{(+)}(\bar{t}), \bar{t}\right)$$

$$+ \left(a(\bar{t}) + b(\bar{t})h^{(+)}(\bar{t})\right)\frac{d}{d\bar{t}}f_u\left(\beta(\bar{t}), h^{(+)}(\bar{t}), \bar{t}\right)$$

$$- \left\{b'(\bar{t})f\left(\beta(\bar{t}), h^{(+)}(\bar{t}), \bar{t}\right) + b(\bar{t})\frac{d}{d\bar{t}}f\left(\beta(\bar{t}), h^{(+)}(\bar{t}), \bar{t}\right)\right\}$$

$$= -\left\{b'(\bar{t})f\left(\varphi_2(\bar{t}), \alpha(\bar{t}), \bar{t}\right) + \frac{d}{d\bar{t}}f\left(\varphi_2(\bar{t}), \alpha(\bar{t}), \bar{t}\right)\right\}.$$

代入 $\bar{t} = t_0$ 可得

$$\big(a(t_0) + b(t_0)h^{(-)}(t_0)\big) f_{uu}\big(\beta(t_0), h(t_0), t_0\big) \frac{d}{d\bar{t}} H(t_0)$$
$$= -\frac{d}{d\bar{t}} f\big(\varphi_1(t_0), \alpha(t_0), t_0\big) + \frac{d}{d\bar{t}} f\big(\varphi_2(t_0), \alpha(t_0), t_0\big).$$

根据条件 11.12 和条件 11.13, 不同的轨线与 $\bar{u} = \alpha(t_0)$ 在点 $y = \beta(t_0)$ 处不可能同时相交, 因此 $\frac{d}{d\bar{t}} H(t_0) \neq 0$ 的充分必要条件为

$$\frac{d}{d\bar{t}} f(\varphi_1(t_0), \alpha(t_0), t_0) \neq \frac{d}{d\bar{t}} f(\varphi_2(t_0), \alpha(t_0), t_0). \qquad 证毕.$$

引理 11.18　如果条件 11.12 至条件 11.15 均成立, 则辅助系统 (11.46) 在点 $\bar{t} = t_0$ 存在连接鞍点 $M_1(\varphi_1(t_0), \alpha(t_0))$ 和 $M_2(\varphi_2(t_0), \alpha(t_0))$ 的异宿轨道.

综上所述, 边值问题 (11.42) 满足定理 11.3 的全部条件, 则最优控制问题 (11.37) 存在阶梯状空间对照结构的极值轨线.

定理 11.6　若条件 11.12 至条件 11.15 均成立, 则对于充分小的 $\varepsilon > 0$, 最优控制问题 (11.37) 存在阶梯状空间对照结构的极值轨线 $y(t, \varepsilon)$, 满足

$$\lim_{\varepsilon \to 0^+} y(t, \varepsilon) = \begin{cases} \varphi_1(t), & 0 \leqslant t < t_0, \\ \varphi_2(t), & t_0 \leqslant t < T. \end{cases}$$

11.4.3　渐近解的构造

奇摄动最优控制问题 (11.37) 的渐近解形式为

$$\begin{cases} y(t, \varepsilon) = \sum_{k=0}^{\infty} \varepsilon^k \{\bar{y}_k^{(-)}(t) + L_k y(\tau_0) + Q_k^{(-)} y(\tau)\}, & 0 \leqslant t \leqslant t^*, \\ u(t, \varepsilon) = \sum_{k=0}^{\infty} \varepsilon^k \{\bar{u}_k(t) + L_k u(\tau_0) + Q_k^{(-)} u(\tau)\}, \end{cases} \tag{11.57}$$

$$\begin{cases} y(t, \varepsilon) = \sum_{k=0}^{\infty} \varepsilon^k \{\bar{y}_k^{(+)}(t) + Q_k^{(+)} y(\tau) + R_k y(\tau_1)\}, & t^* \leqslant t \leqslant T, \\ u(t, \varepsilon) = \sum_{k=0}^{\infty} \varepsilon^k \{\bar{u}_k(t) + Q_k^{(+)} u(\tau) + R_k u(\tau_1)\}, \end{cases} \tag{11.58}$$

其中 $\tau_0 = t\varepsilon^{-1}, \tau = (t - t^*)\varepsilon^{-1}, \tau_1 = (t - T)\varepsilon^{-1}$, $\bar{y}_k^{(\mp)}(t)$ 和 $\bar{u}_k^{(\mp)}(t)$ 是正则项级数系数, $L_k y(\tau_0)$ 和 $L_k u(\tau_0)$ 是 $t = 0$ 处的左边界层项系数, $R_k y(\tau_1)$ 和 $R_k u(\tau_1)$

是 $t = T$ 处的右边界层项系数, $Q_k y^{(\mp)}(\tau)$ 和 $Q_k u^{(\mp)}(\tau)$ 是 $t = t^*$ 的左右内部层项系数. 内部转移层点 $t^*(\varepsilon) \in [0, T]$ 事先未知, 假设 t^* 的渐近表达式为 $t^* = t_0 + \varepsilon t_1 + \cdots + \varepsilon^k t_k + \cdots$, 上述系数将在渐近解的构造过程中加以确定.

文献 [20] 中给出了如下主要结果

$$\min_u J[u] = \min_{u_0} J(u_0) + \sum_{i=1}^n \varepsilon^i \min_{u_i} \tilde{J}_i(u_i) + \cdots,$$

其中 $\tilde{J}_i(u_i) = J_i(u_i, \tilde{u}_{i-1}, \cdots, \tilde{u}_0)$, $\tilde{u}_k = \arg(\min_{u_k} \tilde{J}_k(u_k)), 0 \leqslant k \leqslant i - 1$.

利用直接展开法, 将 (11.57) 和 (11.58) 代入最优控制问题 (11.37), 按照变量 t, τ_0, τ 和 τ_1 进行尺度分离, 同时比较 ε 的同次幂, 可以得到确定 $\{\bar{y}_k^{(\mp)}(t), \bar{u}_k^{(\mp)}(t)\}$, $\{L_k y(\tau_0), L_k u(\tau_0)\}$, $\{Q_k^{(\mp)} y(\tau), Q_k^{(\mp)} u(\tau)\}$, $\{R_k y(\tau_1), R_k u(\tau_1)\}, k \geqslant 0$ 的方程和条件. 确定零次正则项 $\{\bar{y}_k^{(\mp)}(t), \bar{u}_k^{(\mp)}(t)\}$ 的方程和条件为

$$\begin{cases} J_0(\bar{u}_0) = \displaystyle\int_0^T f(\bar{y}_0^{(\mp)}, \bar{u}_0^{(\mp)}, t) dt \to \min_{\bar{u}_0}, \\ a(t)\bar{y}_0^{(\mp)} + b(t)\bar{u}_0^{(\mp)} = 0. \end{cases}$$

利用条件 11.14 , 可得

$$\bar{y}_0^{(\mp)} = \begin{cases} \varphi_1(t), & 0 \leqslant t < t_0, \\ \varphi_2(t), & t_0 < t \leqslant T. \end{cases}$$

$$\bar{u}_0^{(\mp)} = \begin{cases} \alpha(t) = -a(t)b^{-1}(t), & 0 \leqslant t < t_0, \\ \alpha(t) = -a(t)b^{-1}(t), & t_0 < t \leqslant T. \end{cases}$$

确定零次左右内部层项 $\{Q_k^{(\mp)} y(\tau), Q_k^{(\mp)} u(\tau)\}$ 的方程和条件为

$$\begin{cases} Q_0^{(\mp)} J = \displaystyle\int_{-\infty(0)}^{0(+\infty)} \Delta_0^{(\mp)} f(\varphi_{1,2}(t_0) + Q_0^{(\mp)} y, \alpha(t_0) + Q_0^{(\mp)} u, t_0) d\tau \to \min_{Q_0^{(\mp)} u}, \\ \dfrac{d}{d\tau} Q_0^{(\mp)} y = a(t_0) + b(t_0)(\alpha(t_0) + Q_0^{(\mp)} u), \\ Q_0^{(\mp)} y(0) = \beta(t_0) - \varphi_{1,2}(t_0), \quad Q_0^{(\mp)} y(\mp\infty) = 0, \end{cases} \tag{11.59}$$

其中

$$\Delta_0^{(\mp)} f = f(\varphi_{1,2}(t_0) + Q_0^{(\mp)} y, \alpha(t_0) + Q_0^{(\mp)} u, t_0) - f(\varphi_{1,2}(t_0), \alpha(t_0), t_0).$$

作变量代换

$$\tilde{y}^{(\mp)} = \varphi_{1,2}(t_0) + Q_0^{(\mp)}y(\tau), \quad \tilde{u}^{(\mp)} = \alpha(t_0) + Q_0^{(\mp)}u(\tau).$$

计算可得

$$\begin{cases} Q_0^{(\mp)}J = \displaystyle\int_{-\infty(0)}^{0(+\infty)} \Delta_0^{(\mp)}\tilde{f}(\tilde{y}^{(\mp)}(\tau), \tilde{u}^{(\mp)}(\tau), t_0)d\tau \to \min_{\tilde{u}^{(+)}}, \\[2mm] \dfrac{d\tilde{y}^{(\mp)}}{d\tau} = a(t_0) + b(t_0)\tilde{u}^{(\mp)}, \\[2mm] \tilde{y}^{(\mp)}(0) = \beta(t_0), \quad \tilde{y}^{(\mp)}(\mp\infty) = \varphi_{1,2}(t_0). \end{cases} \tag{11.60}$$

利用变量代换

$$\frac{d\tilde{y}^{(\mp)}}{a(t_0) + b(t_0)\tilde{u}^{(\mp)}} = d\tau,$$

可得不依赖于变量 τ 的最优控制问题

$$Q_0^{(\mp)}J = \int_{\varphi_1(t_0)(\beta(t_0))}^{\beta(t_0)(\varphi_2(t_0))} \frac{\Delta_0\tilde{f}(\tilde{y}^{(\mp)}, \tilde{u}^{(\mp)}, t_0)}{a(t_0) + b(t_0)\tilde{u}^{(\mp)}} d\tilde{y} \to \min_{\tilde{u}^{(+)}}. \tag{11.61}$$

利用变分法可得最优性条件

$$(a(t_0)+b(t_0)\tilde{u}^{(\mp)})f_u - b(t_0)f(\tilde{y}^{(\mp)}, \tilde{u}^{(\mp)}, t_0) = -b(t_0)f(\varphi_{1,2}(t_0), \alpha(t_0), t_0). \tag{11.62}$$

注意到

$$(a(t_0) + b(t_0)\tilde{u})^{-3}\left\{a(t_0) + b^2(t_0)\tilde{u}^{(\mp)}\right\}f_{\tilde{u}\tilde{u}} > 0,$$

利用极值条件, 可知 $\tilde{u}^{(\mp)} = h^{(\mp)}(\tilde{y}^{(\mp)}, t_0)$ 是极值控制. 确定 $Q_0^{(\mp)}y$ 的方程和条件为

$$\frac{dQ_0^{(\mp)}y}{d\tau} = b(t_0)h^{(\mp)}(\varphi_{1,2}(t_0) + Q_0^{(\mp)}y, t_0).$$

条件 11.16　设初值问题

$$\begin{cases} \dfrac{dQ_0^{(\mp)}y}{d\tau} = b(t_0)h^{(\mp)}(\varphi_{1,2}(t_0) + Q_0^{(\mp)}y, t_0), \\[3mm] Q_0^{(\mp)}y(0) = \beta(t_0) - \varphi_{1,2}(t_0) \end{cases}$$

具有连续可微的解 $Q_0^{(\mp)}y(\tau), -\infty \leqslant \tau \leqslant +\infty.$

将 $Q_0^{(\mp)}y(\tau)$ 代入 (11.59), 容易计算出 $Q_0^{(\mp)}u(\tau)$, 至此 $Q_0^{(\mp)}y(\tau)$ 和 $Q_0^{(\mp)}u(\tau)$ 得以确定. 利用引理的主要结果, 可得

$$a(t_0) + b(t_0)h_y^{(-)}(\varphi_1(t_0), t_0) > 0, \quad a(t_0) + b(t_0)h_y^{(+)}(\varphi_2(t_0), t_0) < 0.$$

同时成立

$$|Q_0^{(-)}y(\tau)| \leqslant C_0^{(-)}e^{k_0\tau}, \quad k_0 > 0, \quad \tau < 0,$$

$$|Q_0^{(+)}y(\tau)| \leqslant C_0^{(+)}e^{-k_1\tau}, \quad k_1 > 0, \quad \tau > 0,$$

$$|Q_0^{(-)}u(\tau)| \leqslant C_1^{(-)}e^{k_0\tau}, \quad k_0 > 0, \quad \tau < 0,$$

$$|Q_0^{(+)}u(\tau)| \leqslant C_1^{(+)}e^{-k_1\tau}, \quad k_1 > 0, \quad \tau > 0,$$

其中 $C_0^{(\mp)} > 0, C_1^{(\mp)} > 0$ 为某一个常数.

接下来, 给出确定零次左边界层项 $\{L_0y(\tau_0), L_0u(\tau_0)\}$ 的方程和条件

$$\begin{cases} L_0J = \int_0^\infty \Delta_0 f(\varphi_1(0) + L_0y, \alpha_1(0) + L_0u, 0)d\tau_0 \to \min_{L_0u}, \\ \dfrac{d}{d\tau_0}L_0y = a(0) + b(0)(\alpha(0) + L_0u), \\ L_0y(0) = y^0 - \varphi_1(0), L_0y(\infty) = 0, \end{cases}$$

其中

$$\Delta_0 f = f(\varphi_1(0) + L_0y, \alpha(0) + L_0u, 0) - f(\varphi_1(0), \alpha(0), 0).$$

确定零次右边界层项 $\{R_0y(\tau_1), R_0u(\tau_1)\}$ 的方程和条件为

$$\begin{cases} R_0J = \int_{-\infty}^0 \Delta_0 f(\varphi_2(T) + R_0y, \alpha_2(T) + R_0u, T)d\tau_1 \to \min_{R_0u}, \\ \dfrac{d}{d\tau_1}R_0y = a(T) + b(T)(\alpha(T) + R_0u), \\ R_0y(0) = y^1 - \varphi_2(T), R_0y(-\infty) = 0, \end{cases}$$

其中

$$\Delta_0 f = f(\varphi_2(T) + R_0y, \alpha(T) + R_0u, T) - f(\varphi_2(T), \alpha(T), T).$$

条件 11.17 设边界值 $y^0 - \varphi_1(0)$ 和 $y^1 - \varphi_2(T)$ 分别位于零次左右边界层问题 L_0J 和 R_0J 的影响域内. 至此, 渐近解的主项

$$\{\bar{y}_0^{(\mp)}(t), \bar{u}_0^{(\mp)}(t)\}, \quad \{L_0y^*(\tau_0), L_0u^*(\tau_0)\},$$

$$\{Q_0 y^*(\tau), Q_0 u^*(\tau)\}, \quad \{R_0 y^*(\tau_1), R_0 u^*(\tau_1)\}$$

都得到确定. 另外, 也得到了判断渐近解主项的最优控制问题 $J_0^*, L_0 J^*, Q_0^{(\mp)} J^*$, $R_0 J^*$:

$$J_0^*(\bar{u}_0^{(\mp)}) = \int_0^T f(\bar{y}_0^{(\mp)*}, \bar{u}_0^{(\mp)*}, t) dt,$$

$$L_0 J^* = \int_{y^0}^{\varphi_1(0)} \frac{\Delta_0^{(\mp)} f(\breve{y}^*, \breve{u}^*, 0)}{a(0) + b(0)\breve{u}^*} d\breve{y},$$

$$Q_0^{(\mp)} J^* = \pm \int_{\varphi_{1,2}(t_0)}^{\beta(t_0)} \frac{\Delta_0^{(\mp)} f(\tilde{y}^{(\mp)*}, \tilde{u}^{(\mp)*}, t_0)}{a(t_0) + b(t_0)\tilde{u}^{(\mp)*}} d\tilde{y},$$

$$R_0 J^* = \int_{\varphi_2(T)}^{y^1} \frac{\Delta_0^{(\mp)} f(\hat{y}^*, \hat{u}^*, T)}{a(T) + b(T)\hat{u}^*} d\hat{y},$$

其中

$$\breve{y}^* = \varphi_1(0) + L_0 y^*(\tau_0), \quad \breve{u}^* = \alpha(0) + L_0 u^*(\tau_0),$$

$$\hat{y}^* = \varphi_2(T) + R_0 y^*(\tau_1), \quad \hat{u}^* = \alpha(T) + R_0 u^*(\tau_1).$$

定理 11.7　设条件 11.12 至条件 11.17 成立, 则对于充分小的 $\varepsilon > 0$, 最优控制问题 (11.37) 存在阶梯状空间对照结构解 $y(t, \varepsilon)$, 满足

$$y(t, \varepsilon) = \begin{cases} \varphi_1(t) + L_0 y(\tau_0) + Q_0^{(-)} y(\tau) + O(\varepsilon), & 0 \leqslant t \leqslant t_0, \\ \varphi_2(t) + R_0 y(\tau_1) + Q_0^{(+)} y(\tau) + O(\varepsilon), & t_0 \leqslant t \leqslant T. \end{cases}$$

$$u(t, \varepsilon) = \begin{cases} \alpha(t) + L_0 u(\tau_0) + Q_0^{(-)} u(\tau) + O(\varepsilon), & 0 \leqslant t \leqslant t_0, \\ \alpha(t) + R_0 u(\tau_1) + Q_0^{(+)} u(\tau) + O(\varepsilon), & t_0 \leqslant t \leqslant T. \end{cases}$$

11.4.4　应用例子

考虑如下最优控制问题

$$\begin{cases} J[u] = \int_0^{2\pi} f(y, u, t) dt \to \min_u, \\ \varepsilon \dfrac{dy}{dt} = t + u, \\ y(0, \varepsilon) = 0, \quad y(2\pi, \varepsilon) = 2, \end{cases} \tag{11.63}$$

其中

$$f(y, u, t) = \frac{1}{4} y^4 - \frac{1}{3} y^3 \sin t - \frac{1}{2} y^2 + y \sin t + \frac{1}{2} t^2 + tu + \frac{1}{2} u^2.$$

对于任意的 $0 \leqslant t \leqslant 2\pi$, 计算可得

$$\min_{\bar{y}^{(+)}} F(\bar{y}_0^{(\mp)}, t) = \begin{cases} -\dfrac{1}{4} - \dfrac{2}{3}\sin t, & 0 \leqslant t \leqslant \pi, \\[2mm] -\dfrac{1}{4} + \dfrac{2}{3}\sin t, & \pi \leqslant t \leqslant 2\pi; \end{cases}$$

$$\bar{y}_0^{(\mp)}(t) = \begin{cases} -1, & 0 \leqslant t < \pi, \\ 1, & \pi < t \leqslant 2\pi; \end{cases} \qquad \bar{u}_0^{(\mp)}(t) = \begin{cases} -t, & 0 \leqslant t < \pi, \\ -t, & \pi < t \leqslant 2\pi. \end{cases}$$

内部转移层点的主项利用方程 $\sin t_0 = 0$ 确定可得 $t_0 = \pi$. 本例中, 通过鞍点 $M_1(\bar{t})$ 和 $M_2(\bar{t})$ 的轨道方程为 S_{M_1} 和 S_{M_1} 的表达式为

$$S_{M_1} : u^{(-)} = \frac{\sqrt{2}}{2}(1 - (y^{(-)})^2), \quad S_{M_2} : u^{(+)} = \frac{\sqrt{2}}{2}(1 - (y^{(+)})^2).$$

确定零次左右内部层项的方程和条件为

$$\frac{dQ_0^{(\mp)}y}{dt} = Q_0^{(\mp)}u, \quad Q_0^{(\mp)}y(0) = \pm 1, \quad Q_0^{(\mp)}y(\mp\infty) = 0.$$

求解可得

$$Q_0^{(-)}y = \frac{2e^{\sqrt{2}\tau}}{1 + e^{\sqrt{2}\tau}}, \quad Q_0^{(-)}u = \frac{2\sqrt{2}e^{\sqrt{2}\tau}}{(1 + e^{\sqrt{2}\tau})^2},$$

$$Q_0^{(+)}y = \frac{-2}{1 + e^{\sqrt{2}\tau}}, \quad Q_0^{(+)}u = \frac{2\sqrt{2}e^{\sqrt{2}\tau}}{(1 + e^{\sqrt{2}\tau})^2}.$$

同样地, 计算可得

$$L_0 y = \frac{2e^{-\sqrt{2}\tau_0}}{1 + e^{-\sqrt{2}\tau_0}}, \quad L_0 u = \frac{-2\sqrt{2}e^{-\sqrt{2}\tau_0}}{(1 + e^{-\sqrt{2}\tau_0})^2},$$

$$R_0 y = \frac{2}{3e^{-\sqrt{2}\tau_1} - 1}, \quad R_0 u = \frac{6\sqrt{2}e^{-\sqrt{2}\tau_1}}{(3e^{-\sqrt{2}\tau_1} - 1)^2}.$$

通过计算, 渐近解的表达式为

$$y(t, \varepsilon) = \begin{cases} -1 + \dfrac{2e^{-\sqrt{2}\tau_0}}{1 + e^{-\sqrt{2}\tau_0}} + \dfrac{2e^{\sqrt{2}\tau}}{1 + e^{\sqrt{2}\tau}} + O(\varepsilon), & 0 \leqslant t \leqslant \pi, \\[4mm] 1 - \dfrac{2}{1 + e^{\sqrt{2}\tau}} + \dfrac{2}{3e^{-\sqrt{2}\tau_1} - 1} + O(\varepsilon), & \pi \leqslant t \leqslant 2\pi, \end{cases}$$

$$u(t,\varepsilon) = \begin{cases} -t + \dfrac{2\sqrt{2}e^{-\sqrt{2}\tau_0}}{\left(1+e^{-\sqrt{2}\tau_0}\right)^2} + \dfrac{2\sqrt{2}e^{\sqrt{2}\tau}}{\left(1+e^{\sqrt{2}\tau}\right)^2} + O(\varepsilon), & 0 \leqslant t \leqslant \pi, \\[4mm] -t + \dfrac{2\sqrt{2}e^{\sqrt{2}\tau}}{(1+e^{\sqrt{2}\tau})^2} - \dfrac{6\sqrt{2}e^{-\sqrt{2}\tau_1}}{(3e^{-\sqrt{2}\tau_1}-1)^2} + O(\varepsilon), & \pi \leqslant t \leqslant 2\pi. \end{cases}$$

其中 $\tau_0 = \dfrac{t}{\varepsilon}$, $\tau = \dfrac{t-\pi}{\varepsilon}$, $\tau_1 = \dfrac{t-2\pi}{\varepsilon}$. 同时, 计算可得

$$J[u] = -\frac{1}{4} + \frac{5}{3}\sqrt{2}\varepsilon + O(\varepsilon^2).$$

11.5   高维奇摄动最优控制问题的空间对照结构

11.5.1   问题描述

考虑奇摄动最优控制问题

$$\begin{cases} J[u] = \displaystyle\int_0^T f(x,u,t)dt \to \min_u, \\[3mm] \varepsilon\dfrac{dx}{dt} = A(x,t) + B(t)u, \\[3mm] x(0,\varepsilon) = x^0, \quad x(T,\varepsilon) = x^1, \end{cases} \tag{11.64}$$

其中 $\varepsilon > 0$ 是小参数, $x(t): [0,T] \to R^N$ 是状态变量, $u(t): [0,T] \to R^r$ 是控制变量, $T > 0$ 是固定的有限值, N 和 r 是整数.

为了讨论方便起见, 总是假设:

条件 11.18   函数 $f(x,u,t), A(x,t), B(t)$ 在 $D = \{\|x\| < A, u \in R^r, 0 \leqslant t \leqslant T\}$ 上充分光滑, 且 $B(t)$ 可逆, 其中 A 为某个正常数.

本节讨论当控制作用 $u(t)$ 不受任何约束时, 寻求在一定的时间间隔 T 内, 将系统 (11.64) 从初始时刻 $t = 0$ 和状态 x^0 转移到固定终点时刻 $t = T$ 和状态 x^1, 并使性能指标泛函 (11.64) 取极小的控制作用 $u^*(t)$ 和状态 $x^*(t)$ 的问题.

研究表明, (11.64) 存在阶梯状空间对照结构依赖于退化最优控制问题和辅助最优控制问题的动力学行为. 为此先给出它们的定义和若干假设.

在 (11.64) 中令 $\varepsilon = 0$, 所得到的问题

$$\begin{cases} J[\bar{u}] = \displaystyle\int_0^T f(\bar{x},\bar{u},t)dt \to \min_{\bar{u}}, \\[3mm] 0 = A(\bar{x},t) + B(t)\bar{u} \end{cases} \tag{11.65}$$

称为 (11.64) 的退化最优控制问题, 简称退化问题.

显然, 退化问题与原问题 (11.64) 有着本质区别, 其中 (11.65) 的状态方程已是代数方程, 所以讨论 (11.65) 的方法与讨论原问题 (11.64) 通常采用的方法是截然不同的. 可以把 (11.65) 中的控制变量用状态变量表示出来, 即写成闭环形式

$$\bar{u} = -B^{-1}(t)A(\bar{x}, t), \tag{11.66}$$

再把 (11.66) 代入 (11.65), 得到一个纯函数极值问题

$$J[\bar{u}] = \int_0^T \bar{f}(\bar{x}, t)dt \to \min_{\bar{x}}, \tag{11.67}$$

其中 $\bar{f}(\bar{x}, t) = f(\bar{x}, -B^{-1}(t)A(\bar{x}, t), t)$.

条件 11.19 存在互不相交的两个函数 $\bar{x} = \varphi_1(t), \bar{x} = \varphi_2(t)$ 使得

$$\min_{\bar{x}} \bar{f}(\bar{x}, t) = \begin{cases} \bar{f}(\varphi_1(t), t), & 0 \leqslant t \leqslant t_0, \\ \bar{f}(\varphi_2(t), t), & t_0 \leqslant t \leqslant T. \end{cases} \tag{11.68}$$

并且要求 $\lim\limits_{t \to t_0^-} \varphi_1(t) \neq \lim\limits_{t \to t_0^+} \varphi_2(t)$.

从条件 11.19 可得

$$\bar{u}(t) = \begin{cases} \psi_1(t) = -B^{-1}(t)A(\varphi_1(t), t), & 0 \leqslant t < t_0, \\ \psi_2(t) = -B^{-1}(t)A(\varphi_2(t), t), & t_0 < t \leqslant T. \end{cases}$$

引进 Hamilton 函数

$$H(x, u, \lambda, t) = -f(x, u, t) + \lambda^{\mathrm{T}}\varepsilon^{-1}(A(x, t) + B(t)u),$$

其中 λ 是 Lagrange 乘子.

在 (11.64) 中作变量替换 $\bar{\tau} = \varepsilon^{-1}(t - \bar{t}), 0 < \bar{t} < T$, $\bar{t}$ 是某个固定实数, 可得到如下问题

$$\begin{cases} J[\tilde{u}] = -\int_\alpha^\beta [H(\tau) - H(\bar{t})]d\bar{\tau} \to \min_{\tilde{u}}, \\ \dfrac{d\tilde{x}}{d\bar{\tau}} = A(\tilde{x}, \bar{t}) + B(\bar{t})\tilde{u}, \\ \tilde{x}(\alpha) = \bar{x}, \quad \tilde{x}(\beta) = \bar{\bar{x}}. \end{cases} \tag{11.69}$$

其中 α, β 可取值为 $\pm\infty$; $\bar{t}, \bar{x}, \bar{\bar{x}}$ 是给定的实数, 称为辅助最优控制问题, 简称辅助问题.

利用 (11.69) 分别写出在 $t = 0, t = t^*, t = T$ 处的辅助问题, $L_0 P$ 问题

$$\begin{cases} J[L_0 u] = - \int_0^{+\infty} [H(\tau_0) - H(0)] d\tau_0 \to \min_{L_0 u}, \\ \dfrac{d\tilde{x}}{d\tau_0} = A(\tilde{x}, 0) + B(0)\tilde{u}, \quad \tau_0 = \varepsilon^{-1} t, \\ \tilde{x}(0) = x^0, \quad \tilde{x}(+\infty) = \varphi_1(0); \end{cases}$$

$Q_0^{(\mp)} P$ 问题

$$\begin{cases} J[Q_0^{(\mp)} u] = - \int_{0(-\infty)}^{+\infty(0)} [H(\tau) - H(t_0)] d\tau \to \min_{Q_0^{(\mp)} u}, \\ \dfrac{d\tilde{x}}{d\tau} = A(\tilde{x}, t_0) + B(t_0)\tilde{u}, \quad \tau = \varepsilon^{-1}(t - t^*), \\ \tilde{x}(\mp\infty) = \varphi_{1,2}(t_0), \quad t^* \in (0, T); \end{cases}$$

$R_0 P$ 问题

$$\begin{cases} J[R_0 u] = - \int_{-\infty}^0 \{H(\tau_1) - H(T)\} d\tau_1 \to \min_{R_0 u}, \\ \dfrac{d\tilde{x}}{d\tau_1} = A(\tilde{x}, T) + B(T)\tilde{u}, \quad \tau_1 = \varepsilon^{-1}(t - T), \\ \tilde{x}(0) = x^1, \quad \tilde{x}(-\infty) = \varphi_2(T). \end{cases}$$

条件 11.20 设

$$\begin{pmatrix} \bar{H}_{xx} & \bar{H}_{xu} \\ \bar{H}_{ux} & \bar{H}_{uu} \end{pmatrix} < 0, \quad \bar{H}_{xx} \leqslant 0,$$

其中 $\bar{H}_{xx}, \bar{H}_{xu}, \bar{H}_{ux}, \bar{H}_{uu}$ 在 $(\bar{x}, \bar{u})$ 处取值.

针对 $L_0 P$ 问题, 在条件 11.20 之下, 存在 $(\varphi_1(0), \psi_1(0))$ 的某个邻域 U^L, 当 $x^0 \in U^L$ 时, $L_0 P$ 的最优解 x_L^*, u_L^* 存在, 且 $L_0 x, L_0 u$ 满足估计式

$$||L_0 x|| \leqslant C_0 e^{-k_0 \tau_0}, \quad ||L_0 u|| \leqslant C_0 e^{-k_0 \tau_0}, \quad \tau_0 \geqslant 0,$$

其中 $k_0 > 0$ 为某一常数. 同理关于问题 $R_0 P$, 存在 $(\varphi_2(T), \psi_2(T))$ 的某个邻域 U^R. 当 $x^1 \in U^R$ 时, $R_0 P$ 的最优解 x_R^*, u_R^* 存在, 且 $R_0 x, R_0 u$ 满足估计式

$$||R_0 x|| \leqslant C_0 e^{k_0 \tau_1}, \quad ||R_0 u|| \leqslant C_0 e^{k_0 \tau_1}, \quad \tau_1 \leqslant 0,$$

其中 $k_0 > 0$ 为某一常数. 记

$$x_L^* = \varphi_1(0) + L_0 x(\tau_0), \quad u_L^* = \psi_1(0) + L_0 u(\tau_0),$$

$$x_R^* = \varphi_2(T) + R_0 x(\tau_1), \quad u_R^* = \psi_2(T) + R_0 u(\tau_1).$$

条件 11.21 存在 $(\varphi_1(t_0), \psi_1(t_0))$ 的某个邻域 U^Q, 当 $\varphi_{1,2}(t_0) \in U^Q$ 时, $Q_0^{(\mp)} P$ 的最优解 x_Q^*, u_Q^* 存在, 且 $Q_0^{(\mp)} x$, $Q_0^{(\mp)} u$ 满足估计式

$$||Q_0^{(\mp)} x|| \leqslant C_0 e^{-k_0|\tau|}, \quad ||Q_0^{(\mp)} u|| \leqslant C_0 e^{-k_0|\tau|}, \quad \tau \in R,$$

其中 $x_Q^* = \varphi_{1,2}(t_0) + Q_0^{(\mp)} x(\tau)$, $u_Q^* = \psi_{1,2}(t_0) + Q_0^{(\mp)} u(\tau)$.

11.5.2 最优解的动力学行为和渐近解的结构

由退化问题 (11.65) 所得到的状态和控制 $(\bar{x}, \bar{u})$, 一般来说不能很好地刻画原问题 (11.64) 的最优解 (x^*, u^*), 它只能反映 (11.64) 当 $\varepsilon \to 0$ 时的极限状态. 由于 $\bar{x}(t)$ 在初始时刻和终端时刻一般都不满足给定的初始状态和终端状态, 所以原问题 (11.64) 会在 $t = 0$ 和 $t = T$ 处产生边界层. 又因为条件 11.14 的限定. 所以原问题的解会在 $t = t_0$ 处产生内部转移层. 通过对退化解的分析, 可以帮助更好地了解最优解的动力学性态. 这就需要把整个区间 $[0, T]$ 分成若干个部分, 即

$$[0, T] = T_0 \cup T_1 \cup T_2 \cup T_3 \cup T_4,$$

其中

$$T_0 = [0, \delta_1), \quad T_1 = [\delta_1, t_0 - \delta_2), \quad T_2 = [t_0 - \delta_2, t_0 + \delta_2),$$

$$T_3 = [t_0 + \delta_2, T - \delta_3), \quad T_4 = [T - \delta_3, T],$$

这里 $\delta_i > 0, i = 1, 2, 3$ 都是 $O(\varepsilon)$ 量阶的实数. 每个 $T_j, j = 1, 2, 3, 4$ 需要用不同时间尺度 $\gamma_j, j = 0, \cdots, 4$ 来刻画. 这里选取 $\gamma_0 = \varepsilon^{-1} t, \gamma_2 = \varepsilon^{-1}(t - t^*), \gamma_4 = \varepsilon^{-1}(t - T)$, 称为快时间尺度, 而 γ_1 和 γ_3 仍为 t, 称为慢时间尺度. 从几何上来说: 最优解的轨线 $x^*(t)$ 是从初始平面 $\pi_0 : x = x^0$ 出发在 $[0, \delta_1)$ 上用时间尺度 γ_0 快速跳至平面 $\pi_1 : x = \varphi_1(0)$, 随后以慢时间尺度 t 沿退化解 $\varphi_1(t)$ 到达平面 $\pi_2 : x = \varphi_1(t_0)$, 再从平面 π_2 以快时间尺度 γ_2 跳至平面 $\pi_3 : x = \varphi_2(t_0)$, 从平面 π_3 至平面 $\pi_4 : x = \varphi_2(T)$, 轨线将沿着退化解 $\varphi_2(t)$ 按慢时间尺度 t 走完 $[t_0 + \delta_2, T - \delta_3)$, 最后轨线将从 π_4 快速跳至终点平面 $\pi_5 : x = x^1$. 关于阶梯状空间对照结构的几何意义, 请参见附录 G.

利用几何分析, 退化问题 (11.65) 只能反映原问题 (11.64) 在时间段 T_1 和 T_3 中轨线的动态规律. 而轨线在时间段 T_0, T_2 和 T_4 内的动力学行为需要辅助问题

(11.69) 来刻画. 这里需要指出的是: 在假设的条件之下轨线在不同平面的跳跃是指数式跳跃. 通过上面的分析可知, 原问题解的表达式可写成

$$
w(t,\varepsilon) = \begin{cases} \bar{w}^{(-)}(t,\varepsilon) + Lw(\tau_0,\varepsilon) + Q^{(-)}w(\tau,\varepsilon), & 0 \leqslant t \leqslant t^*, \\ \bar{w}^{(+)}(t,\varepsilon) + Q^{(+)}w(\tau,\varepsilon) + Rw(\tau_1,\varepsilon), & t^* \leqslant t \leqslant T, \end{cases} \tag{11.70}
$$

其中 $w = \left(x^{\mathrm{T}}, u^{\mathrm{T}}\right)^{\mathrm{T}}, \tau_0 = \varepsilon^{-1}t, \tau = \varepsilon^{-1}(t - t^*), \tau_1 = \varepsilon^{-1}(t - T)$, 它们都是快尺度.

$$
\bar{w}^{(\mp)}(t,\varepsilon) = \bar{w}_0^{(\mp)}(t) + \varepsilon \bar{w}_1^{(\mp)}(t) + \cdots + \varepsilon^k \bar{w}_k^{(\mp)}(t) + \cdots, \tag{11.71}
$$

称为正则级数;

$$
Lw(\tau_0,\varepsilon) = L_0 w(\tau_0) + \varepsilon L_1 w(\tau_0) + \cdots + \varepsilon^k L_k w(\tau_0) + \cdots, \tag{11.72}
$$

称为左边界层级数;

$$
Q^{(\mp)}w(\tau_0,\varepsilon) = Q_0^{(\mp)}w(\tau) + \varepsilon Q_1^{(\mp)}w(\tau) + \cdots + \varepsilon^k Q_k^{(\mp)}w(\tau) + \cdots, \tag{11.73}
$$

称为内部层级数;

$$
Rw(\tau_1,\varepsilon) = R_0 w(\tau_1) + \varepsilon R_1 w(\tau_1) + \cdots + \varepsilon^k R_k w(\tau_1) + \cdots, \tag{11.74}
$$

称为右边界层级数, 内部转移层点 t^* 的表达式为

$$
t^* = t_0 + \varepsilon t_1 + \cdots + \varepsilon^k t_k + \cdots.
$$

本节的目的不仅在于讨论原问题 (11.64) 最优解 $w^*(t,\varepsilon)$ 的存在性, 更在于构造出 $w^*(t,\varepsilon)$ 的一致有效渐近解, 即需要确定 $\bar{w}_k^{(\mp)}(t)$, $L_k w(\tau_0)$, $Q_k^{(\mp)}w(\tau)$ 和 $R_k w(\tau_1)$, $k = 0, 1, 2, \cdots$ 和给出 $[0,T]$ 上的误差估计. 因为空间对照结构问题是一类非正则 (非标准) 奇摄动控制问题, 经典的 Tikhonov 极限定理在这里已经不再成立, 需要直接证明相应的极限定理. 这正是下面内容所需要讨论的, 为此首先给出一个定义.

定义 11.1　如果存在充分光滑的函数 $W_n(t,\varepsilon)$, 满足不等式

$$
\|w^*(t,\varepsilon) - W_n(t,\varepsilon)\| \leqslant C\varepsilon^{n+1}, \quad 0 \leqslant t \leqslant T,
$$

则称 $W_n(t,\varepsilon)$ 为 $w^*(t,\varepsilon)$ 在 $[0,T]$ 上的一致有效的 n 阶渐近解, 其中 $C > 0$ 为常数.

11.5.3 最优控制问题的渐近解

在本节的开始先引入文献 [24] 中的几个引理, 它们是下面解的渐近展开的理论基础.

引理 11.19 如果 $f : (w, t, \varepsilon) \to f(w, t, \varepsilon) \in C^1$, 则

$$f(w(t,\varepsilon), t, \varepsilon) = f(\bar{w}^{(\mp)}, t, \varepsilon) + Lf(\tau_0, \varepsilon) + Qf(\tau, \varepsilon) + Rf(\tau_1, \varepsilon) + O(\varepsilon^N),$$

其中 N 是任意的自然数, 而

$$Lf(\tau_0, \varepsilon) = f(\bar{w}^{(-)}(\varepsilon\tau_0, \varepsilon) + Lw(\tau_0, \varepsilon), \varepsilon\tau_0, \varepsilon) - f(\bar{w}^{(-)}(\varepsilon\tau_0, \varepsilon), \varepsilon\tau_0, \varepsilon);$$

$$Qf(\tau, \varepsilon) = f(\bar{w}^{(\mp)}(t^* + \varepsilon\tau, \varepsilon) + Qw(\tau, \varepsilon), t^* + \varepsilon\tau, \varepsilon) - f(\bar{w}^{(\mp)}(t^* + \varepsilon\tau, \varepsilon), t^* + \varepsilon\tau, \varepsilon);$$

$$Rf(\tau_1, \varepsilon) = f(\bar{w}^{(+)}(T + \varepsilon\tau_1, \varepsilon) + Rw(\tau_1, \varepsilon), T + \varepsilon\tau_1, \varepsilon) - f(\bar{w}^{(+)}(T + \varepsilon\tau_1, \varepsilon), T + \varepsilon\tau_1, \varepsilon).$$

引理 11.20 如果 $f : (\bar{w}^{(\mp)}, t, \varepsilon) \to f(\bar{w}^{(\mp)}, t, \varepsilon) \in C^{N+1}$, 并且

$$\bar{w}^{(\mp)}(t, \varepsilon) = \sum_{i=0}^{\infty} \varepsilon^i \bar{w}_i^{(\mp)}(t),$$

则对充分小的 $\varepsilon > 0$ 有下面渐近展开式

$$f(\bar{w}^{(\mp)}, t, \varepsilon) = f(\bar{w}_0^{(\mp)}(t), \varepsilon) + \sum_{i=1}^{N} \varepsilon^i \left[\frac{\partial f}{\partial w}(\bar{w}^{(\mp)}, t) \bar{w}_i^{(\mp)}(t) + \bar{f}_i(\bar{w}_{i-1}^{(\mp)}, \cdots, \bar{w}_0^{(\mp)}, t) \right]$$

$$+ O(\varepsilon^{(N+1)}),$$

其中 $\bar{f}_i$ 是仅依赖于 $\bar{w}_{i-1}^{(\mp)}, \cdots, \bar{w}_0^{(\mp)}$ 的已知函数.

引理 11.21 如果 $f : (w, t, \varepsilon) \to f(w, t, \varepsilon) \in C^{N+1}$, 并且

$$\bar{w}^{(\mp)}(t, \varepsilon) = \sum_{i=0}^{\infty} \varepsilon^i \bar{w}_i^{(\mp)}(t), \quad Lw(\tau_0, \varepsilon) = \sum_{i=0}^{\infty} \varepsilon^i L_i w(\tau_0),$$

$$Q^{(\mp)}(\tau, \varepsilon) = \sum_{i=0}^{\infty} \varepsilon^i Q_i^{(\mp)} w(\tau), \quad Rw(\tau_1, \varepsilon) = \sum_{i=0}^{\infty} \varepsilon^i R_i w(\tau_1),$$

则对充分小的 $\varepsilon > 0$, 有下面的渐近展开式

$$Lf(\tau_0, \varepsilon) = f(\bar{w}_0^{(-)}(0) + L_0 w(\tau_0), 0, 0) - f(\bar{w}_0^{(-)}(0), 0, 0)$$

$$+ \sum_{I=1}^{N} \varepsilon^i \left(\frac{\partial f}{\partial w}(\bar{w}_0^{(-)}(0) + L_0 w(\tau_0), 0, 0) L_i w(\tau_0) \right.$$

$$+ L_i f(L_{i-1}w, \cdots, L_0 w, \tau_0)\bigg)$$

$$+ O(\varepsilon^{(N+1)}),$$

$$Qf(\tau,\varepsilon) = f(\bar{w}_0^{(\mp)}(t_0) + Q_0^{(\mp)}w(\tau), t_0, 0) - f(\bar{w}_0^{(\mp)}(t_0), t_0, 0)$$

$$+ \sum_{I=1}^{N} \varepsilon^i \bigg(\frac{\partial f}{\partial w}(\bar{w}_0^{(\mp)}(t_0) + Q_0^{(\mp)}w(\tau), t_0, 0)Q_i^{(\mp)}w(\tau)$$

$$+ Q_i f(Q_{i-1}^{(\mp)}w, \cdots, Q_0^{(\mp)}w, \tau)\bigg)$$

$$+ O(\varepsilon^{(N+1)}),$$

$$Rf(\tau_1,\varepsilon) = f(\bar{w}_0^{(+)}(T) + R_0 w(\tau_1), T, 0) - f(\bar{w}_0^{(+)}(T), T, 0)$$

$$+ \sum_{I=1}^{N} \varepsilon^i \bigg(\frac{\partial f}{\partial w}(\bar{w}_0^{(+)}(T) + R_0 w(\tau_1), T, 0)R_i w(\tau_1)$$

$$+ R_i f(R_{i-1}w, \cdots, R_0 w, \tau_1)\bigg)$$

$$+ O(\varepsilon^{(N+1)}),$$

其中 $L_i f, Q_i f$ 和 $R_i f(i = 1, 2, \cdots, N)$ 都是已知函数.

引理 11.22 如果 $f : (w_0, \cdots, w_N, \varepsilon) \to f(w_0, \cdots, w_N, \varepsilon) \in C^N$, 且

$$f(w_0, \cdots, w_N, \varepsilon) = f_0(w_0) + \sum_{i=1}^{N} \varepsilon^i f_i(w_i, \cdots, w_0) + O(\varepsilon^{N+1}),$$

则对充分小的 $\varepsilon > 0$, 有下面表达式

$$\inf_{(w_0, \cdots, w_N, \varepsilon)} f(w_0, \cdots, w_N, \varepsilon) = \inf_{w_0} f_0(w_0) + \sum_{i=1}^{N} \varepsilon^i \inf_{w_i} \tilde{f}_i(w_i) + O(\varepsilon^{N+1}),$$

其中 $\tilde{f}_i(w_i) = f_i(w_i, \tilde{w}_{i-1}, \cdots, \tilde{w}_0), \tilde{w}_k = \arg\inf_w \tilde{f}_k(w), k = 0, \cdots, i-1.$

对于奇摄动最优控制问题 (11.64), 采用直接展开法来确定 (11.70) 中的各项系数. 它的基本思想在于把 (11.70) 代入 (11.64), 先按不同尺度对原问题进行分解, 得到在不同时间段 $T_j, j = 0, 1, \cdots, 4$ 的问题, 分别记为 $\bar{P}, LP, QP$ 和 RP, 考虑问题 $\bar{P} : t \in T_1 \cup T_3$

$$\begin{cases} J[\bar{u}^{(\mp)}] = \displaystyle\int_0^T f(\bar{x}^{(\mp)}, \bar{u}^{(\mp)}, t, \varepsilon)dt \to \min_{\bar{u}^{(+)}}, \\[2mm] \varepsilon \dfrac{d\bar{x}^{(\mp)}}{dt} = A(\bar{x}^{(\mp)}, t) + B(t)\bar{u}^{(\mp)}; \end{cases} \tag{11.75}$$

问题 $LP : \tau_0 \in [0, +\infty)$

$$\begin{cases} J[Lu] = \displaystyle\int_0^{+\infty} \Delta_0 f(\bar{w}^{(-)}(\varepsilon\tau_0, \varepsilon) + Lw(\tau_0, \varepsilon), \varepsilon\tau_0, \varepsilon)d\tau_0 \to \min_{Lu}, \\[2mm] \dfrac{dx}{d\tau_0} = A(x, \varepsilon\tau_0) + B(\varepsilon\tau_0)u, \\[2mm] x(0) = x^0 - \varphi_1(0), \quad x(+\infty) = 0, \end{cases}$$

其中

$$\Delta_0 f = f(\bar{w}^{(-)}(\varepsilon\tau_0, \varepsilon) + Lw(\tau_0, \varepsilon), \varepsilon\tau_0, \varepsilon) - f(\bar{w}^{(-)}(\varepsilon\tau_0, \varepsilon), \varepsilon\tau_0, \varepsilon);$$

问题 $QP : \tau \in [-\infty, +\infty)$

$$\begin{cases} J[Q^{(\mp)}u] = \displaystyle\int_{-\infty}^{+\infty} \Delta_0 f(\bar{w}^{(\mp)}(t^* + \varepsilon\tau, \varepsilon) + Q^{(\mp)}w(\tau, \varepsilon), t^* + \varepsilon\tau, \varepsilon)d\tau \to \min_{Q^{(\mp)}u}, \\[2mm] \dfrac{dx}{d\tau} = A(x, t^* + \varepsilon\tau) + B(t^* + \varepsilon\tau)u, \\[2mm] x(-\infty) = x(+\infty) = 0, \end{cases}$$

其中

$$\Delta_0 f = f(\bar{w}^{(\mp)}(t^* + \varepsilon\tau, \varepsilon) + Q^{(\mp)}w(\tau, \varepsilon), t^* + \varepsilon\tau, \varepsilon) - f(\bar{w}^{(\mp)}(t^* + \varepsilon\tau, \varepsilon), t^* + \varepsilon\tau, \varepsilon);$$

问题 $RP : \tau_1 \in (-\infty, 0]$

$$\begin{cases} J[Ru] = \displaystyle\int_{-\infty}^{0} \Delta_0 f(\bar{w}^{(+)}(T + \varepsilon\tau_1, \varepsilon) + Rw(\tau_1, \varepsilon), T + \varepsilon\tau_1, \varepsilon)d\tau_1 \to \min_{Ru}, \\[2mm] \dfrac{dx}{d\tau_1} = A(x, T + \varepsilon\tau_1) + B(T + \varepsilon\tau_1)u, \\[2mm] x(0) = x^1 - \varphi_2(T), \quad x(-\infty) = 0, \end{cases}$$

其中

$$\Delta_0 f = f(\bar{w}^{(+)}(T + \varepsilon\tau_1, \varepsilon) + Rw(\tau_1, \varepsilon), T + \varepsilon\tau_1, \varepsilon) - f(\bar{w}^{(+)}(T + \varepsilon\tau_1, \varepsilon), T + \varepsilon\tau_1, \varepsilon).$$

　　下面把形式幂级数 (11.71)–(11.74) 分别代入问题 $\bar{P}, LP, QP$ 和 RP, 再根据引理对相应函数按照 ε 进行展开, 比较 ε 同次幂系数, 可以获得确定下列变量

$$\bar{w}_i^{(\mp)}(t), \quad L_i w(\tau_0), \quad Q_i^{(\mp)} w(\tau), \quad R_i w(\tau_1), \quad i = 0, 1, 2, \cdots, N$$

的各个最优控制问题.

　　首先写出确定各项中的零次项最优控制问题 $\bar{P}_0$

$$\begin{cases} J[\bar{u}_0^{(\mp)}] = \displaystyle\int_0^T f(\bar{x}_0^{(\mp)}, \bar{u}_0^{(\mp)}, t)dt \to \min_{\bar{u}_0^{(\mp)}}, \\[2mm] 0 = A(\bar{x}_0^{(\mp)}, t) + B(t)\bar{u}_0^{(\mp)}. \end{cases} \tag{11.76}$$

$L_0 P$ 问题

$$\begin{cases} J[L_0 u] = \displaystyle\int_0^{+\infty} \Delta_0 f(\bar{x}_0^{(-)}(0) + L_0 x, \bar{u}_0^{(-)}(0) + L_0 u, 0)d\tau_0 \to \min_{L_0 u}, \\[2mm] \dfrac{d}{d\tau_0} L_0 u = A(L_0 x, 0) + B(0)L_0 u, \\[2mm] L_0 x(0) = x^0 - \varphi_1(0), \quad L_0 x(+\infty) = 0, \end{cases}$$

其中

$$\Delta_0 f = f(\bar{x}_0^{(-)}(0) + L_0 x, \bar{u}_0^{(-)}(0) + L_0 u, 0) - f(\bar{x}_0^{(-)}(0), \bar{u}_0^{(-)}(0), 0).$$

$Q_0 P$ 问题

$$\begin{cases} J[Q_0^{(\mp)} u] = \displaystyle\int_{-\infty}^{+\infty} \Delta_0 f(\bar{x}_0^{(\mp)}(t_0) + Q_0^{(\mp)} x, \bar{u}_0^{(\mp)}(t_0) + Q_0^{(\mp)} u, t_0)d\tau \to \min_{Q_0^{(\mp)} u}, \\[2mm] \dfrac{d}{d\tau} Q_0^{(\mp)} x = A(Q_0^{(\mp)} x, t_0) + B(t_0)Q_0^{(\mp)} u, \\[2mm] Q_0^{(\mp)} x(\mp\infty) = Q_0^{(\mp)} u(\mp\infty) = 0, \end{cases}$$

其中

$$\Delta_0 f = f(\bar{x}_0^{(\mp)}(t_0) + Q_0 x, \bar{u}_0^{(\mp)}(t_0) + Q_0 u, t_0) - f(\bar{x}_0^{(\mp)}(t_0), \bar{u}_0^{(\mp)}(t_0), t_0).$$

$R_0 P$ 问题

$$\begin{cases} J[R_0 u] = \displaystyle\int_{-\infty}^0 \Delta_0 f(\bar{x}_0^{(+)}(T) + R_0 x, \bar{u}_0^{(+)}(T) + R_0 u, T)d\tau_1 \to \min_{R_0 u}, \\[2mm] \dfrac{d}{d\tau_1} R_0 x = A(R_0 x, T) + B(T)R_0 u, \\[2mm] R_0 x(0) = x^1 - \varphi_2(T), \quad R_0 x(-\infty) = 0, \end{cases}$$

其中

$$\Delta_0 f = f(\bar{x}_0^{(+)}(T) + R_0 x, \bar{u}_0^{(+)}(T) + R_0 u, T) - f(\bar{x}_0^{(+)}(T), \bar{u}_0^{(+)}(T), T).$$

在条件 11.18 至条件 11.20 之下, 问题 $\bar{P}_0, L_0 P, Q_0^{(\mp)} P, R_0 P$ 的解存在, 并且有

$$\bar{x}_0 = \begin{cases} \varphi_1(t), & 0 \leqslant t < t_0, \\ \varphi_2(t), & t_0 < t \leqslant T, \end{cases}$$

$$\bar{u}_0 = \begin{cases} \psi_1(t) = -B^{-1}(t) A(\varphi_1(t), t), & 0 \leqslant t < t_0, \\ \psi_2(t) = -B^{-1}(t) A(\varphi_2(t), t), & t_0 < t \leqslant T. \end{cases}$$

$$\|L_0 w(\tau_0)\| \leqslant C_0 e^{-k_0 \tau_0}, \quad k_0 > 0, \quad \tau_0 \geqslant 0,$$

$$\|Q_0^{(\mp)} w(\tau)\| \leqslant C_0 e^{\pm k_1 \tau}, \quad k_1 > 0, \quad \tau \in R,$$

$$\|R_0 w(\tau_1)\| \leqslant C_0 e^{k_0 \tau_1}, \quad k_0 > 0, \quad \tau_1 \leqslant 0.$$

其中 $C_0 > 0$ 为常数.

11.5.4 最优解的余项估计

通过上述计算, 这样就得到了渐近解的主项

$$\tilde{W}_0(t, \varepsilon) = \begin{cases} \bar{w}_0^{(-)}(t) + L_0 w(\tau_0) + Q_0^{(-)} w(\tau), & 0 \leqslant t < t_0, \\ \bar{w}_0^{(+)}(t) + Q_0^{(+)} w(\tau) + R_0 w(\tau_1), & t_0 < t \leqslant T. \end{cases} \tag{11.77}$$

注意到 $\tilde{W}_0(t, \varepsilon)$ 不满足边值条件 $x(0, \varepsilon) = x^0$ 和 $x(T, \varepsilon) = x^1$, 同时计算可得

$$\tilde{x}_0(0, \varepsilon) - x^0 = p_1(\varepsilon), \quad \tilde{x}_0(T, \varepsilon) - x^1 = p_2(\varepsilon), \quad p_i(\varepsilon) = O(\varepsilon), \quad i = 1, 2.$$

引入磨光函数 $\theta_0(t, \varepsilon)$, 利用其构造满足边值条件的容许函数

$$X_0(t, \varepsilon) = \tilde{x}_0(t, \varepsilon) + \theta_0(t, \varepsilon),$$

其中 $\theta_0(t, \varepsilon) = O(\varepsilon)$, 这样就得到了容许函数对 $\{X_0(t, \varepsilon), U_0(t, \varepsilon)\}$. 不失一般性, 假设边值条件 $x^0 = x^1 = 0$, 同时令

$$X_\delta = \{x(t, \varepsilon) : x(t, \varepsilon) \in C[0, T], \|x(t, \varepsilon) - X_0(t, \varepsilon)\| \leqslant \delta, x(0, \varepsilon) = x(T, \varepsilon) = 0\},$$

$$U_\delta = \{u(t, \varepsilon) \in L_2[0, T], \quad \|u(t, \varepsilon) - U_0(t, \varepsilon)\| \leqslant \delta\},$$

其中 $\delta > 0$ 是常数.

给出文献 [23] 中的重要引理.

引理 11.23　集合 U_δ 是一闭凸集. 函数 $J[u] \in C^1(U_\delta)$, 同时在集合 U_δ 内是个凸函数, 则在 U_δ 内存在唯一的最优控制 u^*, 进而存在最优解 $x^* \in X_\delta$.

这样利用已有的结果证明了 (11.64) 最优解的存在性. 接下来, 再给出渐近解的一些相关结果.

考虑奇摄动最优控制问题 (11.64) 的最优性条件

$$\begin{cases} \varepsilon \dfrac{dx}{dt} = A(x,t) + B(t)u, \\ \varepsilon \dfrac{d\lambda}{dt} = \varepsilon f(x,u,t) + A_x(x,t)\lambda, \\ -\varepsilon f_u(x,u,t) + B(t)\lambda^T = 0. \end{cases} \tag{11.78}$$

关于 Lagrange 乘子, 渐近表达式可表示为

$$\lambda(t,\varepsilon) = \begin{cases} \bar{\lambda}^{(-)}(t) + L\lambda(\tau_0,\varepsilon) + Q^{(-)}\lambda(\tau,\varepsilon), & 0 \leqslant t < t^*, \\ \bar{\lambda}^{(+)}(t) + Q^{(+)}\lambda(\tau,\varepsilon) + R\lambda(\tau_1,\varepsilon), & t^* < t \leqslant T, \end{cases} \tag{11.79}$$

其中 $\lambda^{(\mp)}(t), L\lambda(\tau_0), Q\lambda^{(\mp)}(\tau), R\lambda(\tau_1)$ 具有和 $\bar{W}^{(\mp)}(t), LW(\tau_0), Q^{(\mp)}W(\tau), RW(\tau_1)$ 类似的表达式.

令 $W^* = (x^*, u^*)$ 为最优解, $\tilde{W}_0 = (\tilde{x}_0, \tilde{u}_0)$ 为渐近解的主项. 利用已知, 计算可得

$$J[u^*] - J[\tilde{u}_0] + \langle J'[\tilde{u}_0], \tilde{u}_0 - u^* \rangle \geqslant C\|\tilde{u}_0 - u^*\|, \tag{11.80}$$

其中 $\|\cdot\|$ 是 2-范数, $C \neq 0$ 是常数. 利用 $J[u^*] - J[\tilde{u}_0] \leqslant 0$, 同时

$$\left\| \left\langle J'[\tilde{u}_0], \tilde{u}_0 - u^* \right\rangle \right\| \leqslant \|J'[\tilde{u}_0]\| \cdot \|\tilde{u}_0 - u^*\|, \tag{11.81}$$

可得

$$\|\tilde{u}_0 - u^*\| \leqslant C^{-1}\|J'[\tilde{u}_0]\|, \tag{11.82}$$

且

$$J'[\tilde{u}_0] = -H_u(\tilde{x}_0, \tilde{u}_0, \tilde{\lambda}_0, t),$$

$$-H_u(\tilde{x}_0, \tilde{u}_0, \tilde{\lambda}_0, t) + O(\varepsilon) = \varepsilon f_u(\tilde{x}_0, \tilde{u}_0, t) - B^T(t)\tilde{\lambda}_0 + O(\varepsilon) = 0, \tag{11.83}$$

从而

$$\|J'[\tilde{u}_0]\| = O(\varepsilon). \tag{11.84}$$

把 (11.84) 代入 (11.82), 可得

$$\|\tilde{u}_0 - u^*\| \leqslant C^{-1}\varepsilon. \tag{11.85}$$

因为

$$\|J[u^*] - J[\tilde{u}_0]\| \leqslant \|J'[\tilde{u}_0]\| \, \|\tilde{u}_0 - u^*\|.$$

进一步

$$\|J[u^*] - J[\tilde{u}_0]\| \leqslant C^{-1}\varepsilon^2.$$

综合可得

定理 11.8 如果条件 11.18 至条件 11.2 满足, 则存在 $\varepsilon_0 > 0$, 当 $0 < \varepsilon < \varepsilon_0$ 时, (11.64) 的解 $(\tilde{x}^*, \tilde{u}^*)$ 存在, 并且有下面估计式

$$\|x^* - \tilde{x}_0\| \leqslant C^{-1}\varepsilon,$$

$$\|u^* - \tilde{u}_0\| \leqslant C^{-1}\varepsilon,$$

$$\|J[u^*] - J[\tilde{u}_0]\| \leqslant C^{-1}\varepsilon^2,$$

其中 $C > 0$ 为某一常数.

因为 $\tilde{x}_n(0, \varepsilon) - x^0 = O(\varepsilon^{n+1})$, $\tilde{x}_n(T, \varepsilon) - x^1 = O(\varepsilon^{n+1})$, 所以 $(\tilde{x}_n, \tilde{u}_n)$ 不是容许解和容许控制, 这可以通过引进磨光函数来克服, 可以参看文献 [25] 的主要结果, 这里不再赘述. 关于求解最优控制和状态变量的高阶渐近解的原因包括两个方面. (1) 若研究的问题具有奇性, 例如特征根带有零根的情形, 则渐近解零阶方程的解一般无法直接求出, 往往需要用高阶方程的解来确定. (2) 小参数 $\varepsilon > 0$ 在理论上可以趋向于零, 但在实际问题中往往需要下界, 不能充分小. 为了让真解和渐近解的误差满足指定精度, 要求求解高阶渐近展开式.

11.5.5 应用例子

考虑如下具体的最优控制问题

$$\begin{cases} J[u] = \displaystyle\int_0^{2\pi} \left(\frac{1}{4}x^4 - \frac{1}{3}x^3 \sin t - x^2 + x \sin t + \frac{1}{2}u^2 \right) dt \to \min_u, \\ \varepsilon \dfrac{dx}{dt} = -x + u, \\ x(0, \varepsilon) = 0, \quad x(2\pi, \varepsilon) = 2. \end{cases} \tag{11.86}$$

对于问题 (11.86) 容易验证其满足条件 11.18 至条件 11.21, 接下来利用前面给出的方法来构造其一致有效渐近解.

通过计算容易得到

$$\bar{x}_0^{(\mp)}(t) = \begin{cases} -1, & 0 \leqslant t < \pi, \\ 1, & \pi < t \leqslant 2\pi. \end{cases}$$

$$\min F(\bar{x}_0^{(\mp)}, t) = \begin{cases} -\dfrac{1}{4} - \dfrac{2}{3}\sin t, & 0 \leqslant t \leqslant \pi, \\ -\dfrac{1}{4} + \dfrac{2}{3}\sin t, & \pi \leqslant t \leqslant 2\pi. \end{cases}$$

这里 $t^* = t_0 = \pi$, 相应地 $\bar{u}_0^{(\mp)}(t) = \bar{x}_0^{(\mp)}(t)$ 也就确定了.

计算可得

$$Q_0^{(-)}x = \frac{2e^{\sqrt{2}\tau}}{1 + e^{\sqrt{2}\tau}}, \quad Q_0^{(-)}u = \frac{2 + (2\sqrt{2} + 2)e^{-\sqrt{2}\tau}}{(1 + e^{-\sqrt{2}\tau})^2},$$

$$Q_0^{(+)}x = \frac{-2}{1 + e^{\sqrt{2}\tau}}, \quad Q_0^{(+)}u = \frac{(2\sqrt{2} - 2)e^{-\sqrt{2}\tau} - 2e^{-2\sqrt{2}\tau}}{(1 + e^{-\sqrt{2}\tau})^2}.$$

同理可得

$$L_0 x = \frac{2e^{-\sqrt{2}\tau_0}}{1 + e^{-\sqrt{2}\tau_0}}, \quad L_0 u = \frac{(2 - 2\sqrt{2})e^{-\sqrt{2}\tau_0} + 2e^{-2\sqrt{2}\tau_0}}{(1 + e^{-\sqrt{2}\tau_0})^2},$$

$$R_0 x = \frac{2}{3e^{-\sqrt{2}\tau_1} - 1}, \quad R_0 u = \frac{(6\sqrt{2} + 6)e^{-\sqrt{2}\tau_1} - 2}{(3e^{-\sqrt{2}\tau_1} - 1)^2}.$$

从而得到问题 (11.86) 的渐近解为

$$x(t, \varepsilon) = \begin{cases} -1 + \dfrac{2e^{-\sqrt{2}\tau_0}}{1 + e^{-\sqrt{2}\tau_0}} + \dfrac{2e^{\sqrt{2}\tau}}{1 + e^{\sqrt{2}\tau}} + O(\varepsilon), & 0 \leqslant t \leqslant \pi, \\ 1 + \dfrac{-2}{1 + e^{\sqrt{2}\tau}} + \dfrac{2}{3e^{-\sqrt{2}\tau_1} - 1} + O(\varepsilon), & \pi \leqslant t \leqslant 2\pi, \end{cases}$$

$$u(t, \varepsilon) = \begin{cases} -1 + \dfrac{(2 - 2\sqrt{2})e^{-\sqrt{2}\tau_0} + 2e^{-2\sqrt{2}\tau_0}}{(1 + e^{-\sqrt{2}\tau_0})^2} \\ \quad + \dfrac{2 + (2\sqrt{2} + 2)e^{-\sqrt{2}\tau}}{(1 + e^{-\sqrt{2}\tau})^2} + O(\varepsilon), & 0 \leqslant t \leqslant \pi, \\ 1 + \dfrac{(2\sqrt{2} - 2)e^{-\sqrt{2}\tau} - 2e^{-2\sqrt{2}\tau}}{(1 + e^{-\sqrt{2}\tau})^2} \\ \quad + \dfrac{(6\sqrt{2} + 6)e^{-\sqrt{2}\tau_1} - 2}{(3e^{-\sqrt{2}\tau_1} - 1)^2} + O(\varepsilon), & \pi \leqslant t \leqslant 2\pi. \end{cases}$$

其中 $\tau_0 = \dfrac{t}{\varepsilon}, \tau = \dfrac{t - \pi}{\varepsilon}, \tau_1 = \dfrac{t - 2\pi}{\varepsilon}.$

11.6 小结与评注

本章用直接展开法较系统地研究了奇摄动最优控制问题, 特别是奇摄动最优控制问题的阶梯状空间对照结构 (内部层) 问题. 空间对照结构理论初建于 20 世纪 90 年代中期[28-37], 现已成为奇摄动研究领域中的热点问题之一. 它的主要特征是在某点的邻域内解的结构发生剧烈变化, 对这类问题的研究有着很强的实际背景. 例如, 在量子力学中, 解从高能态迅速转向低能态或者从低能态快速跳向高能态. 空间对照结构的主要形式有两种: 阶梯状和脉冲状. 阶梯状的基本特点是在所讨论区间内存在一点 t^*(也可以存在多点 t^*),t^* 称为转移点. 事先 t^* 的位置是未知的, 需要在渐近解的构造过程中确定. 在 t^* 的某个小邻域内, 问题的解会发生剧烈的结构变化, 当小参数趋于零时, 解会沿着某一退化解趋向于另一不同的退化解, 即经典的 Tikhonov 极限定理不成立[24-26](亦可参考附录 H). 结合动力系统理论可知, 阶梯状的空间对照结构对应于异宿轨道, 脉冲状态空间对照结构对应于同宿轨道. 由于脉冲状态的空间对照结构是不稳定的, 因此本章主要讨论奇摄动最优控制问题的阶梯状空间对照结构解. 事实上, 对于空间对照结构的研究需要判断异宿轨道 (或同宿轨道) 的存在性, 这本身就是一个很困难的问题, 目前对这一方面的研究成果并不多见[38-40]. 这就需要在研究奇摄动最优控制问题中的空间对照结构时建立和运用一些新的技巧和方法, 逐一克服求解问题中所遇到的困难.

因此通过对奇摄动最优控制问题状态解极限性质的深入研究, 本章特别探讨了奇摄动最优控制问题中空间对照结构的存在性和渐近解. 通过变分法可以得到研究问题的一阶最优性条件, 进一步将带有小参数的最优控制问题转化为关于奇摄动方程组进行研究, 最后利用直接展开法构造了奇摄动问题的一致有效的渐近解. 奇摄动方程组中的空间对照结构理论是奇摄动最优控制问题空间对照结构的重要理论基础, 本章主要利用相关结论给出了奇摄动最优控制问题中空间对照解的研究. 关于空间对照结构理论的详细结论可参考专著 [26].

参 考 文 献

[1] Kokotovic P V, Khalil H K, O'Reilly J. Singular Perturbation Methods in Control Analysis and Design. London: Academic Press, 1986.

[2] Sannuti P, Kokotovic P V. Near optimum design of linear systems by a singular perturbation method. IEEE Trans. on Automatic Control, 1969, AC-14 (1): 15-22.

[3] Gaitsgory V. Suboptimization of singularly perturbed control system. SIAM Journal on Control and Optimization, 1992, 30 (5): 1228-1249.

[4] Gaitsgory V. Suboptimal control of singularly perturbed systems and periodic optimization. IEEE Trans. on Automatic Control, 1993, 38 (6): 888-903.

[5] Gaitsgory V. Limit Hamilton-Jacobi-Isaacs equations for singularly perturbed zero-sum differential game. Journal of Mathematical Analysis and Applications, 1996, 202 (3): 862-899.

[6] Kadalbajoo M K, Singh A. Boundary-value techniques to solve linear state regulator problems. Journal of Optimization Theory and Applications, 1989, 63 (1): 91-107.

[7] Gaitsgory V, Grammel G. On the construction of asymptotically optimal controls for singularly perturbed systems. Systems and Control Letters, 1997, 30 (2-3): 139-147.

[8] Fridman E. Exact slow-fast decomposition of a class of non-linear singularly perturbed optimal control problems via invariant manifolds. International Journal of Control, 1999, 72 (17): 1609-1618.

[9] Fridman E. Exact slow-fast decomposition of the non-linear singularly perturbed optimal control problem. Systems and Control Letters, 2000, 40 (2): 121-131.

[10] Fridman E. A descriptor system approach to nonlinear singularly perturbed optimal control problem. Automatica, 2001, 37 (4): 543-549.

[11] Grammel G. Maximum principle for a hybrid system via singular perturbations. SIAM Journal on Control & Optimization, 1999, 37 (4): 1162-1175.

[12] Quincampoix M, Zhang H. Singular perturbations in non-linear optimal control systems. Differential and Integral Equations, 1995, 8 (4): 931-944.

[13] Kokotovic P V. Applications of singular perturbation techniques to control problems. SIAM Review, 1984, 26 (4): 501-550.

[14] Kecman V, Bingulac S, Gajic Z. Eigenvector approach for order reduction of singularly perturbed linear-quadratic optimal control problems. Automatica, 1999, 35 (1): 151-158.

[15] Wang Y Y, Frank P M. Complete decomposition of sub-optimal regulators for singularly perturbed systems. International Journal of Control, 1992, 55 (1): 49-56.

[16] Shen X, Gajic Z. Near-optimum steady state regulators for stochastic linear weakly coupled systems. Automatica, 1990, 26 (5): 919-923.

[17] Su W C, Gajic Z, Shen X. The exact slow-fast decomposition of the algebraic Riccati equation of singularly perturbed systems. IEEE Trans. on Automatic Control, 1992, AC-37 (9): 1456-1459.

[18] Shen X, Rao M, Ying Y. Decomposition method for solving Kalman filter gains in singularly perturbed systems. Optimal Control: Appl. Methods, 1993, 14 (1): 67-73.

[19] Belokopytov S V, Dmitriev M G. Direct scheme in optimal control problems with fast and slow motions. Systems and Control Letters, 1986, 8 (2): 129-135.

[20] Dmitriev M G, Ni M K. Contrast structures in the simplest vector variational problem and their asymptotics. Avtomat. i Telemekh., 1998, (5): 41-52; Translation in Automat. Remote Control, 1998, 59(5): 643-652.

[21] Vasileva A B, Dmitriev M G, Ni M K. On a steplike contrast structure for a problem of

the calculus of variations. Zh. Vychisl. Mat. Fiz, 2004, 44 (7): 1271-1280; Translation in Comput. Math. Phys., 2004, 44 (7): 1203-1212.

[22] Vasileva A B. On contras structures for a system of singularly perturbed equations. Zh. Vychisl. Mat. Mat. Fiz, 1994, 34(10): 1401-1411; Translation in Comput. Math. Phys. 1994, 34(10): 1215-1223.

[23] Vasileva A B. Methods for Solving Extremal Problems. Moscow: Nauka, 1981.

[24] Vasileva A B, Butuzov V F. The Asymptotic Methods in the Theory of Singular Perturbations. Moscow: Nauka, 1990 (in Russian).

[25] 倪明康, 林武忠. 带有小参数变分问题的极小化序列. 应用数学和力学, 2009, 30(6): 648-654.

[26] 倪明康, 林武忠. 奇异摄动问题中的空间对照结构理论. 北京: 科学出版社, 2014.

[27] 王朝珠, 秦化淑. 最优控制理论. 北京: 科学出版社, 2003.

[28] Bobodzhanov A A, Safonov V F. An internal transition layer in a linear optimal control problem. Differ. Uravn. 2001, 37(3): 310-322, 429; Translation in Differ. Equ., 2001, 37(3): 332-345.

[29] Butuzov V F, Vasileva A B. Asymptotic behavior of a solution of contrasting structure type. Mat. Zametki, 1987, 42 (6): 831-841, 910.

[30] Vasileva A B. Contrast structures of step-like type for a second-order singularly perturbed quasilinear differential equation. Zh. Vychisl. Mat. Fiz, 1995, 35 (4): 520-531; Translation in Comput. Math. Phys. 1995, 35 (4): 411-419.

[31] Vasileva A B, Dovydova M A. On a contrast structure of step type for a class of second order nonlinear singularly perturbed equations. Zh. Vychisl. Mat. Fiz, 1998, 38 (6): 938-947; Translation in Comput. Math. Phys. 1998, 38(6): 900-908.

[32] Vasileva A B. An interior layer in a boundary value problem for a system of two second-order singularly perturbed equations with the same order of singularity. Zh. Vychisl. Mat. Mat. Fiz, 2001, 41 (7): 1067-1077; Translation in Comput. Math. Phys. 2001, 41 (7): 1015-1025.

[33] Vasileva A B, Butuzov V F, Nefedov N N. Contrast structures in singularly perturbed problems. Fundam. Prikl. Mat., 1998, 4 (3): 799-851.

[34] Vasileva A B. Contrast structures in systems of three singularly perturbed equations. Vychisl. Mat. Mat. Fiz, 1999, 39 (12): 2007-2018; Translation in Comput, Math. Phys., 1999, 39 (12): 1926-1937.

[35] Vasileva A B, Butuzov V F, Kalachev L V. The Boundary Function Method for Singular Perturbation Problems. Philadelphia: SIAM, 1995.

[36] Liu W S. Geometric singular perturbations for multiple turning points: invariant manifolds and exchange lemmas. Journal Dynam. Differential Equations. 2006, 18 (3): 667-691.

[37] Lin X B. Construction and asymptotic stability of structurally stable internal layer solutions. Trans. Amer. Math. Soc., 2001, 353 (8): 2983-3043.

[38] Dmitriev M G, Kurina G A. Singular perturbations in control problems. Avtomat. i

Telemekh., 2006, (1): 3-51; Translation in Automat. Remote Control, 2006, 67 (1): 1-43.

[39] Butuzov V F, Vasileva A B, Nefedov N N. Asymptotic theory of contrast structures. A survey. Avtomat. i Telemekh., 1997, (7): 4-32; Translation in Automat. Remote Control, 1997, 58 (7): 1068-1091.

[40] Ni M K, Dmitriev M G. Steplike contrast structure in an elementary optimal control problem. Zh. Vychisl. Mat. Fiz, 2010, 50 (8): 1381-1392; Translation in Comput. Math. Phys., 2010, 50 (8): 1312-1323.

第 12 章 总结与展望

本书详细阐述了 Kokotovic 奇摄动方法的机理与框架, 利用该方法研究了奇摄动控制的鲁棒问题, 包括鲁棒 ISS 分析与控制、鲁棒 H_∞ 分析与控制、奇摄动的动态输出反馈控制, 也包括一些奇摄动连续模型和离散模型, 还有奇摄动非线性最优控制问题, 以及奇摄动空间对照结构等非正则 (非标准) 奇摄动最优控制问题.

综上所述, 现代奇摄动系统的控制理论虽然已经取得了巨大的进步, 也获得了相当多的研究成果, 但是即使在本书讨论的范围内, 仍然有许多问题有待解决、完善与深化. 当然还有本书没有涉及的, 或者 Kokotovic 奇摄动方法很难适用的许多奇摄动控制问题. 例如, 相对于旺纳姆 (W. M. Wonham) 的线性多变量系统的几何方法、线性奇摄动系统的几何方法仍然空白, 还有非线性奇摄动几何方法的问题、奇摄动多智能体的协调控制、构造非线性奇摄动控制等问题, 传统的 Kokotovic 奇摄动方法的研究框架似乎就勉为其难了. 因此, 还是有很大的探索研究空间.

本书除了奇摄动最优控制中的空间对照结构解 (又称内部层解) 外, 包括 Kokotovic 奇摄动方法, 都有一个先决条件, 即所考虑的奇摄动模型都是标准奇摄动 (正则奇摄动), 或者在反馈意义下是标准的. 在只有一个孤立根的情况下, 相应的奇摄动控制问题会产生一个边界层, 对应刻画的模型是快子系统. 如果是奇摄动阶梯状空间对照结构, 此时有两个 (或以上的) 孤立根, 并且通过内部层的跳跃连接到由两个孤立根所产生的快慢解部分, 构成一个由两个孤立根所产生的阶梯状渐近解, 通过它一致有效地近似逼近相应奇摄动阶梯状空间对照结构的精确解. 这是非正则奇摄动问题, 而且必定是非线性的. 显然, 此时, 原来的 Tikhonov 极限定理已经不再适用. 更多内部层形成的阶梯状况亦可类似地讨论. 如果从奇摄动最优控制中的空间对照结构问题推广到一般的奇摄动控制问题上去, 那么首先需要建立相应的极限定理, 使得阶梯状渐近解可以一致有效地逼近奇摄动空间对照结构解. 在此基础上才有可能讨论各类的控制问题. 已有研究表明阶梯状和脉冲状空间对照结构的存在性取决于相应动力系统中的异宿轨线和同宿轨线的存在性. 在证明了关于渐近解与精确解之间极限定理的基础上, 这种类型的奇摄动控制研究, 直观上看是要研究极限定理中小参数依赖的空间对照结构精确解与相应的渐近解 (即某类特殊的快慢结构) 都要赋予所研究的控制性质某个数学特征后, 其相应小参数 $\varepsilon \to 0^+$ 时的极限性质仍然要保持. 相信这些在控制论中会有很好的应用场景, 因此其研究前景还是相当宽广的.

　　考虑到奇摄动控制模型深刻的实际背景和潜在的应用前景, 特别是人工智能、航空航天、网络经济和定量生物医学等, 因此开展对奇摄动控制更深入的研究具有非常重要的理论意义和实际应用价值.

附　　录

附录 A　等式 (2.35) 的证明

证明　由引理 2.1 可得

$$(A_{22} + B_{21}K_2)^{-1} = A_{22}^{-1} - A_{22}^{-1}B_{21}S^{-1}K_2A_{22}^{-1}, \tag{A.1}$$

其中 $S = K_2A_{22}^{-1}B_{21} + I$. 于是

$$\bar{A}_0 = \bar{A}_{11} - \bar{A}_{12}\bar{A}_{22}^{-1}\bar{A}_{21}$$

$$= (A_{11} + B_{11}K_1) - (A_{12} + B_{11}K_2)(A_{22} + B_{21}K_2)^{-1}(A_{21} + B_{21}K_1).$$

将等式 (A.1) 代入上式中的表达式 $(A_{22} + B_{21}K_2)^{-1}$ 后并展开, 经详细计算可得

$$\bar{A}_0 = (A_{11} + B_{11}K_1) - (A_{12} + B_{11}K_2)(A_{22} + B_{21}K_2)^{-1}(A_{21} + B_{21}K_1)$$

$$= A_{11} + B_{11}SK_0 - A_{12}A_{22}^{-1}A_{21} - A_{12}A_{22}^{-1}B_{21}SK_0 - A_{12}A_{22}^{-1}B_{21}K_2A_{22}^{-1}A_{21}$$

$$+ A_{12}A_{22}^{-1}B_{21}S^{-1}K_2A_{22}^{-1}A_{21} + A_{12}A_{22}^{-1}B_{21}S^{-1}K_2A_{22}^{-1}B_{21}SK_0$$

$$+ A_{12}A_{22}^{-1}B_{21}S^{-1}K_2A_{22}^{-1}B_{21}K_2A_{22}^{-1}A_{21} - B_{11}K_2A_{22}^{-1}B_{21}SK_0$$

$$- B_{11}K_2A_{22}^{-1}B_{21}K_2A_{22}^{-1}A_{21} + B_{11}K_2A_{22}^{-1}B_{21}S^{-1}K_2A_{22}^{-1}A_{21}$$

$$+ B_{11}K_2A_{22}^{-1}B_{21}S^{-1}K_2A_{22}^{-1}B_{21}SK_0 + B_{11}K_2A_{22}^{-1}B_{21}S^{-1}K_2A_{22}^{-1}B_{21}K_2A_{22}^{-1}A_{21}$$

$$= A_{11} + B_{11}SK_0 + 2B_{11}K_2A_{22}^{-1}A_{21} - A_{12}A_{22}^{-1}A_{21} - A_{12}A_{22}^{-1}B_{21}SK_0$$

$$- A_{12}A_{22}^{-1}B_{21}K_2A_{22}^{-1}A_{21} + A_{12}A_{22}^{-1}B_{21}S^{-1}K_2A_{22}^{-1}A_{21}$$

$$+ A_{12}A_{22}^{-1}B_{21}SK_0 - A_{12}A_{22}^{-1}B_{21}K_0 + A_{12}A_{22}^{-1}B_{21}K_2A_{22}^{-1}A_{21}$$

$$- A_{12}A_{22}^{-1}B_{21}S^{-1}K_2A_{22}^{-1}A_{21} - 2B_{11}K_2A_{22}^{-1}A_{21} - B_{11}K_2A_{22}^{-1}B_{21}SK_0$$

$$- B_{11}SK_2A_{22}^{-1}A_{21} - B_{11}S^{-1}K_2A_{22}^{-1}A_{21} + B_{11}K_2A_{22}^{-1}B_{21}SK_0$$

$$- B_{11}K_2A_{22}^{-1}B_{21}K_0 + B_{11}SK_2A_{22}^{-1}A_{21} + B_{11}S^{-1}K_2A_{22}^{-1}A_{21},$$

在合并抵消后可得

$$\bar{A}_0 = A_{11} + B_{11}SK_0 - A_{12}A_{22}^{-1}A_{21} - A_{12}A_{22}^{-1}B_{21}K_0 - B_{11}K_2A_{22}^{-1}B_{21}K_0$$

$$= A_0 + B_{11}SK_0 - A_{12}A_{22}^{-1}B_{21}K_0 - B_{11}(S-I)K_0$$

$$= A_0 + (B_{11} - A_{12}A_{22}^{-1}B_{21})K_0 = A_0 + B_{10}K_0. \qquad\qquad 证毕.$$

附录 B　线性奇摄动控制系统的离散化

以线性离散奇摄动控制系统为例, 可以看出离散情况下数学模型的一般形式比连续情况下更多样化, 因此相关的研究也会展现出某种复杂性.

一般来讲, 离散时间线性奇摄动控制系统有如下两种模型来描述[1,2].

1. 纯粹离散时间奇摄动控制系统

考虑如下的差分系统

$$x_1(k+1) = A_{11}x_1(k) + \varepsilon^{1-j}A_{12}x_2(k) + B_1u(k), \qquad (\text{B.1a})$$

$$\varepsilon^{2i}x_2(k+1) = \varepsilon^j A_{21}x_1(k) + \varepsilon A_{22}x_2(k) + \varepsilon^j B_2u(k). \qquad (\text{B.1b})$$

其中 $x_2 \in R^{n_2}$, $x_1 \in R^{n_1}(n_1 + n_2 = n)$ 分别为相应的快慢状态, $u(k)$ 为控制输入, $\varepsilon > 0$ 为奇摄动小参数. $i, j \in \{0, 1\}$, 根据 i 和 j 的不同取值, 系统 (B.1) 存在如下 3 种模型.

(1) C-模型 $(i=0, j=0)$

$$x_1(k+1) = A_{11}x_1(k) + \varepsilon A_{12}x_2(k) + B_1u(k),$$

$$x_2(k+1) = A_{21}x_1(k) + \varepsilon A_{22}x_2(k) + B_2u(k),$$

其中小参数 $\varepsilon > 0$ 出现在系统矩阵的列向量上.

(2) R-模型 $(i=0, j=1)$

$$x_1(k+1) = A_{11}x_1(k) + A_{12}x_2(k) + B_1u(k),$$

$$x_2(k+1) = \varepsilon A_{21}x_1(k) + \varepsilon A_{22}x_2(k) + \varepsilon B_2u(k),$$

其中小参数 $\varepsilon > 0$ 出现在系统矩阵的行向量上.

(3) D-模型 $(i=1, j=1)$

$$x_1(k+1) = A_{11}x_1(k) + A_{12}x_2(k) + B_1u(k),$$

$$\varepsilon x_2(k+1) = A_{21}x_1(k) + A_{22}x_2(k) + B_2u(k),$$

其中小参数 $\varepsilon > 0$ 出现的位置与连续系统的相同.

2. 连续时间奇摄动控制系统的离散化

以连续时间线性奇摄动控制系统为例.

$$\dot{x}_1(t) = A_{11}x_1(t) + A_{12}x_2(t) + B_1u(t), \quad x_1(0) = x_{10}, \tag{B.2a}$$

$$\varepsilon\dot{x}_2(t) = A_{21}x_1(t) + A_{22}x_2(t) + B_2u(t), \quad x_2(0) = x_{20}. \tag{B.2b}$$

对于这种情况, 连续时间奇摄动系统的数值解或者离散化都有可能导致离散模型的产生[2]. 通过对连续时间线性奇摄动控制系统进行对角变换, 原系统的变量 $x_1(t)$ 和 $x_2(t)$ 可表述为如下快慢分离的解耦形式

$$x_1(t) = I_s x_s(t) - \varepsilon M x_f(t),$$

$$x_2(t) = -L_s x_s(t) + (I_f + \varepsilon LM)x_f(t).$$

同时, 解耦的变量 $x_s(t)$ 和 $x_f(t)$ 可通过原变量表达为如下形式

$$x_s(t) = (I_s + \varepsilon ML)x_1(t) - \varepsilon M x_2(t),$$

$$x_f(t) = Lx_1(t) + I_f x_2(t),$$

其中 L 和 M 满足

$$A_{21} + \varepsilon LA_{11} - A_{22}L - \varepsilon LA_{12}L = 0, \quad A_{12} - \varepsilon(A_{11} - A_{12}L)M + M(A_{22} + \varepsilon LA_{12}) = 0.$$

通过采样器对解耦的连续系统进行采样, 即可得到依赖于采样区间长度 T 的离散模型 [2].

一个特殊情况, 当采样区间为 $T = \varepsilon$ 时, 可得到如下的快采样模型

$$x_1(k+1) = (I + \varepsilon A_{11})x_1(k) + \varepsilon A_{12}x_2(k) + \varepsilon B_1u(k), \tag{B.3a}$$

$$x_2(k+1) = A_{21}x_1(k) + A_{22}x_2(k) + B_2u(k). \tag{B.3b}$$

若取采样区间为 $T = 1$, 则可得到如下的慢采样模型

$$x_1(k+1) = A_{11}x_1(k) + \varepsilon A_{12}x_2(k) + B_1u(k), \tag{B.4a}$$

$$x_2(k+1) = A_{21}x_1(k) + \varepsilon A_{22}x_2(k) + B_2u(k). \tag{B.4b}$$

注意到快采样模型 (B.3) 可看作由连续系统 (B.2) 在快时标 $\tau = t/\varepsilon$ 下的离散模拟, 也可由系数矩阵的指数矩阵进行精确计算获得, 甚至还可以通过欧拉逼近得到[3]. 另外, 对于慢采样模型 (B.4), 可以看出它实际上就是 C-模型.

事实上, 通过合适的状态变换和奇摄动参数的重新分配. 离散时间奇摄动控制系统最终都可以分成两类[1,2,4]: 慢采样模型 (B.4) 和快采样模型 (B.3). 在本书中, 我们主要研究离散时间奇摄动系统的快采样模型 (B.3).

附录 C　输入状态稳定

考虑如下动力系统[5]

$$\dot{x} = f(t, x, w), \tag{C.1}$$

其中 $f(t, x, w)$ 是关于 t 的分段连续函数, 关于 x 和 w 满足局部 Lipschitz 条件; 输入 $w(t)$ 对于所有 $t \geqslant t_0 \geqslant 0$ 有定义, 并且是分段连续的有界函数.

对于系统 (C.1), 如果存在一个 $\mathcal{KL}$ 类函数 β 和一个 $\mathcal{K}$ 类函数 γ 使得对任何初始状态 $x(t_0)$ 和有界输入 $w(t)$, 其状态解 $w(t)$ 对于所有 $t \geqslant t_0$ 都存在, 且满足不等式

$$||x(t)|| \leqslant \beta\left(||x(t_0)||, t - t_0\right) + \gamma\left(\sup_{t_0 \leqslant \tau \leqslant t} ||w(\tau)||\right), \tag{C.2}$$

则称系统 (C.1) 是输入状态稳定, 简记为 ISS, 习惯上亦称为 ISS 稳定.

上述不等式保证了对于任意有界的输入 $w(t)$, 解的状态 $x(t)$ 在区间 $[t_0, \infty)$ 上都有界, 并且随着时间 t 的增加, 解的状态 $x(t)$ 是终极有界的, 界的大小取决于有界输入 $w(t)$ 的大小. 进一步, 如果有界输入 $w(t)$ 随着时间 $t \to \infty$ 时趋于零, 则状态 $x(t)$ 也随着 $t \to \infty$ 时趋于零. 如果 $w(t) \equiv 0$, 则 ISS 稳定概念立刻退化为大家熟悉的 Lyapunov 意义下的渐近稳定性[6,7].

定理 1[5]　设 $V : [0, \infty) \times R^n \to R$ 是连续可微函数, 满足

$$\alpha_1(||x||) \leqslant V(t, x) \leqslant \alpha_2(||x||),$$

$$\frac{\partial V}{\partial t} + \frac{\partial V}{\partial x} f(t, x, w) \leqslant -W(x), \quad \forall ||x|| \geqslant \rho(||w||) > 0,$$

其中 α_1, α_2 是 $\mathcal{K}_\infty$ 类函数, ρ 是 $\mathcal{K}$ 类函数, $W(x)$ 是 R^n 上的连续正定函数, 则系统 (C.1) 是输入状态稳定, 并且 $\gamma = \alpha_1^{-1} \circ \alpha_2 \circ \rho$.

考虑如下离散时间的非线性系统

$$x(k + 1) = f(k, x(k), w(k)), \tag{C.3}$$

其中 $x(k) \in R^n$ 为系统状态, $w(k) \in R^m$ 为系统输入, $f : R^n \times R^m \to R^n$ 连续, 关于状态变量 x 和 w 满足局部 Lipschitz 条件. 系统输入变量 $w(k)$ 对所有 $k \geqslant 0$ 为有界输入函数.

对于系统 (C.3), 如果存在 $\mathcal{KL}$ 类函数 β 和 $\mathcal{K}$ 类函数 γ 使得对任意的初始状态 $x(k_0)$ 以及任意的 $k \geqslant 0$, 系统的状态解 $x(k)$ 存在且满足

$$||x(k)|| \leqslant \beta\left(||x(k_0)||, k - k_0\right) + \gamma\left(\sup_{k_0 \leqslant \tau \leqslant k} ||w(\tau)||\right), \tag{C.4}$$

则称离散时间系统 (C.3) 关于干扰输入 w 是输入状态稳定的 (仍用 ISS 表示).

定理 2[5] 设 $V : R^n \to R$ 是连续可微函数, 满足

$$\alpha_1(||x||) \leqslant V(x) \leqslant \alpha_2(||x||),$$

$$V(x(k+1)) - V(x(k)) \leqslant -W(x(k)), ||x|| \geqslant \rho(||w||),$$

其中 α_1, α_2 是 $\mathcal{K}_\infty$ 类函数, ρ 是 $\mathcal{K}$ 类函数, $W(x)$ 是 R^n 上的连续正定函数, 则系统 (C.1) 是 ISS 稳定的.

附录 D 线性矩阵不等式

近年来, 随着解决线性矩阵不等式 (LMI) 内点法的提出以及 MATLAB 中的 LMI 工具箱的推广, 线性矩阵不等式得到控制界的广泛关注, 并被应用于解决系统与控制中的一系列问题. 许多控制问题都可以转化为 LMI 系统可行性解的问题, 或者是一个具有 LMI 约束的凸优化问题[8]. MATLAB 推出的求解线性矩阵不等式控制工具箱, 使得人们可以更加方便, 有效地处理和求解 LMI 问题, 应用 LMI 技巧来解决系统和控制中的某些问题已经成为这些领域中的一大热点.

一个线性矩阵不等式可以表示成如下的一般形式

$$L(x) = L_0 + x_1 L_1 + \cdots + x_N L_N < 0, \tag{D.1}$$

其中 $L_0, L_1, \cdots, L_N$ 是给定的对称矩阵, $(x_1, x_2, \cdots, x_N)^\mathrm{T} \in R^N$ 是由其中的变量组成的向量. 一般称 $x_1, \cdots, x_N$ 为决策变量; x 是由决策变量构成的向量, 简称决策向量.

尽量表达式 (D.1) 是最基本的形式, 但是在自动控制系统应用中的线性矩阵不等式却很少以这样的形式出现, 问题的变量通常都是以矩阵的形式给出的.

命题 1 $\Phi = \{x : L(x) < 0\}$ 是一个凸集.

命题 1 说明了线性矩阵不等式 (D.1) 这个约束条件定义了自变量空间中的一个凸集, 所以是自变量的一个凸约束. 也正因为 LMI 这一性质, 所以可以应用解决凸优化问题的有效方法来求解相关的 LMI 问题.

特别地, 控制系统中的很多问题, 一开始看起来并不是一个线性矩阵不等式问题, 或者不是 (D.1) 的形式, 但是可以通过适当的处理将问题转化为 (D.1) 形式的一个线性矩阵不等式求解问题.

在许多非线性矩阵不等式转化为线性矩阵不等式的问题中, 我们常常会用到下列的 Schur 补性质.

命题 2(Schur 补引理)　假设 S 是如下的分块矩阵

$$S = \begin{pmatrix} S_{11} & S_{12} \\ S_{12}^{\mathrm{T}} & S_{22} \end{pmatrix},$$

其中 S_{11} 和 S_{22} 都是对称矩阵, S_{11} 是 $r \times r$ 维的, 则下列三种说法是等价的:

(1) $S < 0$;

(2) $S_{11} < 0$, $S_{22} - S_{12}^{\mathrm{T}} S_{11}^{-1} S_{12} < 0$;

(3) $S_{22} < 0$, $S_{11} - S_{12} S_{22}^{-1} S_{12}^{\mathrm{T}} < 0$.

　　Schur 补引理一个很重要的用途在于把里卡蒂 (Riccati) 不等式转换成线性矩阵不等式, 而线性矩阵不等式的最大优点就是其计算的简单性, 同时无需对参数进行调整. 目前针对线性矩阵不等式的求解已经出现了很多工具软件, 像最常用的 Matlab/LMI Toolbox 等. 例如, 我们通常见到的矩阵 A, B, 求解正定矩阵 P, 使得有如下 Riccati 不等式成立

$$A^{\mathrm{T}} P + PA + P B^{\mathrm{T}} BP < 0. \tag{D.2}$$

上述 Riccati 不等式求解过程相对复杂, 根据 Schur 补引理, 可以把此不等式转换成如下等价的线性矩阵不等式

$$\begin{pmatrix} A^{\mathrm{T}} P + PA & P B^{\mathrm{T}} \\ BP & -I \end{pmatrix} < 0. \tag{D.3}$$

当矩阵 A, B 已知时, 线性矩阵不等式工具箱可以很容易求得矩阵 P 的可行解.

　　另外, 对线性矩阵不等式 $F(x) < 0$, 其中

$$F(x) = \begin{pmatrix} F_{11}(x) & F_{12}(x) \\ F_{21}(x) & F_{22}(x) \end{pmatrix},$$

这里 $F_{11}(x)$ 是方阵. 则通过应用矩阵的 Schur 补性质得到: $F(x) < 0$ 当且仅当

$$\begin{cases} F_{11}(x) < 0, \\ F_{22}(x) - F_{12}^{\mathrm{T}}(x) F_{11}^{-1}(x) F_{12}(x) < 0, \end{cases} \tag{D.4}$$

或者

$$\begin{cases} F_{22}(x) < 0, \\ F_{11}(x) - F_{12}(x) F_{22}^{-1}(x) F_{12}^{\mathrm{T}}(x) < 0. \end{cases} \tag{D.5}$$

值得注意的是, (D.4) 或 (D.5) 中的第二个不等式均是非线性矩阵不等式. 因此, 以上的等价关系说明应用矩阵不等式的 Schur 补性质, 某些非线性矩阵不等式可以转化成等价的线性矩阵不等式. 同时, 也可以看到 (D.4) 或 (D.5) 中的非线性矩阵不等式也定义了一个关于变量 x 的凸约束.

在线性矩阵不等式的描述中, 通常左边总是指较小的一边. 例如, 对线性矩阵不等式 $X > 0$, X 称为是不等式的右边, 0 称为是不等式的左边, 可表示为 $0 < X$.

D.1　线性矩阵不等式问题

假设 F, G 和 H 是对称矩阵值的仿射函数, c 是一个给定的常数向量.

1. 可行性问题

对给定的线性矩阵不等式 $F(x) < 0$, 检验是否存在 x, 使得 $F(x) < 0$ 成立的问题称为一个线性矩阵不等式的可行性问题. 如果存在这样的 x, 则该线性矩阵不等式问题是可行的, 否则这个线性矩阵不等式就是不可行的.

2. 特征值问题

在一个线性矩阵不等式约束下, 求矩阵 $G(x)$ 的最大特征值的最小化问题或确定问题的约束一般是不可行的. 其一般形式是

$$\min \lambda \ \text{s.t.} \ G(x) < \lambda I, H(x) < 0.$$

因此上述问题可以转化成如下的等价问题:

$$\min c^{\mathrm{T}}x \ \text{s.t.} \ F(x) < 0.$$

考虑如下线性自治系统, 其二次性能指标

$$J = \int_0^\infty x^{\mathrm{T}}Qx dt$$

的最小上界可以通过求解下面的特征值问题得出

$$\min x_0^{\mathrm{T}}Px_0 \ \text{s.t.} \ P > 0, A^{\mathrm{T}}P + PA + Q \leqslant 0,$$

3. 广义特征值问题

在一个线性矩阵不等式约束下, 求两个仿射矩阵函数的最大广义特征值的最小化问题, 称为广义特征值问题 (GEVP).

命题 3　如果存在非零向量 y, 对给定的两个相同阶数的对称矩阵 G, F 以及标量 λ, 满足 $Gy = \lambda Fy$, 则 λ 称为矩阵 G 和 F 的广义特征值.

　　由上面的命题可知, 矩阵 G 和 F 的最大广义特征值的计算问题可以转化成一个具有线性矩阵不等式约束的优化问题.

　　设矩阵 F 是正定的, 则对充分大的标量 λ, 有 $G - \lambda F < 0$. 随着 λ 的减小, 并在某个适当的值, $G - \lambda F$ 将变为奇异的. 因此, 存在非零向量 y 使得这样的一个 λ 就是矩阵 G 和 F 的广义特征值. 根据这样的想法, 矩阵 G 和 F 的最大广义特征值可以通过求解如下的最优化问题获得

$$\min \lambda \text{ s.t. } G - \lambda F < 0.$$

　　命题 4　设矩阵 G 和 F 是 x 的一个仿射函数, 在一个线性矩阵不等式的约束下, 求解矩阵函数 $G(x)$ 和 $F(x)$ 的最大广义特征值的最小化问题, 其有如下的一般形式:

$$\min \lambda \text{ s.t. } G < \lambda F, F(x) > 0, H(x) < 0.$$

　　对于广义特征值问题, 我们可以应用 LMI 工具箱中的求解器 GEVP 来求解. 如果 $\lambda_{\min}$ 是该问题的最优值, 则所要求的最大允许摄动界为 $\varepsilon = \lambda^{-1} > 0$.

D.2　线性矩阵不等式的常用结论

　　下面的引理给出了一些常用的矩阵不等式, 这些不等式对不确定系统的分析起着很重要的作用.

　　命题 5　设 x 和 y 具有适维的向量, 则存在正定矩阵 Q 使得下述不等式成立

$$2x^{\mathrm{T}}y \leqslant x^{\mathrm{T}}Qx + y^{\mathrm{T}}Q^{-1}y.$$

　　命题 6　设 U, V 和 W 是具有适维的向量或矩阵, 则对任意正数 $\alpha > 0$, 以下不等式成立

$$U^{\mathrm{T}}V + V^{\mathrm{T}}U \leqslant \alpha U^{\mathrm{T}}U + \alpha^{-1}V^{\mathrm{T}}V.$$

　　命题 7　设 A, D, E 和 F 是具有适维的向量或矩阵, 且 $F^{\mathrm{T}}F \leqslant I$, 则对任意正数 $\alpha > 0$, 以下不等式成立:

$$DEF + E^{\mathrm{T}}F^{\mathrm{T}}D^{\mathrm{T}} \leqslant \alpha D^{\mathrm{T}}D + \alpha^{-1}E^{\mathrm{T}}E.$$

　　命题 8　设 A, D, E 和 F 是具有适维的向量或矩阵, 且 $F^{\mathrm{T}}F \leqslant I$, 则对任意对称矩阵 $P > 0$ 及标量 $\varepsilon > 0$, 下述两个结论都成立:

　　(1) 如果 $\varepsilon I - EPE^{\mathrm{T}} > 0$, 则

$$(A + DFE)P(A + DFE)^{\mathrm{T}} \leqslant AP^{\mathrm{T}}A + APE^{\mathrm{T}}(\varepsilon I - EPE^{\mathrm{T}})EPA^{\mathrm{T}} + \varepsilon DD^{\mathrm{T}};$$

(2) 如果成立 $P - \varepsilon DD^{\mathrm{T}} > 0$, 则

$$(A + DFE)P^{-1}(A + DFE)^{\mathrm{T}} \leqslant A^{\mathrm{T}}(P - \varepsilon DD^{\mathrm{T}})A + \varepsilon^{-1}EE^{\mathrm{T}}.$$

命题 9　如果存在对称正定阵 $P > 0$ 和矩阵 A, 满足 $A^{\mathrm{T}}PA - P < 0$, 当且仅当存在对称矩阵 G 使下述不等式成立

$$\begin{pmatrix} P & A^{\mathrm{T}}G^{\mathrm{T}} \\ GA & G + G^{\mathrm{T}} - P \end{pmatrix} < 0.$$

命题 10　如果存在一个矩阵 X 使得

$$\begin{pmatrix} P & Q & X \\ Q^{\mathrm{T}} & R & V \\ X^{\mathrm{T}} & V^{\mathrm{T}} & S \end{pmatrix} > 0,$$

当且仅当

$$\begin{pmatrix} P & Q \\ Q^{\mathrm{T}} & R \end{pmatrix} > 0, \quad \begin{pmatrix} R & V \\ V^{\mathrm{T}} & S \end{pmatrix} > 0.$$

命题 11　设 $x_i, i = 1, 2, \cdots, n$ 是具有适维的向量, 则对任意正整数 n, 下述不等式成立

$$\left(\sum_{i=1}^{n} x_i \right)^{\mathrm{T}} \left(\sum_{i=1}^{n} x_i \right) \leqslant n \left(\sum_{i=1}^{n} x_i^{\mathrm{T}} x_i \right).$$

命题 12　设 A, D 和 E 是具有适维的矩阵, 则下述两个结论等价:
(1) A 是一个稳定矩阵, 并且满足 $\|E(sI - A)^{-1}D\|_{\infty} < \gamma$;
(2) 存在一个正定对称矩阵 $X > 0$ 满足条件

$$A^{\mathrm{T}}X + XA + \gamma^{-2}XDD^{\mathrm{T}}X + E^{\mathrm{T}}E < 0.$$

命题 13　设 A, D 和 E 是具有适维的矩阵, 则下述两个结论等价:
(1) A 是一稳定矩阵, 并且满足 $\|E(sI - A)^{-1}D\|_{\infty} < \gamma$;
(2) 存在一个正定对称矩阵 $P > 0$ 使得如下矩阵不等式成立

$$\begin{pmatrix} PA + A^{\mathrm{T}}P + E^{\mathrm{T}}E & PD + E^{\mathrm{T}}B \\ (PD + E^{\mathrm{T}}B)^{\mathrm{T}} & -(\gamma^2 I - B^{\mathrm{T}}B) \end{pmatrix} < 0.$$

附录 E　不动点定理

方程 $f(x) = 0$ 的求根问题, 既要有判别方法, 也要有具体的求解办法. 在微积分中, 有连续函数介值定理的零点判别法, 同时也有二分法和牛顿切线法等具体有效的逼近方法. 但这些方法都不易推广到多维和无穷维的情况.

本附录介绍对多元函数有效的不动点方法[9].

定义 1　设 $\varphi : D \to R^n (D \subset R^n)$. 如果存在 $x^* \in D$, 使得

$$\varphi(x^*) = x^*,$$

则称 x^* 是映射 φ 在区域 D 上的不动点.

定义 2　设 $\varphi : D \to R^n (D \subset R^n)$, 满足

(1) $\varphi(D) \subset D$;

(2) 存在 $0 < \alpha < 1$ 使得

$$||\varphi(x) - \varphi(y)|| \leqslant \alpha ||x - y||, \quad \forall x, y \in D, \tag{E.1}$$

则称 φ 为区域 D 上的压缩映射.

显然压缩映射是连续映射. 于是有如下的不动点定理.

定理 1　若 $D \subset R^n$ 是闭域, φ 为区域 D 上的压缩映射, 则存在唯一不动点 $x \in D$ 使得 $x = \varphi(x)$.

任取 $x_0 \in D$, 构造序列 $x_k = \varphi(x_{k-1}) \in D$, 由于 D 是闭域, 故序列 $\{x_k\}$ 是有意义的. 利用压缩性质可证明 $\{x_k\}$ 是柯西序列, 因此 $\lim\limits_{k \to \infty} x_k = x^* \in D$. 唯一性同理可证, 故省略.

注意, 不动点需要满足上述 3 个条件, 除了压缩条件 (E.1) 外, D 是闭域, 并且 $\varphi(D) \subset D$. 倘若其中任何一个条件不满足, 则不动点定理未必成立. 如果 $D = R^n$, 则压缩条件 (E.1) 就足够了.

若 x 是映射 φ 在区域 D 上的不动点, 记 $f(x) = \varphi(x) - x$, 则 x 是 $f(x) = 0$ 的一个根.

附录 F　最优控制问题中的基本概念与结论

对于最优控制问题而言, 控制变量 $u(t)$ 不受限, 则可以借助变分法来处理, 而控制受限情形, 需要借助庞特里亚金极值原理和动态规划理论来处理. 本书仅考虑控制不受限的最优控制问题, 变分法是主要的理论工具, 接下来给出最优控制问题的基本定义[10].

给定的受控系统

$$\frac{dy}{dx} = f(y, u, t), \tag{F.1}$$

要求设计一个容许控制 $u \in U$, U 为满足控制约束的向量容许控制集, 它是开集, 使得受控系统的状态在终端时刻到达目标集 $y(t_f) \in M$, 整个控制过程中满足对状态和控制约束的同时, 使得性能指标

$$J = \psi(y(t_f), t_f) + \int_{t_0}^{t_f} L(y, u, t) dt$$

达到最小 (最大). 关于最优控制问题的类型有很多, 下面给出关于无终端约束和有终端约束两种情形的结果, 它是第 11 章研究奇摄动最优控制问题的基础.

考虑无终端约束的最优控制问题

$$\begin{cases} J[u] = \psi(y(t_f), t_f) + \int_{t_0}^{t_f} L(y, u, t) dt \to \min_u, \\ \dfrac{dy}{dt} = f(y, u, t), \\ y(t_0) = y^0, \end{cases} \tag{F.2}$$

其 $y \in R^m, u \in R^n$ 中, $\psi(y(t_f), t_f)$ 和 $L(y, u, t)$ 为数量函数, m, n 为确定的正整数. 为了讨论方便, 假设所讨论的函数关于变量均存在连续偏导数.

定理 1　假设初始状态 $y(t_0)$, 初始时刻 t_0 和终端时刻 t_f 均给定, 满足 $y(t_0) = y^0$, 容许控制集为开集. 对应于 (F.2) 的性能指标, 若 u^* 和 y^* 分别为最优控制和最优轨线, 则如下方程和等式成立

$$\begin{cases} \dfrac{dy^*}{dt} = \dfrac{\partial H(y^*, u^*, \lambda, t)}{\partial \lambda} = f(y^*, u^*, t), \\ \dfrac{d\lambda}{dt} = -\dfrac{\partial H(y^*, u^*, \lambda, t)}{\partial y^*}, \\ \dfrac{\partial H(y^*, u^*, \lambda, t)}{\partial u^*} = 0, \\ y^*(t_0) = y^0, \quad \lambda(t_f) = \dfrac{\partial \psi(y^*(t_f), t_f)}{\partial y^*(t_f)}, \end{cases} \tag{F.3}$$

上式 (F.3) 的前三个方程分别称为状态方程、协态方程和极值方程.

考虑终端约束的最优控制问题

$$\begin{cases} J[u] = \psi(y(t_f), t_f) + \displaystyle\int_0^{t_f} L(y, u, t)dt \to \min_u, \\ \dfrac{dy}{dt} = f(y, u, t), \\ y(t_0) = y^0, \quad y(t_f) = y_f, \end{cases} \tag{F.4}$$

其中 $y \in R^m, u \in R^n$, m, n 为正整数. 如果受控系统是状态完全可控, 可得如下定理成立.

定理 2 假设初始状态 $y(t_0)$, 起始时刻 t_0, 终端状态 $y(t_f)$ 和终端时刻 t_f 均给定, 满足 $y(t_0) = y^0, y(t_f) = y_f$, 容许控制集为开集. 对应于 (F.4) 的性能指标, 若 u^* 和 y^* 分别为最优控制和最优轨线, 则如下方程和等式成立

$$\begin{cases} \dfrac{dy^*}{dt} = \dfrac{\partial H(y^*, u^*, \lambda, t)}{\partial \lambda} = f(y^*, u^*, t), \\ \dfrac{d\lambda}{dt} = -\dfrac{\partial H(y^*, u^*, \lambda, t)}{\partial y^*}, \\ \dfrac{\partial H(y^*, u^*, \lambda, t)}{\partial u^*} = 0, \\ y^*(t_0) = y^0, \quad y(t_f) = y_f. \end{cases}$$

附录 G 阶梯状空间对照结构几何意义

空间对照结构理论初建于 20 世纪 90 年代中期, 现已成为奇摄动领域中的热点问题之一, 国外学者也有称之为内部层. 它的主要特性是在某点的邻域内解的结构发生剧烈变化, 对这类问题的研究有着很强的实际背景. 例如, 在量子力学中的解从高能态迅速转向低能态或者从低能态快速跳向高能态. 它的主要形式有两种: (1) 阶梯状空间对照结构; (2) 脉冲状空间对照结构. 对两者的研究需要分别判断异宿轨道和同宿轨道的存在性. 由于脉冲状空间对照结构的不稳定性, 因此本书主要研究阶梯状空间对照结构 (见附录图 1).

这里 B_0^L, B_0^R 分别为解的初始流形和终端流形, $\bar{p}_0$ 为解在 B_0^L 上的点, p_3 为在 B_0^R 上的点: p_i 和 $\bar{p}_i$ 分别是解在 S_i 上的初始点和终点, 其中 S_i 是解经过的第 i 个慢流形.

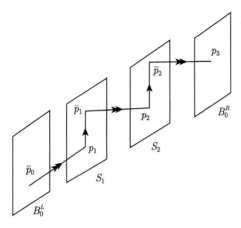

附录图 1

附录 H　Tikhonov 极限理论

在 20 世纪 50 年代初, 苏联科学院院士 Tikhonov[11] 奠定了奇摄动问题的数学理论基础, 提出了 Tikhonov 奇摄动方程组形式的极限理论, 成功地处理了边界层现象. 文献 [11] 中考虑了如下被称为 Tikhonov 奇摄动方程组的初值问题

$$\begin{cases} \dfrac{dy}{dt} = f(t,y,z), \\ \varepsilon\dfrac{dz}{dt} = F(t,y,z), \\ y(0,\varepsilon) = y^0, z(0,\varepsilon) = z^0, \end{cases} \tag{H.1}$$

其中 $\varepsilon > 0$ 是小参数, $0 \leqslant t \leqslant T$, $y \in D_y \subseteq R^n$, $z \in D_z \subseteq R^m$, D_y, D_z 为区域, $y^0 \in D_y, z^0 \in D_z$ 是常值向量.

Tikhonov 奇摄动方程组的初值问题 (H.1) 的解 $(y(t,\varepsilon), z(t,\varepsilon))$ 的存在唯一性由微分方程基本理论可得. 根据解对参数的连续依赖性, 当 $\varepsilon = 0$ 时解对参数 $\varepsilon > 0$ 的连续依赖性不成立, 故初值问题 (H.1) 并不适定. 因此, 我们关心当 $\varepsilon \to 0^+$ 时, 解 $(y(t,\varepsilon), z(t,\varepsilon))$ 的极限解是否存在? 若存在, 是否趋于退化方程组

$$\begin{cases} \dfrac{dy}{dt} = f(t,y,z), \\ 0 = F(t,y,z) \end{cases}$$

的解? 由于初值问题 (H.1) 不适定, 故上述问题的回答也不平凡.

首先选取部分初值 $y(0, \varepsilon) = y^0$, 构成如下适定的退化问题:

$$\begin{cases} \dfrac{dy}{dt} = f(t, y, z), \\ 0 = F(t, y, z), \\ y(0, \varepsilon) = y^0. \end{cases} \tag{H.2}$$

在回答上述问题之前, 需要建立如下的一些条件.

条件 H1   假设函数 $f(t, y, z)$ 和 $F(t, y, z)$ 在变量 (t, y, z) 空间中的某个开域 G 内连续, 并且关于 y, z 满足局部 Lipschitz 条件.

条件 H2   假设方程组 $F(t, y, z) = 0$ 在变量 (t, y) 空间中的某个有界闭域 $\bar{D}$ 存在满足下列条件的解 $z = \varphi(t, y)$:

(1) $\varphi(t, y)$ 是 $\bar{D}$ 上的连续函数;

(2) 当 $(t, y) \in \bar{D}$ 时, $(t, y, \varphi(t, y)) \in G$;

(3) 解 $z = \varphi(t, y)$ 在 $\bar{D}$ 上是孤立的, 即存在 $\delta > 0$, 使得

$$\text{当 } 0 < \|z - \varphi(t, y)\| < \delta, (t, y) \in \bar{D} \text{ 时, 有 } F(t, y, z) \neq 0.$$

满足条件 H2 的奇摄动称为正则奇摄动, 在控制论中称为标准奇摄动.

条件 H3   假设初值问题

$$\begin{cases} \dfrac{d\bar{y}}{dt} = f(t, \varphi(t, y), y), \\ \bar{y}(0) = y^0 \end{cases} \tag{H.3}$$

在区间 $[0, T]$ 上存在唯一解 $\bar{y}(t)$[12].

于是退化问题 (H.3) 存在一组解 $y = \bar{y}(t)$. 进而有 $\bar{z}(t) = \varphi(t, \bar{y}(t))$. 显然此时 $\bar{z}(0) = \varphi(0, y^0)$ 未必等于给定的初值 $z(0, \varepsilon) = z^0$, 因此在 $t = 0$ 附近的邻域内需要一个快速校正的解来满足给定的初值 z^0, 其称为边界层解. 为此需要引进如下所谓的附加方程组 (亦可称为边界层系统):

$$\frac{d\tilde{z}}{d\tau} = F(t, \tilde{z}, y), \quad \tau \geqslant 0, \tag{H.4}$$

其中 $t > 0$, y 视为参数. 根据条件 H2 可知 $\tilde{z} = \varphi(t, y)$ 是附加方程组 (H.4) 当参量 $(t, y) \in \bar{D}$ 时的孤立奇点.

条件 H4   假设方程组 (H.4) 的奇点 $\tilde{z} = \varphi(t, y)$ 在 Lyapunov 意义下关于参量 $(t, y) \in \bar{D}$ 是一致渐近稳定的.

即 $\forall \varepsilon > 0$, 存在与参量 $(t,y) \in \bar{D}$ 无关的 $\delta > 0$, 使得当 $||\tilde{z}(0) - \varphi(t,y)|| \leqslant \delta$ 时, 就有 $||\tilde{z}(\tau) - \varphi(t,y)|| \leqslant \varepsilon, \tau \geqslant 0$, 并且 $\lim\limits_{\tau \to +\infty} \tilde{z}(\tau) = \varphi(t,y)$.

倘若我们选取 $\tilde{z}(0) = z^0$, 相应的参数为 $t = 0, y(0) = y^0$. 由于条件 H4 是局部性质, 因此 $\tilde{z}(0) = z^0$ 必须要求位于奇点 $\varphi(0, y^0)$ 的影响域内. 于是考虑参数为 $t = 0, y(0) = y^0$ 时的附加方程组

$$\begin{cases} \dfrac{d\tilde{z}}{d\tau} = F(0, y^0, \tilde{z}), & \tau \geqslant 0, \\ \tilde{z}(0) = z^0. \end{cases} \tag{H.5}$$

当初值 $\tilde{z}(0) = z^0$ 不在奇点 $\varphi(0, y^0)$ 的影响域内时, 初值问题 (H.5) 的解 $\tilde{z}(\tau)$ 未必趋于奇点 $\varphi(0, y^0)$, 因此还需要如下条件 H5.

条件 H5　初值问题 (H.5) 的解 $\tilde{z}(\tau)$ 满足:

(1) $\lim\limits_{\tau \to +\infty} \tilde{z}(\tau) = \varphi(0, y^0)$;

(2) $(0, y^0, \tilde{z}(\tau)) \in G, \forall \tau \geqslant 0$.

在满足条件 H1 至条件 H5 的情况下, 有如下的 Tikhonov 极限定理.

定理 1(Tikhonov 极限定理)　如果条件 H1 至条件 H5 成立, 那么存在 $\varepsilon^* > 0$, 使得当 $0 < \varepsilon \leqslant \varepsilon^*$ 时, 初值问题 (H.1) 存在唯一解 $(y(t, \varepsilon), z(t, \varepsilon))$ 使得下列极限成立:

$$\lim_{\varepsilon \to 0^+} y(t, \varepsilon) = \bar{y}(t), \quad 0 \leqslant t \leqslant T, \tag{H.6}$$

$$\lim_{\varepsilon \to 0^+} z(t, \varepsilon) = \bar{z}(t) = \varphi(t, \bar{y}(t)), \quad 0 < t \leqslant T. \tag{H.7}$$

条件 H1 保证了初值问题 (H.1) 的解 $(y(t, \varepsilon), z(t, \varepsilon))$ 的局部存在唯一性. 条件 H2 十分重要, 它保证了奇摄动方程组的问题是正则奇摄动 (即标准奇摄动). 于是辅助方程组 (H.4) 在快时标 $\tau \geqslant 0$ 下有参数依赖的初等奇点. 条件 H3 保证退化问题的解存在唯一, 并假设存在区间为 $[0, T]$, 即退化解整体存在唯一. 条件 H4 与条件 H5 保证辅助方程组是渐近稳定的, 并且其初值 $\tilde{z}(0) = z^0$ 在奇点 $\varphi(0, y^0)$ 的影响域内. 如果影响域是整个空间, 或者孤立根 $z = \varphi(t, y)$ 在整个空间内存在唯一, 则条件 H5 就多余了. 详细证明可参考文献 [12].

Tikhonov 极限定理不仅揭示了精确解与退化解之间的极限关系, 也显示了快变量 z 在 $t = 0$ 右侧邻域内存在边界层. 初值问题 (H.1) 解的存在唯一性, 以及与退化解之间的极限关系清楚之后, 但具体求解仍是个困难的问题, 于是寻求渐近解来代替精确解是行之有效的近似方法. 20 世纪 60 年代初, Vasileva 在 Tikhonov 极限定理的基础上提出了用边界层函数法去构造渐近解, 为此设

$$y(t, \varepsilon) = \bar{y}(t, \varepsilon) + \pi\tilde{y}(\tau, \varepsilon), \quad z(t, \varepsilon) = \bar{z}(t, \varepsilon) + \pi\tilde{z}(\tau, \varepsilon), \tag{H.8}$$

其中 $\bar{y}(t,\varepsilon)$, $\bar{z}(t,\varepsilon)$ 为解的慢时标部分, $\pi\tilde{y}(\tau,\varepsilon)$, $\pi\tilde{z}(\tau,\varepsilon)$ 为解的快时标部分. $\tau = \dfrac{t}{\varepsilon} \geqslant 0$.

边界层函数法将解的快慢两时标的部分展开到任意有限阶 ε^N 的形式渐近级数

$$\begin{cases} \bar{y}(t,\varepsilon) = \displaystyle\sum_{j=0}^{N} \varepsilon^j \bar{y}_j(t) + \cdots, \\ \bar{z}(t,\varepsilon) = \displaystyle\sum_{j=0}^{N} \varepsilon^j \bar{z}_j(t) + \cdots; \end{cases} \tag{H.9}$$

$$\begin{cases} \pi\tilde{y}(t,\varepsilon) = \displaystyle\sum_{j=0}^{N} \varepsilon^j \pi_j\tilde{y}(\tau) + \cdots, \\ \pi\tilde{z}(t,\varepsilon) = \displaystyle\sum_{j=0}^{N} \varepsilon^j \pi_j\tilde{z}(\tau) + \cdots, \end{cases} \tag{H.10}$$

其中 (H.9) 称为退化解级数, (H.10) 称为边界层解级数. 系数函数 $(\bar{y}_j(t), \bar{z}_j(t))$ $(\pi_j\tilde{y}(\tau), \pi_j\tilde{z}(\tau))$ 在展开中依次确定. 展开项阶数的选取完全取决于应用场景对近似程度要求的实际情况而确定.

要求上述渐近展开在数学上可行, 需要提高函数 $f(t,y,z)$ 和 $F(t,y,z)$ 的光滑性. 记解 $(y(t,\varepsilon), z(t,\varepsilon))$ 在 (t,y,z) 空间的积分曲线为 $L(t,\varepsilon)$, 而当其 $\varepsilon \to 0^+$ 时的极限曲线记为 L_0, 所谓 L_0 的 ε 邻域是指 (t,y,z) 空间中与 L_0 的距离不超过 ε 的区域. 因此, 存在充分小的 $\varepsilon^* > 0$, 使得当 $0 < \delta < \varepsilon^*$ 时, L_0 的 ε 邻域包含于区域 G.

条件 H1 按需应该提高相应的光滑性使得可以渐近展开, 并且可以证明余项一致有效地趋于零, 仍记其为条件 H1. 除了条件 H4 可用判别的一次近似稳定性的充分条件替代之外 (此处仍然记为 H4), 其余条件均不变.

记矩阵 $F_z(t,y,\varphi(t,y)) = \left(\dfrac{\partial F_i}{\partial z_j}\right)_{z=\varphi(t,y)}$ 的特征值为 $\lambda_i(t,y), i = 1, 2, \cdots, m$, 而 $\bar{\lambda}_i(t) = \lambda_i(t, \bar{y}(t))$.

条件 H6　假设对 $t \in [0, T]$, 成立

$$\mathrm{Re}\bar{\lambda}_i(t) < 0, \quad i = 1, 2, \cdots, m.$$

在条件 H4 下, 由于 $F_z(t,y,\varphi(t,y))$ 的连续性, 可保证 $\lambda_i(t,y)$ 的连续性, 因此存在区域 $\bar{D}_1 \subseteq \bar{D}$ 使得对一切 $(t,y) \in \bar{D}_1$, 成立

$$\mathrm{Re}\lambda_i(t,y) \leqslant -\alpha < 0, \quad i = 1, 2, \cdots, m,$$

其中 $\alpha > 0$.

于是有如下的 Vasileva 定理.

定理 2(Vasileva 定理)　当条件 H1 至条件 H5 满足时, 则存在充分小的 $\varepsilon^* > 0$ 和 $c > 0$, 使得当 $\varepsilon \in (0, \varepsilon^*]$ 时, 奇摄动初值问题 (H.1) 的解 $(y(t,\varepsilon), z(t,\varepsilon))$ 在区间 $[0,T]$ 上存在唯一, 并且满足如下不等式

$$
\begin{cases}
\|y(t,\varepsilon) - Y_N(t,\varepsilon)\| \leqslant c\varepsilon^{N+1}, & t \in [0,T], \\
\|z(t,\varepsilon) - Z_N(t,\varepsilon)\| \leqslant c\varepsilon^{N+1}, & t \in [0,T],
\end{cases}
\tag{H.11}
$$

其中 $Y_N(t,\varepsilon) = \sum_{j=0}^{N} \varepsilon^j (\bar{y}_j(t) + \pi_j \tilde{y}(\tau))$, $Z_N(t,\varepsilon) = \sum_{j=0}^{N} \varepsilon^j (\bar{z}_j(t) + \pi_j \tilde{z}(\tau))$ 为 N 阶渐近解.

我们称满足不等式估计 (H.11) 的精确解与渐近解之间是一致有效的. 详细证明可以参考文献 [12] 的第 2 章. 注意到证明过程中零阶边界层函数 $\pi_0 \tilde{y}(\tau) \equiv 0$ 的事实, 显然当 $\varepsilon \to 0^+$ 时, 即可获得 Tikhonov 极限定理的结果, 并且还额外获得关于快变量解 $z(t,\varepsilon)$ 在边界层内 $(0 \leqslant t \ll 1)$ 的极限关系如下

$$
\lim_{\varepsilon \to 0^+} z(t,\varepsilon) = \lim_{\varepsilon \to 0^+} z(\varepsilon\tau, \varepsilon) = \pi_0 \tilde{z}(\tau), \quad \tau \geqslant 0.
$$

$\pi_0 \tilde{z}(\tau)$ 即为条件 H5 中满足初值问题 (H.5) 的解 $\tilde{z}(\tau)$. 因此 $\pi_0 \tilde{z}(\tau)$ 也满足性质

(1) $\lim_{\tau \to +\infty} \pi_0 \tilde{z}(\tau) = \varphi(0, y^0)$; 　　(2) $(0, y^0, \pi_0 \tilde{z}(\tau)) \in G, \forall \tau \geqslant 0$.

因此, Vasileva 定理是 Tikhonov 极限定理的推广. 特别地, 当渐近解 $Y_N(t,\varepsilon)$, $Z_N(t,\varepsilon)$ 中取 $N = 0$, 则有如下推论.

推论 1　当相应条件 H1 至条件 H5 满足时, 则存在充分小的 $\varepsilon^* > 0$ 和 $c > 0$, 使得当 $\varepsilon \in (0, \varepsilon^*]$ 时, 奇摄动初值问题 (H.1) 的解 $(y(t,\varepsilon), z(t,\varepsilon))$ 在区间 $[0,T]$ 上存在唯一, 并且满足如下不等式

$$
\begin{cases}
\|y(t,\varepsilon) - \bar{y}(t)\| \leqslant c\varepsilon, & 0 \leqslant t \leqslant T, \\
\|z(t,\varepsilon) - \bar{z}(t)\| \leqslant c\varepsilon, & 0 < t \leqslant T, \\
\|z(\varepsilon\tau, \varepsilon) - \pi_0 \tilde{z}(\tau)\| \leqslant c\varepsilon, & 0 \leqslant t \ll 1.
\end{cases}
\tag{H.12}
$$

同样, 满足不等式估计 (H.12) 的精确解与快慢解之间的渐近关系是一致有效的. 注意到 (H.12) 中的前两个不等式等价于 Tikhonov 极限定理, 而最后一个不等式刻画了边界层内的精确解与边界层解 (快解) 之间的渐近关系. 它弥补了 Tikhonov 极限定理中没有明显在边界层内给出的渐近关系. 因此, 当 $\varepsilon \to 0^+$ 时, 在慢时标 $(t \geqslant 0)$ 上精确解趋于退化问题的解, 而在快时标 $(\tau = \dfrac{t}{\varepsilon} \geqslant 0, 0 < t \ll 1$

为某一任意固定的, 并且充分小的参数) 内精确解也趋于边界层问题的解. 这个推论在奇摄动控制理论中有着奠基性的基础作用. 为方便起见, 我们仍然称其为 Tikhonov 极限定理. 附录 H 中的所有结果一起构成了 Tikhonov 极限理论.

参 考 文 献

[1]　Naidu D S, Rao A K. Singular Perturbation Analysis of Discrete Control Systems. Lecture Notes in Mathematics, vol. 1154. New York: Springer-Verlag, 1985.

[2]　Naidu D S, Price D B, Hibey J L. Singular perturbations and time scales in discrete control systems - an overview. Proceedings of the 26th IEEE Conference on Decision and Control, Los Angeles, CA, 1987: 2096-2103.

[3]　Jiang Z P, Wang Y. Input-to-state stability for discrete-time nonlinear systems. Automatica, 2001, 37 (6): 857-869.

[4]　Naidu D S. Singular perturbations and time scales in control theory and applications: an overview. Dynamics of Continuous, Discrete and Impulsive Systems, 2002, 9 (2): 233-278.

[5]　Khalil H K. Nonlinear Systems. 3rd ed. Upper Saddle River: Prentice Hall, 2002.

[6]　Sontag E D. Smooth stabilization implies coprime factorization. IEEE Trans. Automatic Control, 1989, 34: 435-443.

[7]　Sontag E D. The ISS philosophy as a unifying framework for stability-like behavior. Lecture Notes in Control and Information. New York: Springer, 2000: 443-467.

[8]　Boyd S, Ghaoui L E, Feron E, Balakrishnan V. Linear Matrix Inequalities in System and Control Theory. Philadelphia: SIAM in Applied Math., 1994.

[9]　毛羽辉. 数学分析选论. 北京: 科学出版社, 2003.

[10]　王朝珠, 秦化淑. 最优控制理论. 北京: 科学出版社, 2003.

[11]　Tikhonov A N. Systems of differential equations containing a small parameter at derivative. Mathematics Sbornik, 1952, 31 (3): 575-586.

[12]　Vasileva A B, Butuzov V F. Asymptotic Expansions of Solutions of Singularly Perturbed Equations (in Russian). Moscow: Nauka, 1973.

索　引

《奇异摄动丛书》书目